分析人事数据

统计销售数据

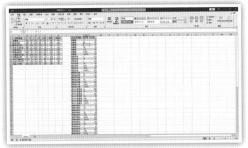

数据行列转换

制作考勤制度

制作个人简历

制作入职通知

制作毕业论文

修改劳务合同模板

制作岗位培训证书

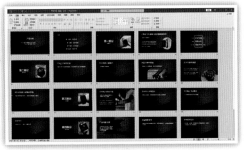

制作产品介绍PPT

制作长文档封面

排版幻灯片页面

为PPT添加音频

制作PPT笔刷动画

制作PPT定位缩放效果

制作PPT造光蒙版

制作PPT数字滚动动画

制作PPT渐变蒙版

制作视频幻灯片背景

设置PPT内容交互

Word+Excel+PPT 2021
办公应用一本通

石育澄　于冬梅　编　著

清华大学出版社

北京

内 容 简 介

本书以通俗易懂的语言、翔实生动的案例全面介绍了 Word、Excel 和 PowerPoint 三款软件在办公中的使用方法和技巧。全书共分 4 章，内容涵盖了系统学习 Office 2021，Word 文档编辑与排版，Excel 表格数据统计与分析，PowerPoint 幻灯片设计与制作等，在每章最后一节提供了行业应用实战的综合案例，力求为读者带来良好的学习体验。

本书全彩印刷，与书中内容同步的案例操作教学视频可供读者随时扫码学习。本书具有很强的实用性和可操作性，可以作为初学者的自学用书，也可作为人力资源管理人员、商务及财务办公人员的首选参考书，还可作为高等院校相关专业和会计电算化培训班的授课教材。

本书配套的电子课件、实例源文件可以到 http://www.tupwk.com.cn/downpage 网站下载，也可以通过扫描前言中的二维码获取。扫描正文中的视频二维码可以直接观看教学视频。

图书在版编目(CIP)数据

Word+Excel+PPT 2021办公应用一本通 / 石育澄，
于冬梅编著. -- 北京：清华大学出版社，2025. 2.
ISBN 978-7-302-67924-0

Ⅰ. TP317.1

中国国家版本馆CIP数据核字第20253G6S12号

责任编辑：胡辰浩
封面设计：高娟妮
版式设计：妙思品位
责任校对：成凤进
责任印制：刘　菲

出版发行：清华大学出版社
　　网　　　址：https://www.tup.com.cn，https://www.wqxuetang.com
　　地　　　址：北京清华大学学研大厦 A 座　　　　邮　　编：100084
　　社 总 机：010-83470000　　　　　　　　　　　邮　　购：010-62786544
　　投稿与读者服务：010-62776969，c-service@tup.tsinghua.edu.cn
　　质 量 反 馈：010-62772015，zhiliang@tup.tsinghua.edu.cn
印 装 者：三河市铭诚印务有限公司
经　　销：全国新华书店
开　　本：185mm×260mm　　印　　张：18.75　　插　页：1　　字　数：467 千字
版　　次：2025 年 4 月第 1 版　　印　　次：2025 年 4 月第 1 次印刷
定　　价：118.00 元

产品编号：076410-01

本书结合大量实战经验和案例，由浅入深、循序渐进地介绍了使用 Word、Excel 和 PowerPoint 三款软件处理日常办公文档的方法与思路。书中内容结合了实际办公需求。此外，本书通过详细的视频操作和扩展案例，帮助用户构建知识框架，全面、系统地掌握 Office 软件在日常办公场景中的各种应用方法。

本书主要内容

第 1 章作为全书的开端，从构建知识框架开始，帮助用户了解 Office 2021 在日常办公中的作用，熟悉 Word、Excel 和 PowerPoint 的工作界面，掌握软件的基本操作和通用功能，打造一个行之有效的学习系统。本章的实战演练介绍了使用 Word、Excel 和 PowerPoint 制作"劳务合同""数据看板"和"邀请函"的方法，通过跟进操作可以帮助用户快速上手软件。

第 2 章主要介绍使用 Word 编辑与排版办公文档的方法与技巧，引导用户熟悉文档编辑的基础操作，掌握科学排版的步骤和美化版面的技巧，学会制作长文档并能够快速修正文档中的错误，从而实现办公文档的高效制作。本章的实战演练通过电子扩展资料提供了制作"考勤制度"和"投标标书"文档的详细操作步骤，可以帮助用户进一步巩固所学的操作，在实际办公应用中印证理论知识。

第 3 章主要介绍 Excel 软件在办公中的应用，包括数据的录入、编辑、格式化、提取、合并、清洗、转换、计算、统计、分析和可视化等。本章的实战演练通过电子扩展资料介绍在 Excel 中分析人事数据和统计销售数据的方法，用户可以结合实例，通过自主练习来提高 Excel 软件的操作水平。

第 4 章从梳理 PPT 内容开始，逐步介绍使用 PowerPoint 设计与制作 PPT 幻灯片的方法与技巧，包括设计 PPT 中幻灯片的版式，为 PPT 制作各种动画效果，设置 PPT 母版，通过在幻灯片中设置链接和动作按钮优化 PPT 的功能等。本章的实战演练提供了制作"产品介绍"和"岗位培训证书"演示文稿的方法。

本书主要特色

☐ 图文并茂，案例典型，实用性强

本书秉承系统学习的理念，详细介绍了综合应用 Word、Excel 和 PowerPoint 软件处理各种办公文档、工作表数据和演示文稿的方法。通过对本书的学习，读者不仅能够学会软件的实际应用，还能够获得许多宝贵的实战经验，提升实操水平。

☐ 内容结构合理，案例操作一扫即看

本书涵盖了使用 Word、Excel 和 PowerPoint 处理日常办公问题的方方面面，采用"理论知识 + 实例操作 + 技巧提示"的模式编写，从理论的讲解到实例完成效果的展示，都进行了全程式的图解和视频操作示范，让读者真正快速地掌握 Office 办公的实战技能。对于一些需要展示效果的实例（如动画）和一部分软件应用的基础知识，读者可以使用手机扫描视频教学二维码进行观看，提高学习效率。

☐ 免费提供配套资源，全方位提升应用水平

本书免费提供电子课件和实例源文件，读者可以扫描下方的二维码获取，也可以进入本书信息支持网站 (http://www.tupwk.com.cn/downpage) 下载。

扫码推送配套资源到邮箱

由于作者水平有限，本书难免有不足之处，欢迎广大读者批评指正。我们的邮箱是 992116@qq.com，电话是 010-62796045。

编　者

2024 年 8 月

第 1 章
系统学习 Office 2021

| 本章导读 |

当我们面对大量知识信息时，如何有效吸收并理解是一件非常重要的事情。系统性学习的好处在于，它能将知识连成线、织成网，这样不仅能让所学的知识更全面，还能让所学的知识掌握得更牢固。

本章作为全书的开端，将从构建知识框架开始，帮助用户了解 Office 2021 在日常办公中的作用，熟悉 Word、Excel 和 PowerPoint 的工作界面，掌握软件的基础操作和通用功能，并打造一个高效的学习系统。

1.1 构建知识框架

进入任何一个领域，我们首先需要做的是构建知识框架。它可以帮助我们更好地理解和掌握知识，同时也可以帮助我们找到知识之间的联系。

Microsoft Office软件是微软公司开发的一套基于Windows操作系统的办公软件套装，其包含Word、Excel、PowerPoint、Outlook等众多组件，如表1-1所示。

表1-1　Microsoft Office 常用组件

组件名称	说　明	组件名称	说　明
Word	主要用于文本的输入、编辑、排版打印等工作	Outlook	主要用于收发电子邮件、管理联系人信息、安排工作日程、分配任务等
Excel	主要用于有繁重计算任务的预算、财务、数据汇总等工作	Publisher	主要用于文档图文排版(能够提供比Word更强大的文档页面元素控制)
PowerPoint	主要用于制作各类演示文稿	Access	主要用于存储大量数据
Skype fo Business	主要用于进行无线语言和视频通话，在办公中传递消息、参加会议	OneNote	主要用于创建与编辑电子笔记

Word、Excel和PowerPoint是Office软件中最重要的3款组件。在日常办公中，一份完整的工作文档，一般由Word+Excel+PowerPoint协同制作而成。

1.1.1 Excel 是分析数据的工具

职场中，大部分工作是为了把成果表达出来，而真正精华的部分是如何达成目标的过程。过程讲得透彻、精彩，才能反映工作做得细致。这些单靠辞藻是修饰不来的。分析达成目标的过程其实就是收集数据、分析数据的过程，而Excel就是数据分析的载体。

分析数据的过程总体分为两步：一是利用Excel的数据排序和筛选功能，对数据进行快速处理；二是使用Excel函数与工具对数值进行计算、分析、图表生成等操作，从而管理和分析数据，最后得出结论。例如，某公司领导每年需要向集团管理层提交一份工作汇报(业务销售部分)，以展示公司的绩效和成果。作为撰写人员，在构思内容框架后，要通过数据分析展现出的现象和结论来支持这份工作汇报，通常需要经过以下2个阶段。

阶段1：数据收集→清洗整理→汇总可视化。

▶ 数据收集：收集业务数据(比如业务收入、业务总量、产品类别)。

▶ 数据清洗和整理：将收集到的数据导入Excel，进行数据清洗和整理，确保数据的准确性和一致性。

▶ 数据汇总和可视化：利用Excel的数据透视表和图表功能，对业务数据进行汇总和可视化，以便更好地理解销售情况。通过创建透视表来分析销售额和销售量的分布，按产品类别和销售渠道进行分类，并生成条形图、折线图等图表来呈现数据。

阶段2：数据分析过程。

利用Excel进行数据分析可以提供有力的数据支持和证据，加强工作汇报的可信度和说服力。同时，数据分析还可以发现问题和机会，为下一阶段的工作计划和目标设定提供指导。

▶ 数据自动化：自动导入销售数据并进行整理和分析(通过连接CRM系统、订单系统等)。Excel的自动化功能可以自动生成报表、更新数据，减少手动操作的时间和手动操作导致的错误。

▶ 数据分析：对采集的业务数据进行深入的分析。比如使用Excel函数和工具来计算销售额、销售增长率、市场份额等指标，并通过图表和图形来可视化这些数据；辅助领导了解销售趋势、发现销售瓶颈、总结提升销售业绩的策略。

▶ 制作报表和仪表盘：通过制作销售报告、销售排行榜、销售区域分析报告，创建仪表盘，查看关键指标的变化和趋势，做出调整和决策。

以上就是工作汇报中的精华。Excel强大的表格处理能力、丰富的函数和多样的分析工具在其中发挥着重要的作用(图1-1所示为Excel的知识框架，本书将在第3章进行详细介绍)。

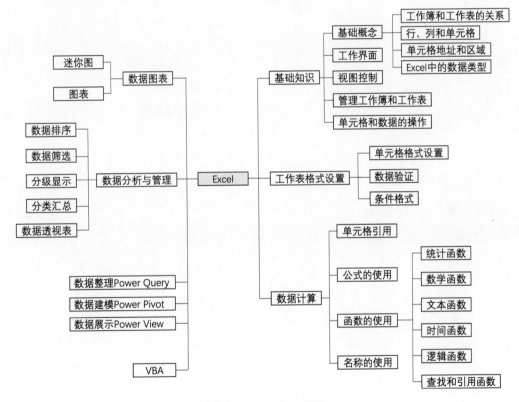

图 1-1　Excel 知识框架

1.1.2　Word 为表达提供美化

用Excel分析问题，确定好解决思路和方向并将整体框架支撑起来后，工作中的各种文档(文章)就不难写了。我们可以利用Word将各个零散的模块拼接起来并进行修饰,用文字将逻辑捋顺,从而形成完整的内容。

例如，我们收集数据后，首先利用Excel分析数据，总结达成目标的方法论以及锁定存在的问题，就是完成工作汇报中的"展现成果""总结方法论""下一步安排"这三个核心模块。接着给文章开头加上"工作背景及内容"和结尾加上"结尾升华"部分。这两个部分并不需要太多的理论，只需要用文字带领读者快速了解所讲的是什么具体工作，所表达的是什么样的感情，以及我们在工作中付出了多大的热情即可。这些都需要在Word中用文字来润色(不仅如此，还要给文章赋予一些感情)。这就是Word在工作中发挥的作用(通过Word可以将冷冰冰的理论、数据串联起来，用逻辑和修辞给文章带来一些钩子和色彩，让读者能读懂并愿意去读)。

在职场中，Word的使用频率非常高，如非正式的工作汇报、简历、报告、信函、会议纪要和会议记录、合同等。这些都需要使用Word的文字处理工具和选项来调整字体、段落、页边距等，使文档具有专业的外观和格式。此外，企业还常常使用Word创建手册、操作指南和培训资料，使用Word的标题、目录和交叉引用功能来组织文档结构，使用图像和层次结构来演示步骤和流程。图1-2所示为办公中使用Word软件需要掌握的知识(本书将在第2章进行详细介绍)。

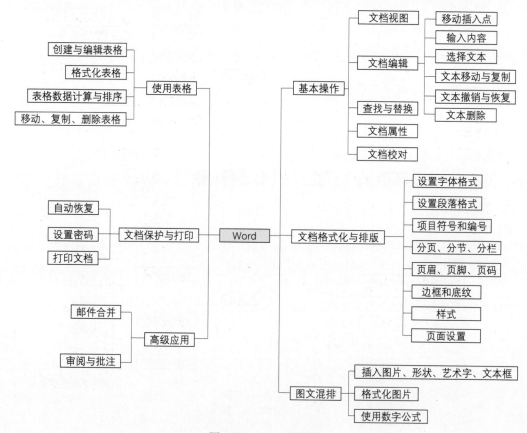

图 1-2　Word 知识框架

1.1.3　PPT 用于展现成果

使用Excel和Word完成数据和文档的整理后，使用PowerPoint可以快速地制作出PPT来。职场中，PPT一般用于正式汇报，以及对视觉内容要求较高的场合(比如做年终总结或产品发布，汇报对象是高级别领导或商务伙伴)，它可以起到以下两个作用。

> ▶ PPT可以给演讲者提供清晰的思路，有助于演讲者将浮现在脑海中的演讲内容的关键点记录下来，在演讲过程中起到提示的作用。

> ▶ PPT的形式比较生动，可以将演讲的形式丰富起来，使听觉、视觉同时发挥作用，有助于观众快速地领会报告的思想内容。

相对于Word和Excel，PowerPoint比较简单，图1-3所示为使用PowerPoint制作PPT时，用户需要掌握的各种功能(本书将在第4章进行详细介绍)。

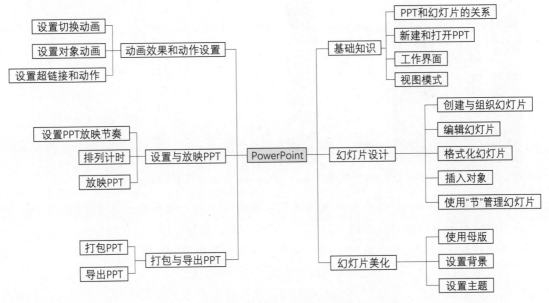

图 1-3　PowerPoint 知识框架

在职场上流传的一句玩笑话："PPT做得好，薪资翻三倍，Excel用得好，办公时间减一半"。这句话虽带有一定的夸张成分，但足以说明Office办公技能在职场中的重要性。Word、Excel和PowerPoint都是职场中最常使用到的工具，熟练掌握它们的使用方法，可以助力我们在工作中高效地完成各项工作。

同时，将Word、Excel和PowerPoint协调使用可以满足绝大部分办公需求。例如，使用PowerPoint制作PPT文案内容时，可以通过Word整理好再导入；Excel的数据可以通过Word的邮件合并进行后期加工；将Excel中的数据或图表插入Word或PPT后，可以同步更新数据。这类多个软件相互协作的工作技巧会使办公效率大大提高(本书将在后面的章节中通过实例操作进行详细介绍)。

1.2　认识 Office 用户界面

用户在学习Office软件时，首先要熟悉软件的用户界面，这样做可以消除对软件的陌生感和恐惧感。同时，用户还要了解软件每个区域和操作的专业名词，这样可以方便后续的学习，减轻与他人交流时的压力。

1.2.1　开始窗口

在电脑中安装Office 2021软件后，单击Windows系统桌面左下角的【开始】按钮⊞，在弹出的开始菜单中分别启动Word、Excel或PowerPoint，将打开图1-4所示的开始窗口，该窗口主要由【开始】【新建】【打开】【账户】【反馈】5个选项卡和【选项】选项组成。

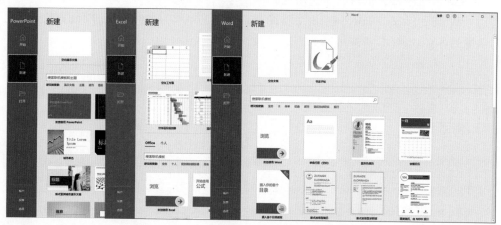

图 1-4　Word、Excel、PowerPoint 的开始窗口

- ▶ 【开始】选项卡：提供软件内置的模板和最近打开的文档列表，通过该选项卡用户可以快速打开常用的办公文档。
- ▶ 【新建】选项卡：提供软件内置和用户自定义的模板列表，通过该选项卡用户可以快速创建空白办公文档，或使用模板创建指定类型的文档。
- ▶ 【打开】选项卡：提供打开OneDrive和当前计算机硬盘文件的选项，通过该选项卡用户可以查找和检索自己保存的办公文件。
- ▶ 【账户】选项卡：提供Office账户管理、登录、更新选项等设置。
- ▶ 【反馈】选项卡：提供一些建议反馈选项。
- ▶ 【选项】选项：选择该选项后，软件将打开软件选项对话框，在此类对话框中，用户可以对Office软件的基本设置和工作环境进行初步设置(例如，设置Word文档的自动保存时间，设置Excel工作簿的默认工作表数量，设置PowerPoint软件的功能区选项)。本书后面的章节会详细介绍该选项的具体作用。

1.2.2　工作界面

在图1-4所示的开始窗口中选择一个模板(如空白工作簿、空白文档或空白演示文稿)，将进入Office软件的工作界面。下面将分别介绍Excel、Word和PowerPoint三款软件工作界面的特点。

1. Excel 工作界面

通过开始窗口创建一个Excel工作簿后将打开图1-5所示的Excel工作界面，该界面主要由工作簿、工作表、功能区、工具栏、状态栏以及各种命令控件组成。

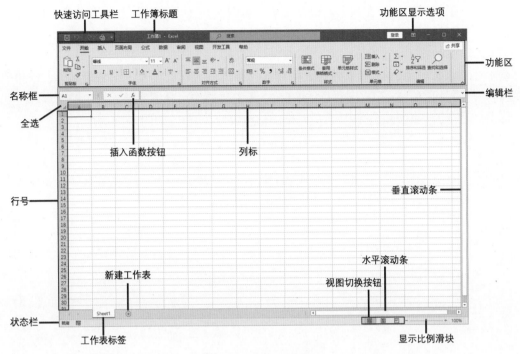

图 1-5　Excel 工作界面

▶ 工作簿和工作表

Excel文档被称为工作簿(扩展名为".xlsx"的文件)，它是用户进行Excel操作的主要对象和载体。用户使用Excel创建数据表格，在表格中进行编辑及操作，对表格进行保存等一系列过程大多是在工作簿这个对象上完成的。工作簿相当于一个容器，其作用是管理和组织工作表。工作表的名称以标签的形式显示在Excel工作界面的工作表标签上(默认为Sheet1)。一个工作簿中可以包含多个工作表。

▶ 行号、列标和名称框

在Excel工作界面中，一组垂直的灰色阿拉伯数字标识了电子表格的行号；而另一组水平的灰色标签中的英文字母，则标识了电子表格的列号，这两组标签在Excel中分别被称为"行号"和"列标"。行和列相互交叉形成一个个的格子被称为"单元格"(Cell)，单元格是构成工作表最基础的组成元素(众多的单元格组成了一个完整的工作表)。每个单元格都可以通过单元格地址进行标识，单元格地址由它所在列的列标和所在行的行号所组成(其形式通常为"字母+数字"的形式，如A1、B2、C3等)，并显示在工作界面左侧的名称框内。

▶ 命令控件和右键菜单

命令控件和快捷菜单是用户与Excel软件交互的主要途径。其中，命令控件分布在Excel功能区选项卡、对话框和工作界面中，其主要类型有按钮、切换按钮、下拉按钮、拆分按钮、复选框、文本框、库、组合框、微调按钮、对话框启动器等。

右键菜单中包含了各种Excel常用命令。例如，右击单元格或区域后，在弹出的快捷菜单中可以执行【剪切】【复制】【选择性粘贴】【智能查找】【插入】【删除】【清除内容】【筛选】【排序】等命令；右击行号，在弹出的快捷菜单中可以执行【行高】【隐藏】【取消隐藏】

等命令；右击工作表标签，在弹出的快捷菜单中可以执行【重命名】【移动或复制】【保护工作表】【工作表标签颜色】【选定全部工作表】等命令，如图1-6所示。

▶ 编辑栏和状态栏

编辑栏和状态栏是Excel用于辅助数据输入、编辑与统计的工具。编辑栏是Excel工作界面功能区和列标之间的一个区域(名称框的右侧)，其主要的作用是编辑单元格中的内容和公式(当用户选中单元格后，编辑栏中将显示单元格中的内容或公式)，如图1-7所示。

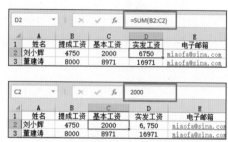

图 1-6　Excel 中的各种右键菜单　　　　　图 1-7　编辑栏中的公式和内容

状态栏位于Excel工作界面的底部，主要用于显示选中单元格或区域的相关信息。在状态栏的右侧包含视图切换按钮和显示比例滑块，用户可以使用它们来切换"页面布局"和"分页预览"视图，并调整视图的显示比例。

▶ 功能区和工具栏

Excel功能区和工具栏中包含了Excel中主要的命令控件，其中工具栏主要指的是位于Excel工作界面左上角的快速访问工具栏，它包含一组常用的命令快捷按钮(如【保存】按钮📁、【撤销】按钮🔄和【恢复】按钮🔄)，并且支持用户根据需要设定其显示的命令；功能区由一组选项卡面板组成(单击选项卡标签可以切换到不同的选项卡功能面板)，不同的选项卡功能面板又包含不同的选项组，选项组用于分类管理Excel的主要命令控件，如图1-8所示。

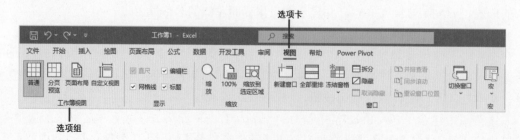

图 1-8　Excel 功能区选项卡和选项组

2. Word 工作界面

创建Word文档后将打开图1-9所示的工作界面。该界面相比Excel工作界面更简单，主要由标题栏、快速访问工具栏、功能区、导航窗格、文档编辑区域、状态栏与视图栏组成。

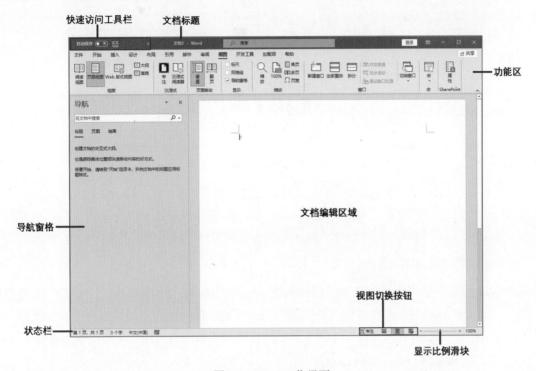

图 1-9　Word 工作界面

▶ 标题栏和快速访问工具栏

与Excel类似，Word软件的标题栏位于窗口的顶端，用于显示当前正在运行的程序名及文档标题名称等信息。标题栏最右端有4个按钮，分别用来设置功能区的显示方式(功能区显示选项▣)和控制窗口的最小化▬、最大化◻和关闭✕。快速访问工具栏中包含最常用操作的【保存】按钮▥、【撤销】按钮↺和【重复输入】按钮↻，方便用户使用。

▶ 功能区和文档编辑区域

在功能区中单击相应的标签，即可打开对应的功能选项卡，包括【开始】【插入】【设计】【布局】【引用】【邮件】【审阅】【视图】【加载项】等选项卡。

文档编辑区域是Word中最重要的部分，所有的文本操作都在该区域中进行，用来显示和编辑文档、表格等。

▶ 导航窗格和状态栏

在功能区中选择【视图】选项卡，在【显示】组中选中【导航窗格】复选框，可以在Word工作界面的左侧显示导航窗格。导航窗格中包含【标题】【页面】【结果】3个选项卡，其中【标题】和【页面】选项卡用于显示文档标题的大纲和页面列表，用户可以通过它快速跟踪文档中的编辑位置，【结果】选项卡用于显示在导航窗格顶部搜索栏中输入文本的搜索结果列表，如图1-10所示。

图 1-10　Word 导航窗格

状态栏位于Word窗口的底部，显示了当前的文档信息，如当前显示的文档是第几页、文档的总页数和文档的字数等。状态栏的右侧提供视图切换按钮和显示比例滑块，通过它们用户可以在专注模式、选取模式、Web版式和打印布局之间切换，并调整文档的显示比例。

3. PowerPoint 工作界面

在PowerPoint开始窗口中创建的文档称为演示文稿(即PPT)，PPT由一张以上(含一张)的幻灯片组成。PowerPoint软件的工作界面就是围绕对幻灯片的编辑而设计的，其结构与Word类似，区别在于PowerPoint工作界面左侧是一个用于显示幻灯片预览和结构的预览窗格，如图1-11所示。

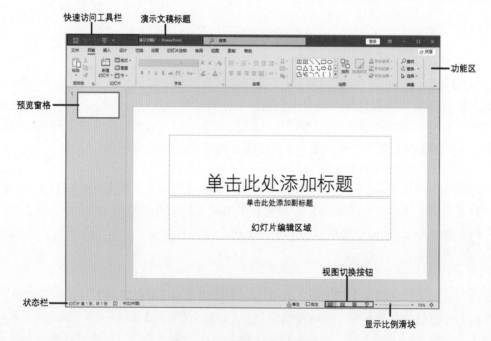

图 1-11　PowerPoint 工作界面

通过预览窗格，用户可以调整PPT中幻灯片的数量、位置和组织方式，从而制作出各种不同的演示效果(本书将在第4章中进行详细介绍)。

1.3　掌握基础操作

Word、Excel和PowerPoint都是实操性很强的办公软件，要掌握它们就必须在学习的过程中进行大量的练习，通过反复的训练达到熟练的程度，而基础操作是进行一系列练习的前提。

1.3.1　新建空白文档

在Word、Excel和PowerPoint中，用户可以通过在开始窗口的【新建】选项卡或【开始】选项卡中选择【空白文档】(Word中)、【空白工作簿】(Excel中)和【空白演示文稿】(PowerPoint中)等选项创建空白文档(在创建的文档中按下Ctrl+N键可以快速创建新的文档)。

1.3.2　保存与另存文档

对于新建的办公文档或正在编辑的某个文档，如果出现了计算机突然死机或停电等非正常关闭的情况，文档中的信息就会丢失。因此，为了保护劳动成果，做好文档的保存工作是十分重要的。在Office软件中，用户可以通过保存和另存两种方式保存文档。

- ▶ 保存文档：所谓保存文档就是将正在编辑的文档，作为一个文件保存起来。首次保存文档时，用户可以设置文档保存的位置、名称、类型等属性；再次保存文档时，软件将只对原来的文件进行覆盖。
- ▶ 另存文档：另存文档就是将文档以另外的路径、名称或类型进行保存，而不会覆盖其原件。

1. 保存新建的文档

在Word、Excel和PowerPoint中，用户可以使用以下两种等效的方法保存新建的文档。

- ▶ 在功能区选择【文件】选项卡，在显示的界面中选择【保存】|【浏览】选项。
- ▶ 单击快速访问工具栏中的【保存】按钮(快捷键：Ctrl+S)，在显示的界面中选择【浏览】选项。

第一次保存文档时，软件将打开图1-12所示的【另存为】对话框供用户设置文档的名称、保存路径和保存类型，完成设置后单击【保存】按钮即可将文档保存。

图1-12　【另存为】对话框

再次执行以上操作保存文档，软件将不再打开【另存为】对话框，而是直接覆盖保存第一次保存的文件。

2. 另存为其他文档

在Office软件中，用户可以在功能区选择【文件】选项卡，在显示的界面中选择【另存为】|【浏览】选项(快捷键：F12)，打开图1-12所示的【另存为】对话框，修改当前文件的保存名称、路径或类型。

3. 将文档保存为模板

在图1-12所示的【另存为】对话框中，将【保存类型】设置为模板(如Word模板、Excel模板、PowerPoint模板)，可以将当前文档保存为用户个人模板。此类模板将在Office开始窗口的【新建】选项卡和功能区【文件】|【新建】选项卡中显示(后面会介绍其使用方法)。

1.3.3 打开与关闭文档

用户可以使用以下几种等效的方法，打开Word、Excel或PowerPoint文档。

- ▶ 对于已经存在的文档，只需双击该文档的图标即可打开该文档。
- ▶ 如果要在一个已打开的文档中打开另外一个文档，可在功能区选择【文件】|【打开】|【浏览】选项，打开【打开】对话框，在其中选择需要打开的文件，然后单击【打开】按钮即可。单击【文件】对话框【打开】按钮右侧的倒三角按钮，在弹出的列表中可选择文档的打开方式，包括【以只读方式打开】【以副本方式打开】【在受保护的视图中打开】【打开并修复】等，如图1-13所示。

图1-13 【打开】对话框

对文档完成所有操作后，要关闭文档时，在功能区选择【文件】|【关闭】选项，或单击工作界面标题栏右侧的【关闭】按钮 ✕ (快捷键：Ctrl+W)即可关闭文档。

1.3.4　使用模板创建文档

Office软件中自带一个强大的模板资源库,使用它们不仅可以快速创建各种办公中的文档,还可以生成软件高级功能的使用教程,辅助用户掌握相应的操作。

1. 创建 Excel 教程模板

在Excel功能区中选择【文件】|【新建】选项,在显示界面中的搜索栏中输入要查找的教程模板名称(如"数据透视表教程""Power Query教程""公式教程""图表教程"),按下Enter键,在搜索结果列表中单击找到的教程模板缩略图,在打开的对话框中单击【创建】按钮即可创建相应的教程,如图1-14所示。

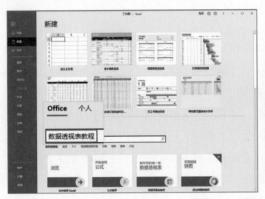
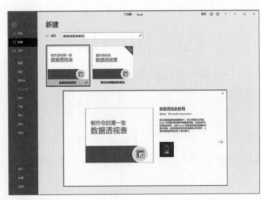

图 1-14　搜索 Excel 教程模板

在使用模板创建的工作簿中,新手用户可以根据模板中给出的提示逐步学习相关Excel功能的基本使用方法,如图1-15所示。

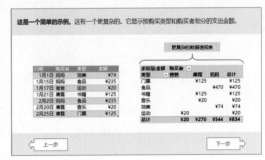

图 1-15　使用模板学习 Excel 功能

2. 创建 Word 和 PPT 办公模板

在Word和PowerPoint中也提供了大量的优质办公模板,如信函、传单、计划、字帖、演示文稿等。在功能区中选择【文件】|【新建】选项后,在显示界面的搜索栏中输入关键字并按下Enter键,然后在查找结果列表中选择一个合适的模板,即可快速创建出相应的文档,从而大大提高工作效率,如图1-16所示。

图 1-16　使用模板创建 Word 和 PPT 办公文档

3. 使用个人模板批量创建文档

除了使用Office软件自带的模板创建办公文档以外，用户也可以将打开的Word、Excel或PPT文档保存为个人模板，使用个人模板快速创建版式和内容一致的文档。

以图1-17左图所示的"个人简历"文档为例，按下F12键打开【另存为】对话框，将文件的【保存类型】设置为【Word模板(*.dotx)】，并设置文件名(个人简历)后单击【保存】按钮，即可将文档保存为个人模板。此时，选择【文件】|【新建】选项，在显示的选项区域中选择【个人】选项卡，并单击保存的"个人简历"模板(如图1-17右图所示)，即可使用该模板快速创建出内容相同的文档。

图 1-17　使用个人模板快速创建同类文档

1.3.5　恢复未保存的文档

在使用Office软件编辑与制作各种办公文档的过程中，如果即将完成的文档在未保存的情况下因为电脑突然死机、断电等原因丢失，用户可以使用软件的恢复功能，通过定时自动保存的备份恢复文件。

1. 设置定时自动保存文档

在Office软件【文件】选项卡中选择【选项】选项(或依次按Alt、T、O键)，打开【选项】

对话框(如【Word选项】对话框、【Excel选项】对话框或【PowerPoint选项】对话框)，在该对话框中用户可以设置【保存自动恢复信息时间间隔】【如果我没保存就关闭，请保留上次自动恢复的版本】和【自动恢复文件位置】，如图1-18左图所示。

2. 恢复自动保存的文档

设置文档定时"自动保存"后，Office软件会根据保存间隔时间的设定自动生成备份副本。当文档因为各种原因未保存就关闭时，用户可以选择【文件】|【信息】选项，在显示的选项区域中单击【管理文档】|【恢复未保存的文档】选项(在Excel中为【管理工作簿】|【恢复未保存的工作簿】选项，在PowerPoint中为【管理演示文稿】|【恢复未保存的演示文稿】选项)，如图1-18右图所示，在打开的对话框中即可使用软件自动备份的文件恢复未保存的办公文档。

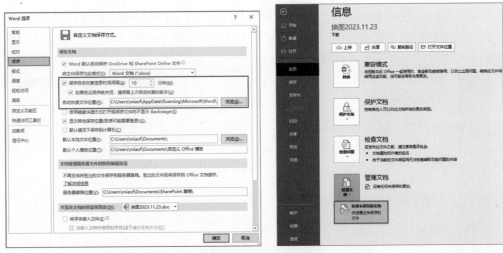

图 1-18　使用自动备份恢复未保存的文档

1.3.6　文档内容相互转换

在使用Office软件处理办公文档的过程中，经常需要在Word、Excel和PowerPoint之间相互转换内容。例如，将Word制作的表格转换到Excel中，将Excel数据表转为Word文档，将PPT转换为Word文档(扫描右侧二维码观看视频操作示范)。

▶ 将Word表格转换到Excel并保留格式。在Word中制作好表格后，按F12键打开【另存为】对话框，将【保存类型】设置为【单个文件网页(*.mht;*.mhtml)】，然后单击【保存】按钮将文档保存为网页文件。使用Excel打开保存的网页文件，然后再次按F12键打开【另存为】对话框，将打开的网页文件另存为【Excel工作簿(*.xlsx)】。

▶ 将Excel数据表转换到Word并保留格式。在Excel中选中需要转到Word文档中的单元格区域后，按住Ctrl键将选中的区域拖动至Word文档即可。

▶ 将PPT大纲文字导入Word文档。启动PowerPoint后打开PPT文档，选择【文件】|【导出】|【创建讲义】|【创建讲义】选项，在打开的对话框中选中【只使用大纲】单选按钮，然后单击【确定】按钮(如图1-19所示)，启动Word导出PPT中的大纲文字。

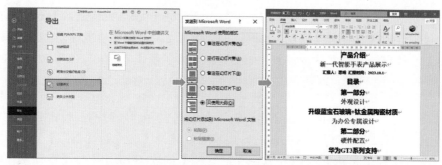

图 1-19　将 PPT 文档中的文本导入 Word 文档

1.3.7　设置文档保护密码

在Word、Excel和PowerPoint中，选择【文件】|【信息】|【保护文档】|【用密码进行加密】选项，在打开的对话框中输入两次文档保护密码后关闭文档，再次打开文档时软件将会提示用户需要输入密码才能打开文档，如图1-20所示。

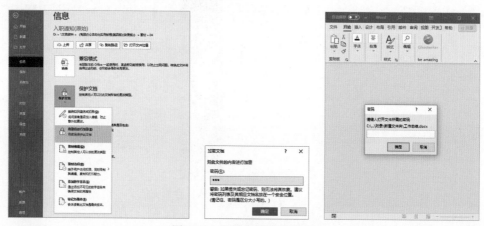

图 1-20　设置文档打开密码

1.3.8　预览并打印文档

在Office软件中，选择【文件】|【打印】选项(快捷键：Ctrl+P)，将显示图1-21所示的打印界面。

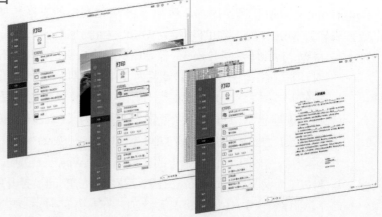

图 1-21　Word、Excel 和 PowerPoint 的打印界面

在打印界面中(以Word为例)，用户可以通过单击【打印机】下拉按钮，选择或添加打印机；单击【上一页】或【下一页】按钮，可在界面右侧预览文档的打印效果；在【设置】选项区域中可设置办公文档的打印页数、方向、纸张、边距和范围；在【份数】文本框中可设置文档打印份数；单击【打印】按钮即可打印文档，如图1-22所示。

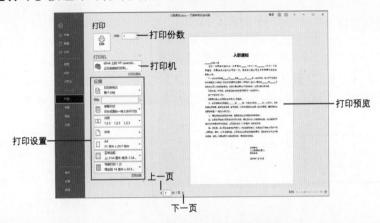

图 1-22　打印界面中的各种选项设置

1.4　熟悉通用功能

在Word、Excel和PowerPoint中，有些功能是相互通用的。例如，通过【开始】选项卡的【字体】和【段落】组，可设置文本字体和段落的基本格式；使用【插入】选项卡【插图】组中的按钮，可在文档中插入图片、形状、图标或3D模型。熟悉这些通用功能有助于用户构建知识框架，并理解各种不同类型办公文档的制作原理。

下面将主要通过实例来帮助用户快速掌握通用功能的使用方法。

1.4.1　设置文本字体和段落格式

在Word、Excel和PowerPoint中选中文本或段落后，在【开始】选项卡的【字体】组中可以设置文本的字体格式(包括字体、字号、加粗、倾斜等)，在【段落】组中可以设置文本的段落对齐方式(如左对齐、居中、右对齐等)，如图1-23所示。

图 1-23　Office 设置字体和段落格式的通用功能

【例1-1】通过在Word中制作"入职通知"文档，在Excel中制作"员工通讯录"数据表，在PowerPoint中制作"工作总结"PPT，熟悉在Office软件中设置文本字体和段落格式的方法(扫描右侧二维码查看视频演示)。

1.4.2　在文档中插入图片和形状

在Word、Excel或PowerPoint的功能区选择【插入】选项卡，单击【插图】组中的【图片】【形状】【图标】【3D模型】【SmartArt】【图表】或【屏幕截图】按钮，可以在文档中插入图片、形状、图标、3D图形、SmartArt图形、图表或屏幕截图，如图1-24所示。

图1-24　在Office中插入图片和形状等

【例1-2】继续例1-1的操作，通过在"入职通知"中插入公司Logo，在"员工通讯录"数据表中批量添加员工照片，在"工作总结"PPT中制作"组织结构图"，熟悉在Office办公文档中插入图片和形状的方法(扫描右侧二维码查看视频演示)。

1.4.3　查找和替换文档中的文本

在Office软件中按Ctrl+H快捷键，可以打开图1-25所示的【查找和替换】对话框，在该对话框的【查找内容】文本框中输入一个关键词，然后单击【查找下一个】或【查找全部】按钮，可以在文档中快速查找与关键词相对应的文本。在【替换为】文本框中输入一个替换文本，然后单击【替换】或【全部替换】按钮，可以将文档中查找到的关键词替换(关于"替换"功能的使用方法与技巧，本书2.5.2节将详细介绍)。

1.4.4　搜索软件功能的帮助信息

在Word、Excel或PowerPoint的功能区单击【帮助】选项卡中的【帮助】按钮，用户可以在打开的【帮助】窗格中通过搜索输入的关键字来查询软件功能的帮助信息，如图1-26所示。

图1-25　【查找和替换】对话框

图1-26　【帮助】窗格

【例1-3】使用Office软件提供的"帮助"功能,查找Excel中"函数"的帮助信息(扫描右侧二维码查看视频演示)。

1.5 实战演练

本章主要介绍Word、Excel和PowerPoint软件的知识框架和基础操作。下面的实战演练部分将为用户提供一些常用办公文档的制作方法,帮助用户在实操中快速熟悉软件的工作界面和常用功能(扫描右侧二维码查看具体操作提示)。

1.5.1 修改网上下载的劳务合同

劳务合同通常指的是雇佣合同,双方当事人可以同时都是法人、组织、公民,也可以是公民与法人、组织(劳务合同与劳动合同不同,劳动合同只能一方是用人单位,另一方是劳动者个人)。此类合同可以通过百度文库、豆丁网、易法通、法律快车等网站下载(也可以通过百度搜索引擎直接搜索"劳务合同",其中部分网站下载资源需要收费),然后在Word中根据实际情况进行修改,以便使用。本例将介绍一份完整劳务合同应包含的内容,以及使用Word修改网上下载的劳务合同的具体操作(制作图1-27所示的劳务合同),帮助用户在熟悉Word软件工作界面的同时,掌握一些办公中的实用技巧。

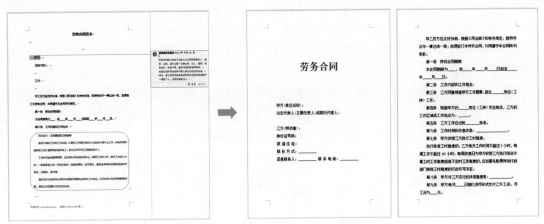

图1-27 通过修改网上下载的模板制作劳务合同

1.5.2 制作网店销售情况数据看板

数据看板是数据可视化的载体。在Excel中通过合理的页面布局、效果设计,可以生成数据面板,将数据直观、形象地展现出来,以便在工作中快速、清晰地发现问题,掌握业务现状。本例将通过制作图1-28所示的网店销售数据看板,帮助用户熟悉Excel软件的工作界面、基本操作和常用功能。

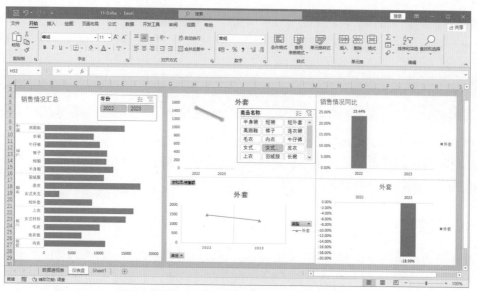

图 1-28   使用 Excel 制作的网店销售数据看板

1.5.3   批量生成新品发布会邀请函

企业在将新产品推向市场的时候，会将有关的客户或潜在的客户邀请到一起，在特定的时间和特定的地点举行一次会议，宣布新产品的上市。举办新品发布会是企业联络客户、协调与客户之间相互关系的一种重要的手段，关系着未来产品的销售。在策划一场新品发布会的过程中，工作人员往往需要专门制作邀请函，以便向客户发起参会邀请。此类邀请函虽然格式统一，但具体的邀请人员姓名却各不相同，一场大型发布会往往需要邀请成百上千名客户，如果逐份为每位客户单独制作邀请函，将会非常烦琐且浪费时间。本例将介绍在PowerPoint中批量制作不同姓名邀请函(如图1-29所示)的方法，通过实例操作可以帮助用户熟悉PowerPoint软件的工作界面、基本操作和视图模式，并掌握一个提高办公效率的技巧。

图 1-29   使用 PowerPoint 快速生成不同姓名的邀请函

第 2 章
Word 文档编辑与排版

| 本章导读 |

　　Word 是 Office 系列组件中专门用于文字处理的应用软件，在文秘、人事、统计、财务、市场营销等多个领域发挥着重要的作用，其简洁的工作界面和强大功能，完全可以满足当前职场精英制作日常办公文档（如通知、会议纪要、日程安排、报告模板、请假申请表、绩效评估文档）的需求。

　　本章将主要介绍使用 Word 编辑与排版办公文档的方法与技巧，引导用户快速构建知识框架，并根据自己的工作需求找到合适的学习方法，提高办公效率。

2.1　文档编辑基础操作

在Word中文本是组成段落的基本内容，常用办公文档通常从段落文本开始进行编辑。在办公中要实现高效编辑文档，不仅需要熟悉各种类型文本的输入方法，还要学会快速选取文档中的文本和段落，通过进一步处理让文档的结构清晰，整体效果美观。同时，在编辑文档的过程中，用户还要掌握在文档中使用表格灵活布局版面的方法。

2.1.1　熟练输入文本

新建Word文档后，在文档的开始位置将出现一个闪烁的光标，称之为"插入点"，如图2-1所示。在Word中输入的任何文本都会在插入点处出现。定位了插入点的位置后，选择一种输入法即可开始输入文本。

1. 输入中 / 英文

1) 输入英文

在英文状态下使用键盘可以直接在Word文档中输入英文、数字及标点符号。在输入时需要注意以下几点。

▶ 按CapsLock键可输入英文大写字母，再次按该键则输入英文小写字母。

▶ 按住Shift键的同时按双字符键(包含两个字符的按键)，将输入上档字符；按住Shift键的同时按字母键，将输入英文大写字母。

▶ 按回车(Enter)键，插入点将自动移到下一行行首。

▶ 按空格(Space)键，将在插入点的右侧插入一个空格符号。

2) 输入中文

一般情况下，Windows系统自带的中文输入法都是比较通用的，用户可以使用默认的输入法切换方式，如打开/关闭输入法控制条(Ctrl+空格键)、切换输入法(Shift+Ctrl键)等，进入中文输入状态后，可以在插入点处使用输入法输入中文，如图2-2所示。

图 2-1　文档中的插入点　　　　　　图 2-2　使用中文输入法输入的中文

2. 输入大写数字

在文档中输入并选中阿拉伯数字后，单击【插入】选项卡【符号】组中的【编号】按钮(如图2-3左图所示)，在打开的【编号】对话框的【编号类型】列表中选择大写中文数字，然后单击【确定】按钮，可以将阿拉伯数字转换为图2-3右图所示的中文大写数字。

图 2-3　在文档中输入大写中文数字

3. 输入繁 / 简体中文

在文档中选中输入的中文后，单击【审阅】选项卡【中文繁简转换】组中的【简转繁】按钮或【繁转简】按钮，可以将文档中简体中文转换为繁体中文，或将繁体中文转换为简体中文，如图2-4所示。

图 2-4　繁体和简体中文转换

4. 输入省略号

在中文输入状态下，按Shift+6快捷键(或Ctrl+Alt+.快捷键)，即可快速输入省略号。

5. 输入生僻字

许多办公人员采用拼音输入法输入文字。当需要输入某个不会读的文字时，可以在Word中参考以下方法来实现输入。

【例2-1】在Word中输入生僻字"吷"。

01　在Word中输入并选中"口"字，然后单击【插入】选项卡【符号】组中的【符号】下拉按钮，在弹出的列表中选择【其他符号】选项，如图2-5所示。

02　在打开的【符号】对话框中设置【字体】为【(普通文本)】、【子集】为【CJK统一汉字】，在显示的列表中即可找到所需的汉字，如图2-6所示。

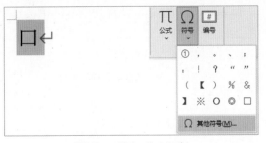

图 2-5　输入"口"字

图 2-6　【符号】对话框

03　最后，单击对话框中的【插入】按钮即可在Word中输入文字"吷"。

6. 输入符号与特殊字符

在办公中写材料或做方案时，总是不可避免地需要输入一些符号和特殊字符。

1) 输入符号

参考【例2-1】介绍的方法打开【符号】对话框后，将【字体】设置为Wingdings 2，用户可以在显示的列表中看到许多符号，从中找到需要的符号后单击【插入】按钮，即可将该符号插入文档，如图2-7所示。

2) 输入特殊字符

如果要在文档中输入如—、™、©、®等特殊字符，可以直接通过快捷键输入。在【符号】对话框中选择【特殊字符】选项卡，在显示的【字符】列表框中显示了Word软件提供的特殊字符，选择需要的特殊字符后单击【插入】按钮即可将其输入文档，如图2-8所示。

此外，在图2-8所示的【特殊字符】选项卡中单击【快捷键】按钮，在打开的【自定义键盘】对话框中，用户可以为特殊字符自定义输入快捷键，在【请按新快捷键】文本框中输入快捷键后，依次单击【指定】和【关闭】按钮后返回Word文档，然后按下设定的快捷键即可快速输入指定的特殊字符，如图2-9所示。

图 2-7　插入符号

图 2-8　【特殊字符】选项卡

图 2-9　自定义快捷键

7. 输入上/下标

在文档中输入文本(如输入O2)，然后选中需要设置上下标的文本(如选择2)，然后在【开始】选项卡的【字体】组中单击【下标】按钮 x，可以将选中的文本设置为下标，单击【上标】按钮 x，则可以将选中的文本设置为上标，如图2-10所示。

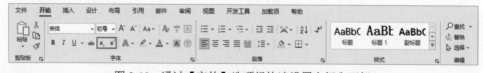

图 2-10　通过【字体】选项组快速设置上标和下标

8. 输入分数

在专业性要求较高的文档中，用户可以参考以下两种方法输入分数。

▶ 方法1：将鼠标光标定位至需要输入分数的位置，按Ctrl+F9快捷键，在显示的大括号中输入"EQ \F(3,5)"(注意，EQ和\之间有一个空格)，然后右击大括号，在弹出的快捷菜单中选择【切换域代码】命令，即可得到图2-11所示的分数。

▶ 方法2：单击【插入】选项卡【符号】组中的【公式】下拉按钮，在弹出的列表中选择【插入新公式】选项，在显示的【公式】选项卡中单击【分式】下拉按钮，在弹出的列表中选择【分式】选项，在分子和分母上逐个输入数据即可，如图2-12所示。

图 2-11　通过域输入分数

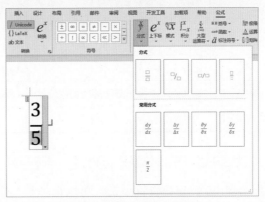

图 2-12　通过公式输入分数

9. 避免输入覆盖

有时，在Word文档中输入文字后，后面的文字会被自动删除。这是由于进入了改写状态，输入文字会自动覆盖后面的文字。解决方法是按键盘上的Insert键(首次按下Insert键会进入改写状态，再次按下Insert键则退出改写状态)。

2.1.2　快速选择文本

使用Word进行文字编辑，最重要的一点就是对文本的选择。最常用的文本选择方法是通过拖动鼠标的方式选取文本(这也是在日常办公中用得最多的文字选择方法)。除此之外，还有一些选择文本的方法，可以大大提高文本选择的效率。

1. 使用 Shift 键和 Ctrl 键进行选择

在文档中单击鼠标确定一个起点位置后，按住Shift键的同时单击终点位置，可以选择两次单击之间的文本，如图2-13所示。

按住Ctrl键的同时在文档中拖动鼠标，可以选择多个不连续的文本，如图2-14所示。

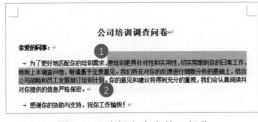

图 2-13　选择文本中的一部分

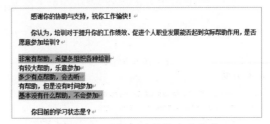

图 2-14　选择不连续的文本段落

除此之外，还可以使用表2-1所示的快捷键高效选择文档中的文本。

表2-1　使用Shift键和Ctrl键选择文本的说明

快捷键	说　明	快捷键	说　明
Shift+←	选择插入点左侧的一个字符	Shift+→	选择插入点右侧的一个字符
Shift+↑	选择至插入点上一行同一位置之间的所有字符	Shift+↓	选择至插入点下一行同一位置之间的所有字符
Ctrl+Home	选择至当前行的开始位置	Ctrl+End	选择至当前行的结束位置
Ctrl+A	选择文档中全部文本	Ctrl+Shift+↑	选择插入点至当前段落的开始位置
Ctrl+Shift+↓	选择插入点至当前段落的结束位置	Ctrl+Shift+End	选择插入点至文档的结束位置
Ctrl+Shift+Home	选择插入点至文档的开始位置		

2. 在段落前通过空白位置进行选择

在段落前(左侧)空白位置单击，可以选择整行文本，如图2-15左图所示；在段落前空白位置双击，可以选择整段文本，如图2-15右图所示。

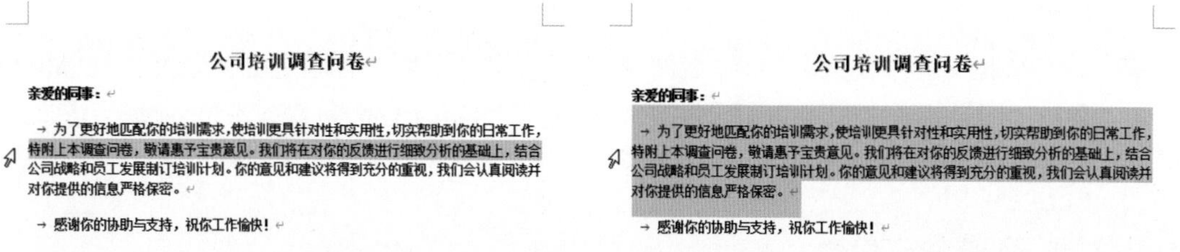

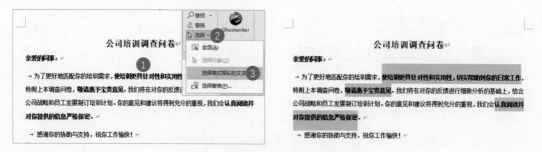

在段落左侧单击　　　　　　　　　　在段落左侧双击

图 2-15　选择整行和整段文本

此外，在段落前空白位置三击鼠标左键，可以选中文档中的所有文本。

3. 选择文档中格式类似的文本

在Word中，可以参考以下两种等效的方法选择文档中格式类似的文本。

▶ 方法1：将插入点定位至文档中要选择的段落内，单击【开始】选项卡【编辑】组中的【选择】下拉按钮，在弹出的下拉列表中选择【选择格式相似的文本】选项，即可选择文档中与插入点格式类似的文本，如图2-16所示。

图 2-16　选择文档中格式类似的文本

▶ 方法2：单击【开始】选项卡【样式】组右下角的【样式】按钮 🔲，在打开的【样式】窗格中单击某个样式右侧的 ▾ 按钮，在弹出的列表中选择【选择所有×个实例】选项，可以同时选中文档中所有相同格式的文本，如图2-17所示。

4.选择矩形范围内的文本内容

按住Alt键的同时在文档中拖动鼠标，可以选择矩形区域内的文本内容，如图2-18所示。

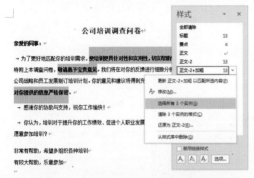
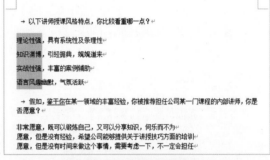

图 2-17　通过【样式】窗格选取文本　　　　　图 2-18　选取矩形区域内的文本

2.1.3　处理网上复制来的文本

在整理办公文档时，往往需要从网上复制一些文本，将这些文本粘贴至Word文档时，可能会出现各种问题(如文字大小不一致、格式混乱、包含多余的空格和空行等)。此时，就需要对此类文档进行简单的处理。

1.包含原格式的复制文本

复制网上文本至Word文档后，如果文本包含原有格式，可以参考以下方法消除格式。

01 选中复制的文本后按Ctrl+X快捷键执行"剪切"命令，如图2-19左图所示。

02 在文档中右击鼠标，在弹出的快捷菜单中选择【合并格式】选项 📋 或【只保留文本】选项 📋，即可消除复制文本中的格式，如图2-19右图所示。

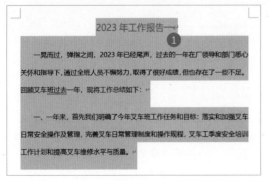

图 2-19　通过选择性粘贴消除复制后文本包含的格式

▶ 合并格式：删除原文本格式，与当前插入点的文本格式保持一致。

▶ 只保留文本：粘贴纯文字时的效果与合并格式的效果相同，如果复制(或剪切)的内容包含文本或表格，在粘贴时将不保留图片和表格，仅保留文本。

2. 格式混乱的复制文本

在复制网上文本时，经常会包含无效的空格、混乱的行距、多余的空行、手动换行标记和不正常的字间距等，如图2-20所示。

针对此类文本，可以先按Ctrl+A快捷键选中全部文档(或选择需要调整格式的段落)，然后单击【开始】选项卡【样式】组中的【其他】下拉按钮⬇，在弹出的列表中选择【清除格式】选项，清除文本中混乱的格式，如图2-21所示。

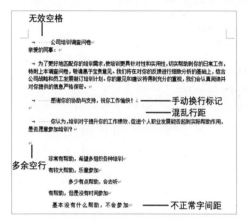

图2-20　格式混乱的文本

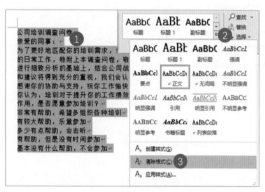

图2-21　清除文本格式

3. 包含大量空格的复制文本

如果从网上复制的文本中包含大量的空格，可以参考以下方法处理。

01 按Ctrl+H快捷键打开【查找和替换】对话框后，在【查找内容】文本框中输入"^w"(^w代表空格)，如图2-22左图所示。

02 单击【全部替换】按钮，在打开的提示对话框中单击【确定】按钮即可快速删除文档中包含的空格，如图2-22右图所示。

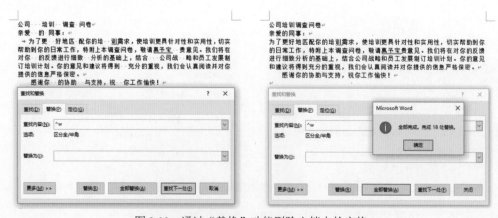

图2-22　通过"替换"功能删除文档中的空格

4. 包含手动换行标记的复制文本

如果文档中包含大量手动换行标记"↓"，可以按Ctrl+H快捷键打开【查找和替换】对话框，在【查找内容】文本框中输入"^l"(^l代表手动换行符)，在【替换为】文本框中输入"^p"(^p代表段落标记)，然后单击【全部替换】按钮即可用段落标记替换手动换行标记，如图2-23所示。

5. 包含大量空白行的复制文本

按Ctrl+H快捷键打开【查找和替换】对话框后，在【查找内容】文本框中输入"^p^p"，在【替换为】文本框中输入"^p"，然后连续单击【全部替换】按钮多次，即可全部删除文档中包含的大量空白行，如图2-24所示。

图 2-23　替换文档中的手动换行标记

图 2-24　替换文档中的空白行

2.1.4　在文档中使用表格

Word中的表格可以将文档中彼此之间关系密切的内容以行、列交错的整齐格式呈现，是非常重要的文档版面布局工具。

1. 插入表格

在Word中可以使用多种方法来创建表格，如按照指定的行、列插入表格和绘制不规则表格等。

1) 使用表格网格框创建表格

利用表格网格框可以直接在文档中插入表格(这是创建Word表格最快捷的方法)。

将光标定位在需要插入表格的位置，然后选择【插入】选项卡，单击【表格】组中的【表格】按钮，在弹出的下拉列表中会出现一个网格框。在网格框中移动鼠标光标确定要创建表格的行数和列数，然后单击就可以完成一个规则表格的创建，如图2-25所示。

2) 使用对话框创建表格

用户也可以使用对话框在Word文档中创建指定行数和列数的表格。

选择【插入】选项卡，在【表格】组中单击【表格】按钮，在图2-25所示的下拉列表中选择【插入表格】选项，打开【插入表格】对话框。在该对话框的【列数】和【行数】微调框中设置表格的列数和行数，在【"自动调整"操作】选项区域中设置根据内容或窗口调整表格尺寸，单击【确定】按钮即可在文档中插入表格，如图2-26所示。

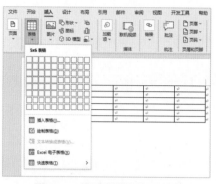

图 2-25　通过网格框创建表格

图 2-26　【插入表格】对话框

在【插入表格】对话框的【固定列宽】微调框中可以为插入文档中的表格设置列宽值。设置列宽值后，如果用户需要将下一个创建的表格尺寸设置为与当前表格尺寸相同，则在【插入表格】对话框中选中【为新表格记忆此尺寸】复选框即可(扫描右侧二维码查看操作示范)。

3) 绘制不规则表格

在制作办公文档的过程中，有时需要创建列宽、行高都不等的不规则表格(如投标文档中的产品参数表)。此时，可以使用Word提供的绘制表格功能创建表格。

在功能区选择【插入】选项卡，在【表格】组中单击【表格】下拉按钮，在弹出的下拉列表中选择【绘制表格】选项，此时鼠标光标将变为⌀形状，按住鼠标左键不放并在Word文档编辑区域中拖动，会出现一个表格的虚框，待到合适大小后，释放鼠标即可生成表格的边框，如图2-27左图所示。

在表格上边框任意位置单击选择一个起点，按住鼠标左键不放向右(或向下)拖动可以绘制出表格中的横线(或竖线、斜线)，如图2-27右图所示。

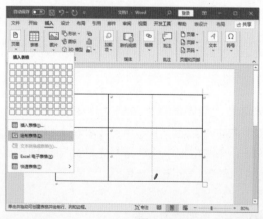
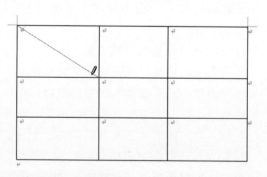

图 2-27　使用"绘制表格"功能在文档中绘制表格

　提示

如果在绘制过程中出现错误，可以打开【布局】选项卡，单击【绘图】组中的【橡皮擦】按钮，此时鼠标光标将变成橡皮形状，单击要删除的表格线段，沿着线段拖动鼠标，该表格线段会呈高亮显示，释放鼠标可以将线段删除(扫描右侧二维码观看操作示范)。

4) 将Excel中复制的数据转换为Word表格

在Word中，用户可以将从Excel中复制来的数据转换为表格，具体操作方法如下。

01 在Excel中选中需要复制的数据后按Ctrl+C键执行"复制"操作，如图2-28所示。

02 打开Word，将鼠标指针置于文档中合适的位置后右击，在弹出的快捷菜单中选择【只保留文本】选项，将Excel中的数据复制到Word文档中，如图2-29所示。

图 2-28 复制 Excel 数据　　　　图 2-29 将数据粘贴至 Word 文档

03 拖动鼠标选中复制来的数据，单击【插入】选项卡中的【表格】下拉按钮，在弹出的列表中选择【文本转换成表格】选项，如图2-30左图所示。

04 在打开的【将文字转换成表格】对话框中，Word软件会根据选中的数据自动判断使用【文字分隔位置】的类型和【表格尺寸】参数，单击【确定】按钮即可将选中的文本转换为Word表格，如图2-30右图所示。

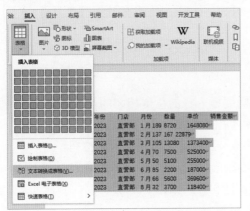

图 2-30 将 Word 文档中的文本转换为表格

 提示

选中Word文档中的表格，然后单击【布局】选项卡【数据】组中的【转换为文本】按钮，在打开的对话框中设置文字分隔符类型并单击【确定】按钮，可以将表格转换为文本(扫描右侧二维码观看操作示范)。

2. 编辑表格

在文档中创建表格后，通常需要对表格进行编辑处理(如调整表格的行高和列宽、删除或插入行与列、合并与拆分单元格等)，来满足数据排列的要求。在Word中对表格的编辑操作，主要通过【布局】选项卡中的选项来实现。

1) 选定行、列和单元格

对表格进行格式化之前，首先要选定表格编辑对象(即选定行、列和单元格)，然后才能对表格进行操作。选定表格编辑对象的方式有如下几种。

- 选定一个单元格：将光标移至该单元格的左侧区域，当光标变为 ➔ 形状时单击，如图2-31所示。
- 选定整行：将光标移至该行的左侧，当光标变为 ⬈ 形状时单击，如图2-32所示。

图 2-31　选定一个单元格　　　　　　　　　图 2-32　选定整行

- 选定整列：将光标移至该列的上方，当光标变为 ⬇ 形状时单击，如图2-33所示。
- 选定多个连续单元格：沿被选区域左上角向右下角拖动鼠标。
- 选定多个不连续单元格：选取第1个单元格后，按住Ctrl键不放，再分别选取其他的单元格，如图2-34所示。
- 选定整个表格：移动光标到表格左上角图标 ⊞ 时单击。

图 2-33　选定整列　　　　　　　　　　图 2-34　选定多个不连续单元格

2) 插入和删除行、列

若要在表格中插入行，首先在表格中选定与需要插入行的位置相邻的行。选择【布局】选项卡，在【行和列】组中单击【在上方插入】或【在下方插入】按钮，如图2-35所示。插入列的操作与插入行的操作基本类似(单击【在左侧插入】或【在右侧插入】按钮)。

另外，单击【行和列】组右下角的对话框启动器按钮 ⌐ ，打开【插入单元格】对话框，选中【整行插入】或【整列插入】单选按钮，同样可以插入行和列，如图2-36所示。

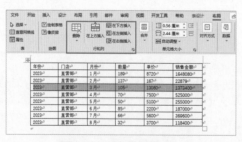

图 2-35　【行和列】组　　　　　　　　　图 2-36　【插入单元格】对话框

当表格的行或列过多时，就需要删除多余的行和列。选定需要删除的行，或将插入点放置在表格行(或列)的任意单元格内，在【行和列】组中单击【删除】下拉按钮，在弹出的下拉列表中选择【删除行】(或【删除列】)选项即可删除行(或列)。

3) 合并和拆分单元格

选中表格中要合并的多个单元格后选择【布局】选项卡，在【合并】组中单击【合并单元格】按钮(或右击选中的单元格，在弹出的快捷菜单中选择【合并单元格】命令)。此时Word就会删除所选单元格之间的边界，建立一个新的单元格，并将原来单元格的列宽和行高合并为当前单元格的列宽和行高。

选中要拆分的单元格后选择【布局】选项卡，在【合并】组中单击【拆分单元格】按钮(或右击选中的单元格，在弹出的快捷菜单中选择【拆分单元格】命令)，打开【拆分单元格】对话框，在【列数】和【行数】文本框中分别输入需要拆分的列数和行数，单击【确定】按钮即可拆分单元格(扫描右侧二维码观看操作示范)。

4) 调整行高和列宽

创建表格时，表格的行高和列宽都是默认值，而在实际工作中常常需要随时调整表格的行高和列宽。在Word中，使用鼠标可以快速调整表格的行高和列宽。在调整表格行高时，先将鼠标光标指向表格中需调整的行的下边框，当光标变为上下双向箭头后拖动鼠标至所需位置，整个表格的高度会随着行高的改变而改变。在调整表格列宽时，将鼠标光标指向表格中需要调整的列的边框，当鼠标指针变为左右双向箭头后参考以下操作，可以实现不同的调整效果。

▶ 拖动边框，则边框左右两列的宽度发生变化，而整个表格的总体宽度不变。

▶ 按住Shift键后拖动表格边框，则边框左边一列的宽度发生改变，整个表格的总体宽度随之改变。

▶ 按住Ctrl键，然后拖动边框，则边框左边一列的宽度发生改变，边框右边各列也发生均匀的变化，而整个表格的总体宽度不变。

如果表格尺寸要求的精确度较高，可以通过对话框调整其行高和列宽。将插入点定位在表格需要调整的行或列中，单击【布局】选项卡【单元格大小】组中的对话框启动器按钮 ，在打开的【表格属性】对话框中选择【行】选项卡，选中【指定高度】复选框，并在其后的微调框中输入行高数值，然后单击【确定】按钮即可精确设置行高(单击对话框中的【下一行】按钮，可以将鼠标光标移至当前选中行的下一行)，如图2-37所示。

在【表格属性】对话框中选择【列】选项卡，选中【指定宽度】复选框，在其后的微调框中输入列宽数值，单击【确定】按钮即可设置当前选中列的列宽，如图2-38所示。

图 2-37　设置表格行高

图 2-38　设置表格列宽

将插入点置于表格中,单击【布局】选项卡【单元格大小】组中的【自动调整】下拉按钮,在弹出的列表中可以设置表格根据内容或文档窗口自动调整。

5) 表格内容对齐方式

选择表格后,在功能区选择【布局】选项卡,单击【对齐方式】组中的选项,可以调整表格内容的对齐方式,如图2-39所示。图中各对齐选项的功能说明如表2-2所示。

图 2-39 【对齐方式】组

表2-2 表格内容对齐选项的功能说明

对齐选项	图标	说 明	对齐选项	图标	说 明
靠上左对齐		靠单元格左上角对齐	靠上居中对齐		靠单元格顶部水平对齐
靠下左对齐		靠单元格左下角对齐	靠下居中对齐		靠单元格底部水平对齐
中部左对齐		在单元格垂直居中靠左对齐	水平居中		在单元格中水平垂直居中对齐
靠上右对齐		靠单元格右上角对齐	中部右对齐		在单元格垂直居中靠右对齐
靠下右对齐		靠单元格右下角对齐			

6) 调整表格边框样式

在Word文档中插入表格后,如果想要让表格效果美观,就需要为表格设置边框,并根据页面主题设计边框的样式。

在Word中,用户可以在选中表格后使用【表设计】选项卡【边框】组中的选项调整表格的边框样式,具体操作方法如下。

01 在【边框】组中设置边框的样式、笔样式、笔画粗细和笔颜色等参数。

02 单击激活【边框刷】按钮,在需要应用边框样式的边框上拖动鼠标即可,如图2-40所示。

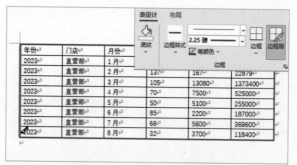

图 2-40 为表格外边框设置样式

7) 单独移动表格框线

在Word表格中调整列宽时,表格所有的竖线都是联动的,选择任意一行的竖线,整列的竖线会一起移动，如图2-41所示。如果要调整部分竖线所在的单元格或单元格区域，可以在选中单元格或单元格区域后，分别调整所选单元格区域的竖线，如图2-42所示。

年份	门店	月份	数量	单价	销售金额
2023	直营部	1月	189	8720	1648080
2023	直营部	2月	137	167	22879
2023	直营部	3月	105	13080	1373400
2023	直营部	4月	70	7500	525000
2023	直营部	5月	50	5100	255000
2023	直营部	6月	85	2200	187000
2023	直营部	7月	66	5600	369600
2023	直营部	8月	32	3700	118400

图 2-41　调整单元格列宽时整列宽度同时变化

年份	门店	月份	数量	单价	销售金额
2023	直营部	1月	189	8720	1648080
2023	直营部	2月	137	167	22879
2023	直营部	3月	105	13080	1373400
2023	直营部	4月	70	7500	525000
2023	直营部	5月	50	5100	255000
2023	直营部	6月	85	2200	187000
2023	直营部	7月	66	5600	369600
2023	直营部	8月	32	3700	118400

图 2-42　单独调整单元格区域的列宽

8) 在表格前添加空行

将插入点定位于表格第1个单元格最左侧的位置(如图2-43左图所示)，按Enter键可以在表格前添加一个空行，如图2-43右图所示。

年份	门店	月份	数量	单价	销售金额
2023	直营部	1月	189	8720	1648080
2023	直营部	2月	137	167	22879
2023	直营部	3月	105	13080	1373400

年份	门店	月份	数量	单价	销售金额
2023	直营部	1月	189	8720	1648080
2023	直营部	2月	137	167	22879
2023	直营部	3月	105	13080	1373400

图 2-43　在表格前插入空行

9) 对齐表格中的竖线

在修改办公文档中的表格时，有时会遇到无论向左还是向右移动表格中的竖线，都会对不齐表格的两个竖线的情况。此时，按住Alt键移动竖线，则可以将其对齐(扫描右侧二维码观看操作示范)。

10) 删除整个表格

在文档中选中表格中的所有单元格后，按Shift+Delete键即可删除整个表格。

11) 使用表格排版特殊文档

在工作中排版对版面效果有特殊要求的文档时，用户可以利用表格来实现灵活排版。下面将通过制作“个人简历”文档，来介绍使用表格排版文档的具体方法。

【例2-2】在Word中使用表格排版个人简历。

01 创建空白Word文档后，选择【插入】选项卡，然后在【表格】组中单击【表格】选项，在弹出的下拉列表中选择【插入表格】选项(快捷键：Ctrl+E)。打开【插入表格】对话框，在【列数】文本框中输入4，在【行数】文本框中输入17，然后单击【确定】按钮。此时，将在文档中插入一个如图2-44所示的表格。将鼠标指针置入表格中的单元格内单击，即可将鼠标指针置于表格中。

02 在表格第1行的左侧空白处单击，选中该行，在功能区中选择【表格工具】的【布局】选项卡。

03 在【布局】选项卡的【合并】组中单击【合并单元格】按钮(快捷键：Alt+A+M)，即可将表格第1行所有单元格合并，如图2-45所示。

图 2-44　在文档中插入表格

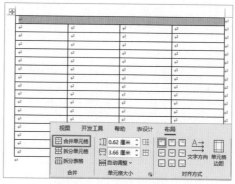

图 2-45　合并单元格

04 使用同样的方法，合并表格的第2、第10~17行(可以在选中行后按F4键重复执行"合并单元格"操作)。

05 将鼠标指针置于表格第3行第4列单元格中，按住鼠标左键向下拖动5个单元格，选中一个单元格区域。在【合并】选项组中单击【拆分单元格】按钮，打开【拆分单元格】对话框，在【列数】文本框中输入2，在【行数】文本框中输入5，然后单击【确定】按钮。此时，被选中的单元格区域将被拆分为2列，如图2-46所示。

06 将鼠标指针放置在表格的第1行中，在【表格工具】|【布局】选项卡【单元格大小】组的【高度】文本框中输入2.75，设置表格第1行的行高。

07 使用同样的方法，选中表格的第2~12、14、16行单元格，将其行高设置为0.9厘米；选中表格的第13、15行单元格，将其行高设置为2.2厘米；选中表格的第17行单元格，将其行高设置为4.4厘米，完成后的表格效果如图2-47所示。

08 选中表格第3~9行第1列单元格区域，当鼠标指针显示为↔状态时，单击鼠标左键并按住向左侧拖动，调整选中单元格区域的列宽。使用相同的方法，设置表格第3~9行其他列的宽度，完成后的表格效果如图2-48所示。

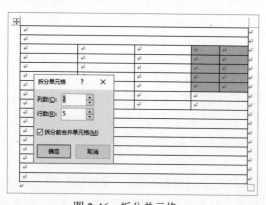

图 2-46　拆分单元格

图 2-47　调整行高

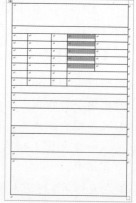

图 2-48　调整列宽

09 选择【表设计】选项卡，在【边框】组中设置【笔画粗细】为2.25磅，【笔颜色】为深蓝，激活【边框刷】按钮，在表格外边框上拖动调整表格的边框效果，如图2-49所示。

10 将插入点置于表格第1行单元格中，在【布局】选项卡【对齐方式】组中激活【水平居中】

按钮，如图 2-50 所示，设置表格第 1 行内容水平居中。

11 将插入点置于表格第 1 行后，输入文本"个人简历"并设置文本格式，如图 2-51 所示。

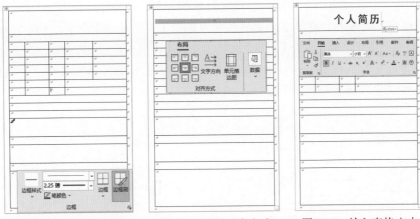

图 2-49　绘制外边框　　　图 2-50　设置对齐方式　　　图 2-51　输入表格文本

12 使用同样的方法设置表格其他单元格的对齐方式并输入文本。合并表格第 3~7 行第 5 列的单元格，并在合并后的单元格中插入图 2-52 所示的图片。

13 选中单元格中的行和单元格区域，单击【表设计】选项卡中的【底纹】下拉按钮，在弹出的列表中选择一种颜色，如图 2-53 所示。

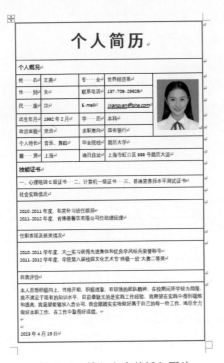

图 2-52　输入文本并插入图片

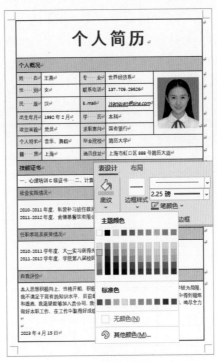

图 2-53　设置单元格底纹色

3. 制作表头

表头是表格重要的组成部分，在 Word 中用户可以为表格制作单斜线和双斜线表头，并设置表头在文档的每一页都会自动显示。

1) 为表格制作单斜线表头

在Word中用户可以使用以下方法为表格设置单线表头。

01 选中单元格后右击鼠标，在弹出的快捷菜单中选择【表格属性】命令，如图2-54左图所示。

02 打开【表格属性】对话框，单击【表格】选项卡中的【边框和底纹】按钮，如图2-54中图所示。

03 在打开的【边框和底纹】对话框中单击激活斜线按钮，然后单击【确定】按钮，即可在单元格中为表格设置斜线表头，如图2-54右图所示。

图 2-54 设置斜线表头

此外，选中单元格后单击【开始】选项卡【段落】组中的【边框】下拉按钮，在弹出的下拉列表中选择斜线选项，也可以在单元格中设置单斜线，如图2-55所示。

2) 在表格中绘制双线表头

单击【插入】选项卡中的【形状】按钮，在弹出的列表中选择【直线】选项，在表格单元格中可以绘制图2-56所示的双线表头。

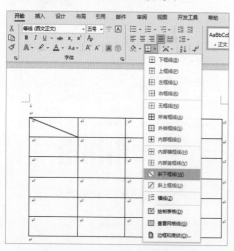

图 2-55 为单元格设置斜线边框

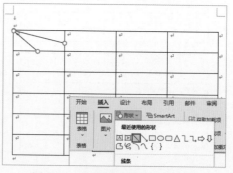

图 2-56 使用形状制作双线表头

3) 跨页显示表头内容

若要让一个跨页表格的表头在文档的每一页均自动显示，可以参考以下方法进行设置。

01 选中表头行后右击，在弹出的快捷菜单中选择【表格属性】命令，如图2-57左图所示。

02 在打开的【表格属性】对话框中选择【行】选项卡，然后选中【在各页顶端以标题行形式重复出现】复选框，并单击【确定】按钮，如图2-57右图所示。

图 2-57　设置表格的表头在文档每一页均自动显示

 提示

　　选中表格中的表头行后，激活【布局】选项卡【数据】组中的【重复标题行】按钮，也可以实现以上操作同样的效果。

2.1.5　插入 Excel 图表

　　在Excel中完成图表的制作后按Ctrl+C快捷键复制图表，然后切换至Word中，右击需要插入图表的位置，在弹出的快捷菜单中选择【使用目标主题和链接数据】选项，即可将Excel图表插入Word文档中，如图2-58所示。此时，右击文档中插入的Excel图表，在弹出的快捷菜单中可以对图表进行调整(如更改图表类型、编辑图表数据、插入题注、设置环绕文字、设置图表区域格式)，如图2-59所示。

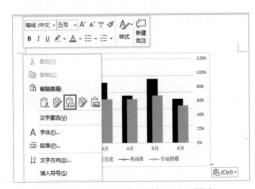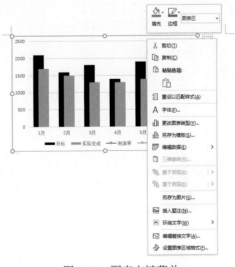

图 2-58　在文档中复制 Excel 图表　　　　　　图 2-59　图表右键菜单

💡 **提示**

当Excel中的图表数据发生变化时,用户可以在Word中选中图表,然后单击【图表设计】选项卡中的【刷新数据】按钮,同步更新图表数据。

2.1.6 解决文档中的格式问题

在处理工作中的各种Word文档时,往往会出现各种各样的格式问题。正确、快速地处理这些问题,是实现高效办公的基础技能。

1. 图片显示不完整

有时,在文档中直接插入"嵌入型"图片后仅显示图片的一部分,如图2-60左图所示。造成这种问题的原因是Word默认插入的"嵌入型"图片相当于一个字符,如果文档行距设置得太小,就会导致图片显示不完整。要解决这个问题,在选中图片后按Ctrl+1快捷键将行距设置为"单倍行距"即可,如图2-60右图所示。

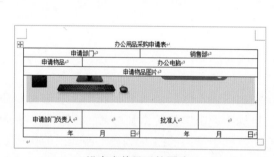

没有完整显示的图片

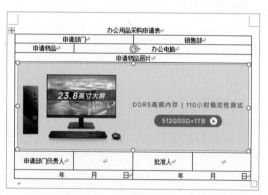

按 Ctrl+1 快捷键设置单倍行距

图 2-60 调整未完整显示的图片

2. 文档在不同电脑中显示错乱

有些已经编辑好的办公文档,在不同电脑中显示的效果不同,因此会出现文档版式错乱的情况。这是由于这些电脑中缺少文档所使用的字体造成的。要解决这个问题,用户可以在已安装文档所需字体的电脑中打开Word文档,按Alt+F+T快捷键打开【Word选项】对话框,在【保存】选项卡中选中【将字体嵌入文件】复选框,单击【确定】按钮并按Ctrl+S快捷键保存,即可在文档中嵌入字体文件,如图2-61所示。

图 2-61 在文档中嵌入字体文件

3. 段落中数字间隔较大

有些文档中的数字间隔较大，且无法调整，如图 2-62 左图所示。这是由于数字采用了全角输入而造成的。选中这些数字后，单击【开始】选项卡【字体】组中的【更改大小写】下拉按钮 Aa▾ ，在弹出的列表中选择【半角】选项即可解决这个问题，如图 2-62 右图所示。

 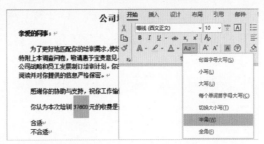

图 2-62　将全角数字改为半角显示

4. 英文单词在行中显示不完整

在 Word 中，默认西文字体在单词中间不换行，如果文档中出现英文单词在一行最后显示不完整，自动显示在下一行开头时，可以选中单词所在的段落，按 Alt+O+P 快捷键，打开【段落】对话框，在【中文版式】选项卡中选中【允许西文在单词中间换行】复选框即可，如图 2-63 所示。

5. 表格后多余的空白页

表格制作好后，如果表格所在的页面内容过多，而表格又在页面的结尾处，可能会出现图 2-64 所示的空白页。要删除空白页，可以将插入点置于空白页中，打开【段落】对话框，在【缩进和间距】选项卡中将【段前】和【段后】设置为 0 行，将【行距】设置为【固定值】，将【设置值】设置为 1，如图 2-65 所示。

 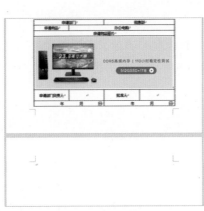 

图 2-63　设置中文版式　　　　　图 2-64　多出的空白页　　　　　图 2-65　设置段落间距

此外，如果表格的行高间距可以调整，用户可以在选中表格行后，在【布局】选项卡的【单元格大小】组中通过调整【高度】参数来解决空白页问题(扫描右侧二维码观看操作示范)。

6. 表格跨页面断行

在同一个表格中输入的内容，有时会出现前一部分在文档的上一页，而剩余部分则显示在下一页的情况。这是Word软件默认允许表格跨页断行造成的问题。要解决这个问题，可以选中并右击表格，在弹出的快捷菜单选择【表格属性】命令，打开【表格属性】对话框，在【行】选项卡中取消【允许跨页断行】复选框的选中状态，如图2-66所示。

7. 表格内文字丢失

在办公中使用他人表格或在编辑表格时使用其他电脑重新打开表格，有时会出现表格中内容丢失的情况。出现这种问题的原因是纸张页面不够大，装不下表格，导致表格部分内容超出了Word文档页面。要解决这个问题，可以选中并右击表格，在弹出的快捷菜单中选择【自动调整】|【根据窗口自动调整表格】命令，使表格根据当前文档页面宽度自动调整，重新显示丢失的内容，如图2-67所示。

图 2-66 禁止跨页断行

图 2-67 根据窗口自动调整表格

除此之外，还可以在【视图】选项卡的【显示】组中选中【标尺】复选框，在文档窗口顶部显示图2-68所示标尺，将标尺右侧的矩形灰色区域向左调整至页面中，可显示表格中未正常显示的内容。

图 2-68 标尺

如果表格底部的文字未能正常显示，可以在选中表格后打开【表格属性】对话框，在【表格】选项卡中单击【选项】按钮，在打开的【表格选项】对话框中选中【自动重调尺寸以适应内容】复选框，如图2-69左图所示。然后返回【表格属性】对话框，选择【行】选项卡，选中【允许跨页断行】复选框，使表格允许跨页显示底部未显示的内容，如图2-69右图所示。

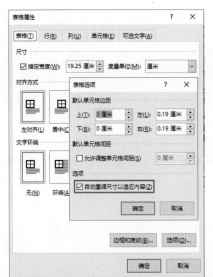

图 2-69　通过允许表格自动断行重新显示未显示的表格内容

8. 无法减小表格行高

如果表格中的行无法通过拖动边框线和调整行高改变大小，可能是因为行中为文本设置了段落样式(如设置了较大段前间距、段落间距或行距)。要解决这个问题，可以在选中表格行后按Alt+O+P快捷键，打开【段落】对话框，将【段前】和【段后】设置为0行，将【行距】设置为【单倍行距】，然后单击【确定】按钮。

2.2　科学排版的六个步骤

当我们利用Word撰写一些专业性较强的材料时，必然会涉及排版问题。掌握科学的排版流程，可以帮助我们轻松解决排版过程中出现的各种问题，使办公文档的版面更加美观。

2.2.1　确定文档主题

排版首先要确定的是文档主题。这里的主题不仅包括封面主题，还包括正文内容主题。

1. 封面主题

文档的封面通常包含其报告的名称、时间、编号和摘要等信息。正式文档的封面一般设计得简单、得体；非正式文档的封面可以根据主题性质设计得丰富多变。

【例2-3】在Word中为"场地租赁合同"和"工作内容回顾"文档制作封面。

01 打开"场地租赁合同"文档后将插入点置于文档开头处。选择【插入】选项卡，单击【页面】组中的【空白页】按钮，在文档开头插入一个空白页，并输入封面文本。

02 由于合同文档是比较正式的文档，在文档的封面中需要为该文档的标题和正文分别设置不同的字体和字号(本例为标题和正文设置"仿宋"字体,设置标题文本字号为"初号",正文文本字号为"小三"),并为标题和各正文设置不同的行间距(用户可以自行设置)。

03 按住Ctrl键的同时拖动鼠标选中封面页中如图2-70所示的文本,先按Ctrl+E快捷键使其居中,再单击【开始】选项卡【段落】组中的【中文版式】下拉按钮 🔼▾,在弹出的列表中选择【调整宽度】选项。

04 打开【调整宽度】对话框,将【新文字宽度】设置为4字符,然后单击【确定】按钮,对齐选中的文字,如图2-71所示。

05 选中"甲方:""乙方:"和"签订日期"文本后右击鼠标,在弹出的快捷菜单中选择【段落】命令,在打开的【段落】对话框中单击【制表位】按钮,打开【制表位】对话框,将【制表位位置】设置为28,并选中【4__(4)】单选按钮,然后连续单击【确定】按钮,如图2-72所示。

图2-70　选中封面文本

图2-71　调整宽度对齐文本

图2-72　设置制表位

06 分别在"甲方:""乙方:"和"签订日期"文本后按Tab键,在这些文本右侧添加下画线,如图2-73左图所示。

07 将鼠标指针置于文本"合同编号:"右侧,按Ctrl+U快捷键设置下画线格式,然后连续按Tab键添加图2-73右图所示的下画线。

08 打开"工作内容回顾"文档后,单击【插入】选项卡【页面】组中的【封面】下拉按钮,在弹出的列表中选择一种封面样式,即可将该封面样式插入文档的第1页,如图2-74所示。

09 由于"工作内容回顾"文档是办公中的非正式文档,在为此类文档设置封面时可以采用更加活泼的设计,使用鲜明的颜色或图片。

<table>
<tr><td>图 2-73　添加下画线</td><td>图 2-74　Word 提供的预设封面</td></tr>
</table>

10 将鼠标指针置于封面中预留的占位符中并输入封面文本，如图 2-75 左图所示。

11 在封面中插入图片和形状，并设置封面文本的大小和格式，如图 2-75 中图所示。

12 最后，还可以为封面图片设置颜色和艺术效果，衬托文档所要描述的主题氛围，如图 2-75 右图所示。

图 2-75　使用个性化元素突出封面主题

2. 正文主题

在确定文档正文主题的过程中，要为正文设置合适的标题格式、段落格式、项目符号和编号、页眉和页脚，并将重要的数据以表格形式展示，使文档正文看上去结构清晰、主题明确，如图 2-76 所示。

原始文稿　　　　　　　　　　　处理后的文档

图 2-76　通过确定正文主题进一步排版文档

1) 设置标题样式

在文档中选中一段文本后，单击【开始】选项卡【样式】组中的标题样式，可以为文本设置Word软件预置的标题样式，如图2-77所示。

图 2-77　【样式】组

2) 设置段落缩进

段落缩进是指设置段落中的文本与页边距之间的距离。Word提供了以下4种段落缩进的方式。

▶ 左缩进：设置整个段落左边界的缩进位置。
▶ 右缩进：设置整个段落右边界的缩进位置。
▶ 悬挂缩进：设置段落中除首行以外的其他行的起始位置。
▶ 首行缩进：设置段落中首行的起始位置。

在【段落】对话框中可以准确地设置段落的缩进尺寸。打开【开始】选项卡，单击【段落】组中的对话框启动器按钮(快捷键：Alt+O+P)，打开【段落】对话框的【缩进和间距】选项卡，在该选项卡中可以设置段落缩进方式。

【例2-4】在图2-76左图所示的文档中，设置段落文本首行缩进2个字符。

01 按住Ctrl键的同时选中文档中需要设置首行缩进的段落，右击鼠标，在弹出的快捷菜单中选择【段落】命令，打开【段落】对话框。

02 在【段落】对话框中设置【特殊】为【首行】，其后的【缩进值】为"2字符"，然后单击【确定】按钮，如图2-78左图所示。

03 此时，选中的文本段落将以首行缩进2个字符显示，如图2-78右图所示。

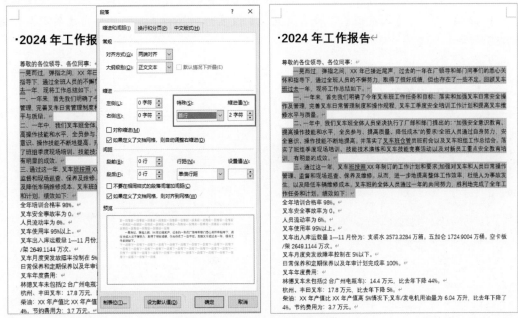

图 2-78　设置段落首行缩进 2 个字符

3) 设置段落间距

段落间距的设置包括文档行间距与段间距的设置。所谓行间距，是指段落中行与行之间的距离；所谓段间距，是指前后相邻的段落之间的距离。

▶ 设置行间距：行间距决定段落中各行文本之间的距离。Word默认的行间距是单倍行距，用户可以根据需要重新对其进行设置。在【段落】对话框中选择【缩进和间距】选项卡，在【行距】下拉列表中可以选择行间距的类型(如单倍行距、多倍行距、固定值等)，在【设置值】微调框中可以设置行间距的具体参数值。

▶ 设置段间距：段间距决定段落前后空白距离的大小。在【段落】对话框中选择【缩进和间距】选项卡，在【段前】和【段后】微调框可以设置段间距参数值。

【例2-5】在图2-78右图所示的"工作报告"文档中设置文本的段间距和行间距。

01 继续【例2-4】的操作，选中标题文本"2024年工作报告"，先按Ctrl+E快捷键使其在行中居中，再右击该文本，在弹出的快捷菜单中选择【段落】命令。

02 打开【段落】对话框，在【段前】和【段后】数值框中输入"12磅"，然后单击【确定】按钮。

03 选中并右击文本"尊敬的各位领导、各位同事："，在弹出的快捷菜单中选择【段落】命令，在打开的【段落】对话框中将【段前】和【段后】数值框的参数设置为"0.5行"，然后单击【确定】按钮。

04 将插入点置于第一段文本"一晃而过，弹指之间……"中，再次打开【段落】对话框，将【段后】设置为"1行"，然后单击【确定】按钮。

05 使用同样的方法，设置文档其他段落的【段后】参数，完成后的效果如图2-79所示。

06 选中文档中的文本"绩效如下："，先按Ctrl+B快捷键设置加粗文本，再打开【段落】对话框将【行距】设置为【固定值】，将【设置值】设置为"26磅"，然后单击【确定】按钮，如图2-80所示。

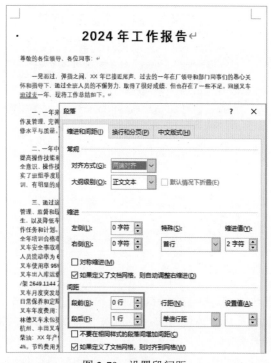

图 2-79 设置段间距

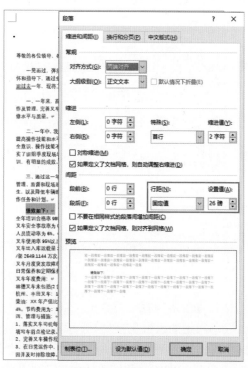

图 2-80 设置行间距

4) 使用项目符号和编号

使用项目符号和编号列表可以对文档中并列的项目进行组织，或者将内容的顺序进行编号，以使这些项目的层次结构清晰、有条理。

若用户要为多段文本添加项目符号和编号，可以打开【开始】选项卡，在【段落】组中单击【项目符号】下拉按钮  和【编号】下拉按钮 ，在弹出的下拉列表中选择项目符号和编号的样式。

【例2-6】在"2024年工作报告"文档中设置项目符号和编号。

01 继续【例2-5】的操作，处理文档中的数据，将其用空格分为图2-81左图所示的3段，然后参考本章2.1.4节介绍的方法将数据转换为表格，并设置表格内容对齐方式和表格边框，然后选中如图2-81右图所示的文本。

绩效如下：
全年培训合格率 98%。
叉车安全事故率为 0。
人员流动率为 6%。
叉车使用率 95%以上。
叉车出入库运载量 1—11 月份为：
支装水 3573.3284 万箱
五加仑 1724.9004 万桶
空卡板/架 2649.1144 万次
叉车月度突发故障率控制在 5%以下。
日常保养和定期保养及年审计划完成率 100%。
叉车年度费用：
林德叉车未包括(2 台广州电瓶车)：14.4 万元，比去年下降 44%。
杭州、丰田叉车：17.8 万元，比去年下降 5%。
柴油：XX 年产值比 XX 年产值高 5%情况下;叉车/发电机用油量为 6.04 万升，比去年下降了
4%。节约费用为：3.7 万元。

绩效如下：
全年培训合格率 98%。
叉车安全事故率为 0。
人员流动率为 6%。
叉车使用率 95%以上。
叉车出入库运载量 1—11 月份为：

运载货物	数量	单位
支装水	3573.3284	万箱
五加仑	1724.9004	万桶
空卡板/架	2649.1144	万次

叉车月度突发故障率控制在 5%以下。
日常保养和定期保养及年审计划完成率 100%。
叉车年度费用：

图 2-81 将文档中的数据转换为表格

02 单击【开始】选项卡【段落】组中的【项目符号】下拉按钮三▾，在弹出的列表中选择一种项目符号样式，即可为文本设置如图 2-82 所示的项目符号效果。

03 选中文档中需要设置编号的文本段落后，单击【段落】组中的【编号】下拉按钮三▾，在弹出的列表中选择一种编号样式，即可为文本设置如图 2-83 所示的编号效果。

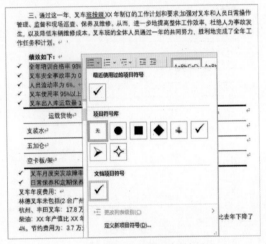

图 2-82 设置项目符号

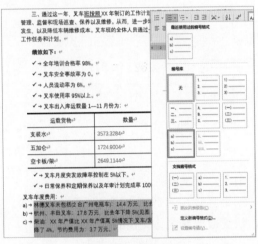

图 2-83 设置编号

💡 **提示**

　　设置项目符号和编号时，在图 2-82 所示的列表中选择【定义新项目符号】选项，可以自定义新的项目符号；在图 2-83 所示的列表中选择【定义新编号格式】选项，可以自定义新的编号样式。若要删除项目符号，可以在【开始】选项卡中单击【段落】组中的【项目符号】下拉按钮三▾，在弹出的【项目符号库】列表框中选择【无】选项；若要删除编号，可以在【开始】选项卡中单击【编号】下拉按钮三▾，在弹出的【编号库】列表框中选择【无】选项。如果要删除文档中的单个项目符号或编号，可以选中该项目符号或编号，然后按 Backspace 键。

5) 设置文本间距

　　设置文本间距指的是设置一段文本中字符之间的距离。在 Word 中用户可以参考以下操作设置文本间距。

01 选中一段文本后(如选中 "2024 工作汇报")，按 Ctrl+D 快捷键打开【字体】对话框。

02 单击【高级】选项卡中的【间距】下拉按钮，在弹出的下拉列表中选择文本间距类型(包括【标

准】【加宽】和【紧缩】，本例选择【加宽】选项)，然后在其后的【磅值】数值框中输入磅值参数(本例输入"2磅")，单击【确定】按钮，如图2-84左图所示。

03 完成以上设置后，文档中被选中文本的间距效果将如图2-84右图所示。

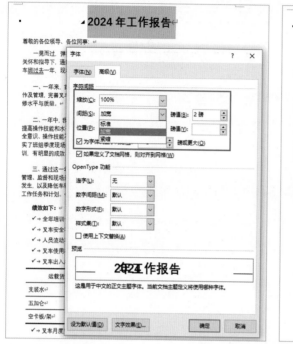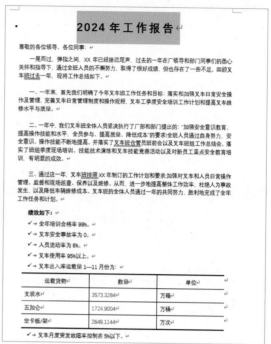

图 2-84　设置标题的文本间距

6) 使用样式排版文本与段落

所谓样式，就是字体格式和段落格式等特性的组合。在排版中使用样式，可以提高工作效率，快速改变并美化文档的外观。

样式是应用于文档中的文本、表格和列表的一套格式特征，是Word针对文档中一组格式进行的定义。这些格式包括字体、字号、字形、段落间距、行间距以及缩进量等内容。其作用是方便用户对重复的格式进行设置。

在Word中应用样式时，可以在一个简单的任务中应用一组格式。一般来说，可以创建或应用以下类型的样式。

▶ 段落样式：控制段落外观的所有方面，如文本对齐、制表符、行间距和边框等，也可能包括字符格式。

▶ 字符样式：控制段落内选定文字的外观，如文字的字体、字号等格式。

▶ 表格样式：为表格的边框、阴影、对齐方式和字体提供一致的外观。

▶ 列表样式：为列表应用相似的对齐方式、编号、项目符号或字体。

每个文档都基于一个特定的模板，每个模板中都会自带一些样式，又称为内置样式。如果需要应用的格式组合和某内置样式的定义相符，就可以直接应用该样式而不用新建文档的样式。如果内置样式中有部分样式定义和需要应用的样式不相符，还可以自定义该样式。

Word自带的样式库中内置了多种样式，可以为文档中的文本设置标题、字体和背景等样式。

使用这些样式可以快速地美化文档。

在Word中，选择要应用某种内置样式的文本，打开【开始】选项卡，在【样式】组中进行相关设置，如图2-85所示。在【样式】组中单击对话框启动器按钮，将会打开【样式】任务窗格，在【样式】列表框中可以选择样式，如图2-86所示。

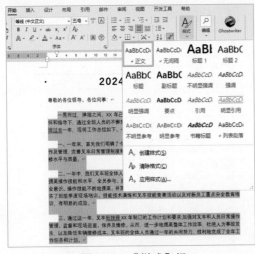

图 2-85　【样式】组

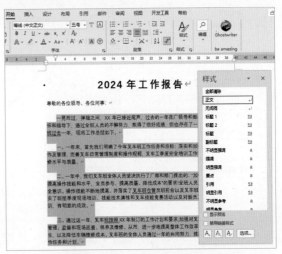

图 2-86　【样式】任务窗格

【例2-7】在"2024年工作报告"文档中通过创建与应用样式，将一段文本中的格式应用到其他段落中。

01 继续【例2-6】的操作，选中文本"绩效如下："，在【开始】选项卡的【样式】组中单击【其他】下拉按钮，在图2-85所示的下拉列表中选择【创建样式】选项，在打开的对话框的【名称】文本框输入"要点样式1"，单击【修改】按钮，如图2-87所示。

02 在打开的对话框中激活【加粗】按钮，单击【确定】按钮，如图2-88所示。

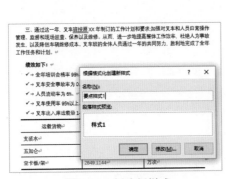

图 2-87　创建新样式

图 2-88　设置样式效果

03 选中文档中其他需要应用【要点样式1】样式的文本,单击【样式】任务窗格中的【要点样式1】选项,即可将该样式应用到其他文本上,效果如图2-89所示。

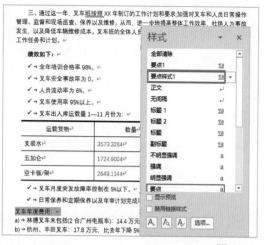
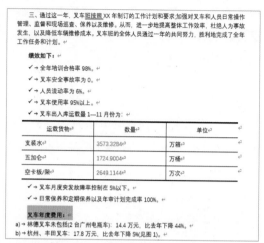

图 2-89　应用样式

04 使用同样的方法,为文档中其他文本和段落应用合适的样式。

如果某些内置样式无法完全满足某组格式设置的要求,则可以在内置样式的基础上进行修改。这时在【样式】任务窗格中,单击样式选项下拉列表框旁的箭头按钮,在弹出的菜单中选择【修改】命令。然后在打开的【修改样式】对话框中更改相应的选项即可。

在【样式】任务窗格中右击需要删除的样式旁的箭头按钮,在弹出的快捷菜单中选择【删除】命令,打开【确认删除】对话框。单击【是】按钮,即可删除样式。如果删除了创建的自定义样式,Word将对所有具有此样式的段落应用【正文】样式。

7) 设置页眉和页脚

页眉和页脚是文档中每个页面的顶部、底部和两侧页边距(即页面上打印区域之外的空白空间)中的区域。许多文稿,特别是比较正式的文稿,都需要设置页眉和页脚。得体的页眉和页脚,会使文稿更为规范,也会给读者带来方便。

【例2-8】在"2024年工作报告"文档中插入页眉与页脚。

01 继续【例2-7】的操作,选择【插入】选项卡,在【页眉和页脚】组中单击【页眉】按钮,在弹出的菜单中选择【编辑页眉】选项,进入页眉和页脚编辑状态,在【页眉和页脚】选项卡的【选项】组中选中【首页不同】复选框,如图2-90所示。

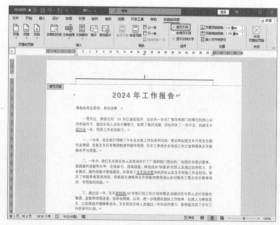

图 2-90　页眉页脚编辑状态

02 将插入点定位在页眉文本编辑区，在"首页页眉"和"页眉"区域分别设置不同的页眉文字(首页页眉本例不设置文字)，并设置文字字体、字号、颜色，以及对齐方式等属性，如图2-91左图所示。

03 单击【页眉和页脚】选项卡【导航】组中的【转至页脚】按钮切换至页脚部分，单击【页眉和页脚】组中的【页脚】下拉按钮，在弹出的菜单中选择【空白】选项，设置页脚的格式，然后在【页脚】处输入页脚文本，如图2-91右图所示。

图 2-91　插入页眉和页脚

04 完成以上设置后，单击【页眉和页脚】选项卡【关闭】组中的【关闭页眉和页脚】按钮。

8) 设置页码

要为文档插入页码，可以打开【插入】选项卡，在【页眉和页脚】组中单击【页码】按钮，在弹出的菜单中选择页码的位置和样式。

Word中显示的动态页码的本质就是域，可以通过插入页码域的方式来直接插入页码，最简单的操作是将插入点定位在页眉或页脚区域，按Ctrl+F9快捷键，输入PAGE，然后按F9键。

2.2.2　设计文档版面

在确定文档的主题后，用户可以通过设计文档的版面，从而确定文档的布局。

1. 页边距

页边距就是页面上打印区域之外的空白空间。设置页边距，包括调整上、下、左、右边距，调整装订线的距离和纸张的方向。合理地设计页边距，可以使文档的排版效果显得大气、得体。在Word功能区中选择【布局】选项卡，在【页面设置】组中单击【页边距】按钮，在弹出的下拉列表中选择页边距样式，即可快速为页面应用该页边距样式。若选择【自定义边距】命令，打开【页面设置】对话框的【页边距】选项卡，在其中可以精确设置页面边距和装订线距离，如图2-92所示。

图 2-92　为文档设计页边距

提 示

页边距设置得太宽，在打印文档时会浪费纸张；页边距设置得太窄，则不利于打印后的文档装订成册。

2. 页面项目

页面项目即文档页面中包含的标题(一级标题、二级标题、三级标题等)、编号和项目符号类型、表格及题注、页边距、页码、图片和图注、图形、图表、表格、SmartArt图形、艺术字、页眉和页脚等元素，如图2-93左图所示。

3. 是否采用多栏版式

分栏是指按实际排版需求将文本分成若干个条块，使版面更加简洁整齐。在阅读报刊时，常常会有许多页面被分成多个栏目。这些栏目有的是等宽的，有的是不等宽的，从而使得整个页面布局显得错落有致，易于读者阅读，如图2-93右图所示。

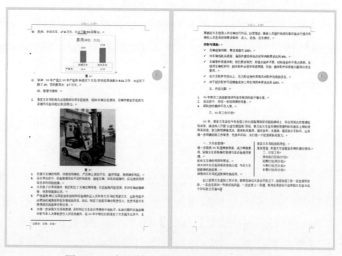

图 2-93　在文档中设计的页面项目和分栏

【例2-9】在"2024年工作报告"文档中插入图片、Excel图表、图注、题注引用等页面项目，并为文档设置页边距、页码和分栏。

01 继续【例 2-8】的操作，参考【例 2-7】的方法，使用样式排版文档中的文本与段落，使用【开始】选项卡中的【格式刷】工具，将文档第 1 页中的项目符号格式应用于文档的第 2 页和第 3 页，并为页面中的文本设置编号样式，如图 2-94 所示。

02 单击【布局】选项卡中的【页边距】下拉按钮，在弹出的列表中选择【自定义页边距】选项，如图 2-95 所示。

图 2-94　设置页面文档格式　　　　　　　图 2-95　自定义页边距

03 打开图 2-92 所示的【页面设置】对话框，在【页边距】选项卡的【上】【下】【左】【右】数值框中输入页边距数值后，单击【确定】按钮，设置文档的页边距。

04 参考本章前面介绍的方法，将 Excel 中制作好的图表插入文档中，然后单击图表右侧的＋按钮，在弹出的列表中选中【数据表】选项，在图表中显示图 2-96 所示的数据表。

05 右击文档中的图表，在弹出的快捷菜单中选择【插入题注】命令，打开【题注】对话框，单击【新建标签】按钮(如图 2-97 左图所示)，在打开的【新建标签】对话框的【标签】文本框中输入文本"图"后单击【确定】按钮，如图 2-97 右图所示。

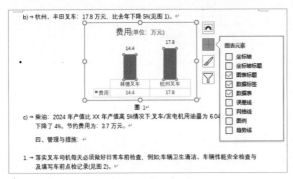

图 2-96　设置图表格式　　　　　　　　　图 2-97　设置题注

06 返回【题注】对话框后单击【确定】按钮，即可为图表插入图 2-98 左图所示图注。

07 单击【插入】选项卡中的【图片】下拉按钮，在弹出的列表中选择【此设备】选项，在文档中插入一张图片，然后参考步骤 **05** 和步骤 **06** 介绍的方法为图片添加图注，效果如图 2-98 右图所示。

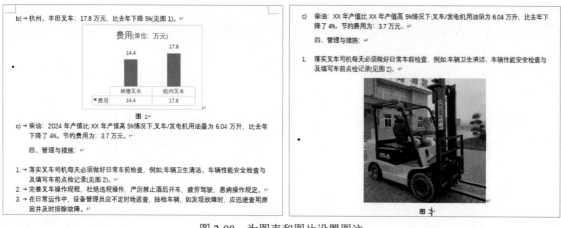

图 2-98　为图表和图片设置图注

08 选择【插入】选项卡，单击【页眉和页脚】组中的【页码】下拉按钮，在弹出的列表中选择【页边距】|【圆(右侧)】选项，在文档中插入页码，如图 2-99 所示。

09 将插入点插入文档中合适的位置，选择【引用】选项卡，单击【脚注】组中的【插入脚注】按钮，在文档底部输入内容后在任意位置上单击，即可在文档中插入图 2-100 所示的题注信息。

图 2-99　插入页码

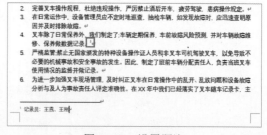

图 2-100　设置题注

10 单击【页眉和页脚】选项卡中的【关闭页眉和页脚】按钮，返回文档编辑状态。

11 选中图 2-101 左图所示的段落，单击【布局】选项卡中的【更多栏】选项，在打开的【栏】对话框的【预设】组中选择【两栏】选项，然后在【宽度】和【间距】数值框中分别输入分栏宽度和间距参数，并选中【分隔线】复选框，如图 2-101 右图所示。

12 最后，在【栏】对话框中单击【确定】按钮，为选中的文档设置分栏效果，如图 2-93 右图所示。

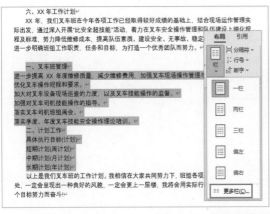
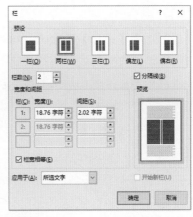

图 2-101　为段落设置分栏效果

4. 图片在文档中的位置

在 Word 文档中插入图片后，选中图片并单击【图片格式】选项卡中的【环绕文字】下拉按钮，可以设置图片在文档中的位置，包括嵌入型、四周型、紧密型环绕、穿越型环绕、上下型环绕、衬于文字下方、浮于文字上方，如图 2-102 所示。

图 2-102　设置图片与文本的位置关系

图 2-102 所示的【环绕文字】下拉列表中各选项的功能说明如表 2-3 所示。

表2-3　环绕文字选项说明

环绕选项	说　明	环绕选项	说　明
嵌入型	图片作为普通字符插入文档	上下型环绕	文字位于图片上方或下方
四周型	文字在图片边界四周环绕	衬于文字下方	文字位于图片的上方，显示在图片上
紧密型环绕	文字紧密环绕在图片边缘	浮于文字上方	文字位于图片的下方，图片挡住文字
穿越型环绕	文字穿越进入图片边缘区域		

5. 段落紧密还是松散

在功能区选择【设计】选项卡，单击【文档格式】组中的【段落间距】下拉按钮，在弹出的列表中可以设置文档的段落间距(包括无段落间距、紧凑、紧密、松散、双倍行距等几种类型)，设定文档段落是紧密排版还是松散排版，如图2-103所示。

图 2-103　统一设置文档中所有段落的间距

 提 示

在图2-103所示的【段落间距】下拉列表中选择【自定义段落间距】选项，在打开的对话框中可以管理文档样式，设置段落间距、位置、行距、特殊格式，以及默认的文本字号大小(扫描右侧的二维码可观看操作示范)。

2.2.3　生成文档模板

在确定了文档的主题并完成版面策划后，可以在Word中制作文档模板。模板又称为样式库，是一组样式的集合，同时包含版面的设置，如纸张大小、边界宽度、页眉和页脚等设置。如果在新建Word文档时能同时加载已设置好的模板，就能大大提高办公文档的编辑与排版效率，省去机械式的重复设置操作。

1. 模板的特色与应用

使用模板可以使办公文档的制作变得快速而高效，在一个模板中可以保存以下3种内容。

▶ 页面设置：包括文档的纸张大小、边界、页面方向、分栏、页眉和页脚等相关设置。

▶ 段落与文字样式：包含用户自定义的各种样式及Word内置的样式。

▶ 版面编排内容：保存预先设置好的封面、表格、图片或图形等页面项目。

只要是办公中经常使用的文档(如每月例行的报告、合约、告示、通知、手册等)，都可以将其生成为模板。如此，在使用模板时，对文档的编辑与排版工作就只需要对文本和数据进行处理，而不需要再耗费时间去重新确定文档主题和设计文档的版面。

2.模板的格式

Word文件的扩展名为*.doc或*.docx，而Word模板文件的扩展名为*.dotx或*.dot。无论是普通文件还是模板，都是Word文件，不同的是模板文件可以创建其他相类似的文件，让新建的文件可以承袭模板原先的设置。

3.将文件保存为模板

要将已设置好的文档存储为模板，在【文件】选项卡中选择【另存为】选项，再单击【浏览】按钮(或按F12键)，打开【另存为】对话框，将【保存类型】设置为Word模板，在【文件名】文本框中输入模板名称，然后单击【保存】按钮即可，如图2-104所示。

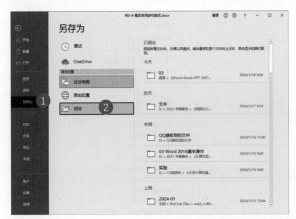

图 2-104　将文档保存为模板

4.打开自定义的模板

要使用模板时，可以在【文件】选项卡中选择【新建】|【个人】选项，在显示的列表中可以看到当前计算机中保存的自定义模板列表，选择一个模板文件即可打开该文件，如图2-105左图所示。此时打开的文件不是模板文件(*.dotx)，而是未命名的普通Word文件(*.docx)，在该文件中可以直接编辑和修改内容，如图2-105右图所示。

图 2-105　使用模板创建文档

5. 应用 Office 主题

在Word功能区的【设计】选项卡中单击【主题】下拉按钮，在弹出的列表中可以为文档应用Office主题，如图2-106所示。Office主题能让文件立即具备样式与合适的个人风格，因为每个主题都有其预设的颜色、字体和效果，可以为文档快速建立一致的外观效果。

为文档应用主题后，用户还可以单击【设计】选项卡中的【颜色】和【字体】下拉按钮，对主题的配色方案和字体进行修改，如图2-107所示。

图 2-106　为文档应用主题

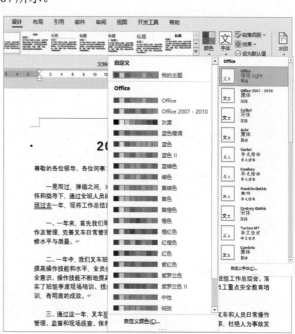

图 2-107　设置主题配色和字体

应用主题后，在【设计】选项卡的【文档格式】组中，用户可以为文档选择合适的格式，如图2-108所示。

图 2-108　【文档格式】组

2.2.4　排版已有内容

完成以上步骤后，可以使用准备的资料开始排版文档。在Word中排版文档，可以先整理文字及其他内容后再开始排版，也可以一边输入文本一边排版。

1. 应用样式

在已有的文档中，可以通过样式或使用格式刷美化文档内容。将插入点置于段落中或选中需要应用样式的文本后，按Alt+Ctrl+Shift+S快捷键打开【样式】窗格后，单击样式名称即可快速应用样式，如图 2-109 所示。

此外，选中已经应用样式的文本(或将插入点置于段落中)，单击【开始】选项卡中的【格式刷】按钮，当鼠标光标变为【▲Ⅰ】形状时，拖动鼠标选中目标文本也可以快速应用样式，如图 2-110 所示。

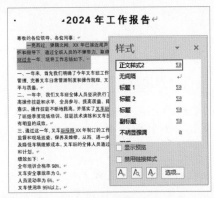

图 2-109　应用样式　　　　　　　　图 2-110　使用格式刷

在编辑长文档时，使用【样式】窗格可以显著提高文档的编辑速度。格式刷工具则在段落文档中效率更高。

> **提示**
>
> 单击【格式刷】按钮复制一次格式后，系统会自动退出复制状态。如果是双击而不是单击时，则可以多次复制格式。要退出格式复制状态，可以再次单击【格式刷】按钮或按Esc键。另外，复制格式的快捷键是Ctrl+Shift+C；粘贴格式的快捷键是Ctrl+Shift+V。

2. 设置分页

设置分页是指将文档内容分成两页或两页以上。在Word中将插入点置于文档后，按Ctrl+Enter快捷键或单击【插入】选项卡【页面】组中的【分页】按钮，可以强制插入一个分页符。添加分页符后，在分页符上方添加或删除文字，下一页内容始终会另起一页显示，如图 2-111 所示。

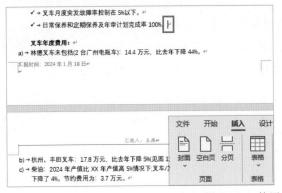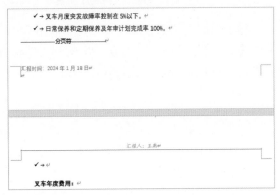

图 2-111　使用分页符设置分页

提示

　　把插入点定位到分页符的前面，按Delete键，或把插入点定位到分页符的后面，按Backspace键，都可以删除分页符。

3. 美化表格

在Word中，用户可以通过为表格设置边框与底纹来美化表格。

【例2-10】为"2024年工作报告"文档中的表格设置边框和底纹效果。

01 打开"2024年工作报告"文档，选中文档中的表格后，在【表设计】选项卡的【表格样式】组中单击【底纹】下拉按钮，在弹出的菜单中选择一种颜色即可为表格设置简单的底纹颜色，如图2-112所示。

02 选中表格的行和列后，使用同样的方法可以为表格的行和列设置底纹颜色。

03 选中表格后，在【设计】选项卡的【边框】组中单击【边框和底纹】按钮，在打开的【边框和底纹】对话框中，可以通过设置样式和单击【预览】组中的按钮，为表格设置边框样式，如图2-113所示。

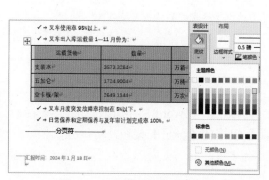

图 2-112　设置表格底纹颜色

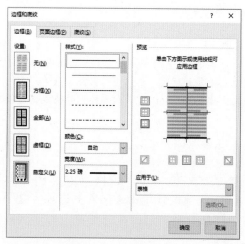

图 2-113　设置表格边框

　　除了上例介绍的方法以外，选中表格后单击【表设计】选项卡【表格样式】组中的【其他】下拉按钮，在弹出的列表中选择一种Word内置的表样式将其应用于表格，可以快速为表格设置边框和底纹，美化表格效果(扫描右侧的二维码可观看操作示范)。

4. 调整图片

在Word中通过调整图片可以很方便地处理好图片与文字之间的环绕问题，使文档的排版效果更加整洁、美观。

1) 设置图片与文本的位置关系

默认情况下文档中插入的图片是以嵌入的方式显示的，用户可以通过设置图片位置来改变图片与文本的位置关系。选中文档中的图片，选择【格式】选项卡，在【排列】组中单击【位置】下拉按钮，在弹出的列表中可以设置图片与文本的环绕关系，如图2-114所示。

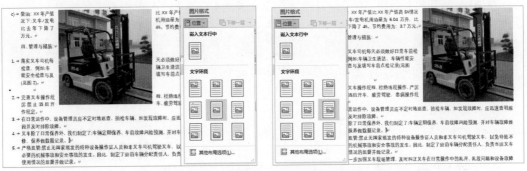

图 2-114　设置图片和文本的位置关系

2) 调整图片的大小和位置

在文档中插入图片后，用户可以参考以下操作调整图片的大小和位置。

- 将鼠标指针放置在文档中的图片上，当指针变为后按住鼠标左键拖动可以调整图片在文档中的位置。
- 将鼠标指针放置在图片四周的控制柄上，按住鼠标拖动可以调整图片的大小。
- 选中图片后，用户可以在【格式】选项卡的【大小】组中精确设置图片的宽度和高度。

3) 裁剪图片

在文档中选中插入的图片后，单击【格式】选项卡【大小】组中的【裁剪】按钮可以对图片进行裁剪，如图2-115所示。

4) 应用图片样式

选中文档中的图片后，在【图片格式】选项卡的【图片样式】组中单击【其他】下拉按钮，在弹出的下拉列表中选择一种图片样式可以将样式应用于图片，如图2-116所示。

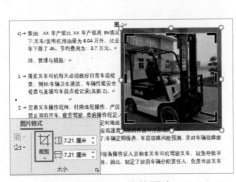

图 2-115　裁剪图片

图 2-116　为图片应用样式

5) 调整图片效果

在Word中，用户可以通过改变图片的亮度、对比度、艺术效果和颜色调整图片在文档中的效果。

▶ 改变图片亮度和对比度：选中图片后，在【图片格式】选项卡的【调整】组中单击【校正】下拉按钮，在展开的库中可以选择图片的亮度和对比度效果，如图2-117所示。

▶ 为图片应用艺术效果：在【图片格式】选项卡的【调整】组中单击【艺术效果】下拉按钮，在展开的库中可以为选中的图片应用艺术效果，如图2-118所示。

▶ 设置图片的颜色：单击【图片格式】选项卡【调整】组中的【颜色】下拉按钮，在展开的库中可以设置图片的颜色饱和度、色调，并可为图片重新着色，如图2-119所示。

图 2-117　设置亮度和对比度　　　图 2-118　设置艺术效果　　　图 2-119　设置图片颜色

▶ 设置图片透明度：单击【图片格式】选项卡【调整】组中的【透明度】下拉按钮，在展开的库中可以设置图片的透明度，如图2-120所示。

▶ 删除图片背景：单击【图片格式】选项卡【调整】组中的【删除背景】按钮，图片将进入图2-121所示的背景编辑模式，用户可以使用【背景消除】选项卡中提供的按钮，标记图片上的保留区域和删除区域，删除图片的背景。

图 2-120　设置图片透明度　　　图 2-121　删除图片背景

▶ 重新设置图片颜色。选择文档中的图片后，在【格式】选项卡的【调整】组中单击【重置图片】按钮，可以重置图片的效果。

2.2.5　文档技术设置

技术设置主要是指对文档的属性进行设置，包括文档的显示设置、校对设置和保存设置。

1. 显示设置

在Word工作界面的功能区中选择【文件】选项卡，在显示的界面中选择【选项】选项，在打开的【Word选项】对话框中选择【显示】选项，用户可以在【始终在屏幕上显示这些格式标记】选项区域中设置显示辅助文档编辑的格式标记(这些标记不会在打印文档时被打印出来)，如图2-122所示，包括制表符(→)、空格(···)、段落标记(↵)、隐藏文字(字̤)、可选连字符(¬)、对象位置(⚓)、可选分隔符(▯)等。

2. 校对设置

在【Word选项】对话框中选择【校对】选项，在显示的选项区域中单击【自动更正选项】按钮，打开【自动更正】对话框，如图2-123所示，选择【键入时自动套用格式】选项卡，取消【自动编号列表】复选框的选中状态，然后单击【确定】按钮可以取消Word默认自动启动的"自动编号列表"功能(在编辑Word文档时关闭该功能有助于提高文档的输入效率)。

图 2-122　设置文档显示的标记

图 2-123　设置自动更正选项

3. 保存设置

在【Word选项】对话框中选择【保存】选项，在显示的选项区域中可以设置Word软件保存文档的格式、自动保存时间间隔，以及自动恢复文件的保存位置，如图2-124所示。

按F12键可打开【另存为】对话框，单击【工具】下拉按钮，在弹出的列表中选择【常规选项】

命令。在打开的对话框中可以设置文档的打开和修改密码，如图2-125所示。

图 2-124　设置文档保存选项

图 2-125　设置文档保存密码

2.2.6　后期处理文档

文档的后期处理是排版的最后一步，重点在于检查文档中可能出现的错误并将核对无误的文档打印或以合适的形式保存，以便查看和分享。

1. 审阅文档

在Word功能区中选择【审阅】选项卡，激活【修订】按钮可以使文档进入修订模式，单击【修订】组中的按钮可以设置修订显示方式，单击【更改】组中的【接受】或【拒绝】按钮可以接受或拒绝文档修订，使用【批注】组中的按钮可以在文档中新建或删除批注，如图2-126所示。

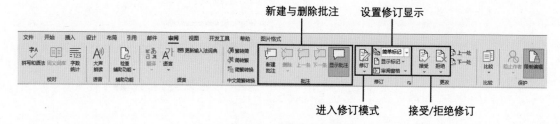

图 2-126　【审阅】选项卡

1) 进入修订模式

在【审阅】选项卡的【修订】组中激活【修订】按钮，可以进入修订模式。在修订模式中，用户对文档所做的修改都将被Word标注。

【例2-11】在"2024年工作报告"文档中进入修订模式修改文档。

01 打开"2024年工作报告"文档后选择【审阅】选项卡，在【修订】组中单击【修订】按钮，进入修订模式。

02 单击【修订】组中的【显示以供审阅】下拉按钮，在弹出的下拉列表中选择【所有标记】选项。

03 修改文档中的内容，Word将用红色文字标注修改，如图2-127所示。

04 单击激活【修订】组中的【审阅窗格】按钮，显示图2-128所示的【修订】窗格，显示文档中所有的修订项目。

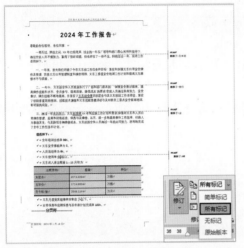

图 2-127　修订文档　　　　　　　　　　图 2-128　显示【修订】窗格

2) 添加批注

为修订的内容添加批注，可以对修订的内容进行解释，方便其他参与编辑文档的用户了解文档修订的意图。

【例2-12】在"2024年工作报告"文档中为修订内容添加批注。

01 继续【例2-11】的操作，选中文档中修订的一段文本，单击【审阅】选项卡【批注】组中的【新建批注】按钮，打开图2-129所示的批注栏，在批注栏中可输入批注内容。

02 其他用户在阅读批注内容后右击批注框，在弹出的快捷菜单中选择【答复批注】命令，可以在批注框内回复批注内容；选择【删除批注】命令，可以删除批注，如图2-130所示。

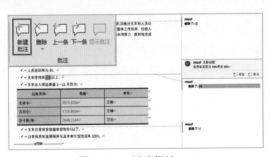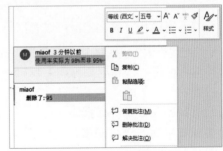

图 2-129　新建批注　　　　　　　　　　图 2-130　答复与删除批注

3) 接受修订

在审阅文档时，在修订模式下右击系统标注的修订位置，从弹出的快捷菜单中选择【接受修订】命令，可以删除Word软件标注的修订并接受修订的结果；选择【拒绝修订】命令，将取消对选中位置的修订，恢复该部分内容修订之前的效果。

此外，单击【审阅】选项卡【更改】组中的【接受】或【拒绝】下拉按钮，在弹出的列表中选择【接受所有修订】或【拒绝所有修订】选项，可以接受或拒绝文档中的所有修订。

2. 打印文档

完成文档的制作后，必须先对其进行打印预览，按照用户的不同需求进行修改和调整，然后对打印文档的页面范围、打印份数和纸张大小等参数进行设置，最后将文档打印出来。

1) 预览文档打印效果

在打印文档之前，如果想预览打印效果，可以使用打印预览功能，利用该功能查看文档效果，以便及时纠正错误。

在Word中，单击【文件】按钮，在弹出的菜单中选择【打印】命令，在右侧的预览窗格中可以预览打印效果，如图2-131所示。

图 2-131 预览文档打印效果

如果看不清楚预览的文档，可以多次单击预览窗格下方的缩放比例工具右侧的 + 按钮，以达到合适的缩放比例进行查看。多次单击 − 按钮，可以将文档缩小至合适大小，以多页方式查看文档效果。单击【缩放到页面】按钮，可以将文档自动调节到当前窗格合适的大小以方便显示内容。

2) 设置打印参数并进行打印

如果计算机与一台打印机已正常连接，并且安装了所需的驱动程序，那么就可以在Word中将所需的文档直接输出。

在Word文档中，单击【文件】按钮，在弹出的菜单中选择【打印】命令，打开Microsoft Office Backstage视图，在其中部的【打印】窗格中可以设置打印份数、打印机属性、打印页数和双面打印等内容。

【例2-13】设置"2024年工作报告"文档的打印份数与打印范围，然后打印该文档。

01 单击【文件】按钮，在打开的Microsoft Office Backstage视图中选择【打印】选项，在右侧的预览窗格中单击【下一页】按钮▸，预览打印效果。

02 在【打印】窗格的【份数】微调框中输入3；在【打印机】列表框中自动显示默认的打印机(确认该打印机为可用状态)。

03 在【设置】选项区域的【打印所有页】下拉列表中选择【打印所有页】选项，设置打印文档的所有页。

04 单击【单面打印】下拉按钮，在打开的下拉列表中选择【手动双面打印】选项。

05 设置完打印参数后，单击【打印】按钮，即可开始打印文档。

提示

　　手动双面打印时，打印机会先打印奇数页，将所有奇数页打印完成后，弹出提示对话框，提示用户手动换纸，将打印的文稿重新放入打印机纸盒中，单击对话框中的【确定】按钮后即可打印偶数页。

3. 导出为 PDF

在Word中选择【文件】|【导出】|【创建PDF/XPS文档】|【创建PDF/XPS】选项后，在打开的对话框中设置文件的导出路径和导出名称，并单击【发布】按钮，即可将Word文档导出为PDF文档，如图2-132所示。

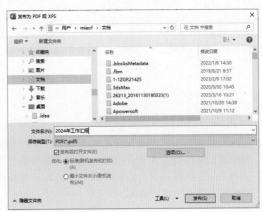

图 2-132　将 Word 文档导出为 PDF 文档

办公文档导出为PDF格式后，不仅可以在没有安装Word软件的计算机中进行查看，还能够防止他人修改文档内容，并更方便传播和打印。

4. 设置文档保护

在工作中，出于各方面的要求，用户需要对Word文档或文档中的局部内容进行保护，以避免制作好的文档遭到其他用户的修改。

1) 保护整个文档

用户可以在【审阅】选项卡中单击【限制编辑】按钮，为文档设置限制编辑密码，防止其他用户对文档进行编辑。

【例2-14】为"2024年工作报告"文档设置限制编辑密码。

01 打开"2024年工作报告"文档后选择【审阅】选项卡，单击【保护】组中的【限制编辑】

按钮，在打开的【限制编辑】窗格中选中【仅允许在文档中进行此类型的编辑】复选框，然后单击【是，启动强制保护】按钮，如图2-133左图所示。

02 打开【启动强制保护】对话框，在【新密码(可选)】和【确认新密码】文本框中输入文本编辑密码，然后单击【确定】按钮，如图2-133中图所示。

03 此时，用户将无法编辑文档内容。要停止文档保护并继续编辑文档，用户须单击【限制编辑】窗格底部的【停止保护】按钮，在打开的【取消保护文档】对话框中输入文档编辑密码，并单击【确定】按钮，如图2-133右图所示。

图 2-133　设置文档限制编辑密码

 提示

　　如果用户遗忘了自己设置的文档编辑密码，在需要编辑文档中的文本时，可以按Ctrl+N快捷键新建一个空白文档，然后在空白文档的【插入】选项卡中单击【对象】下拉按钮，从弹出的列表中选择【文件中的文字】选项，在打开的对话框中选择设置保护的文档，并单击【插入】按钮将文档中的文字插入创建的空白文档中进行编辑。

2) 保护文档局部

在Word中除了可以设置保护整个文档内容不被编辑以外，用户还可以设置仅保护文档中一部分内容不被编辑。

【例2-15】在"2024年工作报告"中设置保护除表格数据以外的所有内容。

01 选中"2024年工作报告"文档中的表格，单击【审阅】选项卡中的【限制编辑】按钮，打开【限制编辑】窗格。

02 在【限制编辑】窗格中选中【仅允许在文档中进行此类型的编辑】复选框和【每个人】复选框，然后单击【是，启动强制保护】按钮，在打开的【启动强制保护】对话框中输入新密码和确认密码后单击【确定】按钮。

03 此时，文档表格中的内容将被标注为黄色(可以修改)，而文档中的其他内容则不可修改，如图2-134所示。

图 2-134 保护除表格以外的所有内容

2.3 版面美化常用技巧

在处理办公文档时，不仅要考虑文档的实用性，还要考虑文档的美观性。

2.3.1 版面美化原则

在美化文档版面时，用户可以参考以下原则。

1. 版式设计合理

版式设计合理指的是文档中页面布局、页面大小、页眉页脚的位置合理，同类文本的字体样式、段落样式统一，图片、表格SmartArt图形等对象的位置、布局不突兀，整体版式与文档的用途契合。

2. 内容结构合理

内容结构合理，首先要求文档的内容准确无误，配图与内容相符；其次，需要将同类的内容组合在一起，并根据内容结构依次展开；最后，对于分类内容，可以使用项目符号和编号列举，但同一文档中项目符号和编号的样式要尽量统一，切勿混用，否则会造成读者阅读不便。

3. 色彩搭配合理

色彩对视觉的刺激能第一时间向读者传递信息，之后才是形状等其他属性，因此色彩搭配的好坏是评价文档是否美观的关键因素之一。

在设计搭配文档色彩时应注意以下几点。

▶ 文档中除了图片之外的颜色，全文颜色应小于或等于三种颜色，因为太多的颜色会使版面看上去混乱，影响阅读体验。

▶ 正文排版采用的配色最好和图片中的颜色相近或协调，使全文配色协调、舒适。

▶ 不要使用高饱和度的颜色(亮眼的鲜艳配色)，此类颜色会使阅读者产生视觉疲劳。

▶ 建议用户在搭配文档色彩时先选择符合公众定位的主色调，再根据主色调搭配颜色。

4. 字体搭配合理

文字字体影响文档的美观程度，是评价文档是否美观的重要因素之一。在美化文档时，首先必须了解字体的基础知识。字体就是文字的各种不同形状，常见的基本汉字字体有宋体、黑体、仿宋、楷体和其他(变体字)等类型，如表2-4所示。

表2-4　文档中常用的字体说明

字　体	特　点	应　用
宋体	横细竖粗、方正典雅、严肃大方	多用于标题、正文，是严肃、正式的文档中使用率较高的字体
黑体	横平竖直、笔画较粗	多用于标题、导语、标志等，不适合用于正文
仿宋	字身修长、宋楷结合、间隔均匀	多用于引言、注释和说明，常用于设计文档的封面
楷体	形体方正、笔画平直、左右平衡	多用于课本、杂志或书籍的前言，不适合用于主标题
其他	种类繁多，如圆体、隶书、琥珀体、彩云体等	多用于商业文档，设计广告、手册、说明一类的文档，此类字体灵活多变，适用于多种不同场景的文档

2.3.2　图文混排技巧

对于办公文件的编辑，除了注重段落文章的易读性与美观以外，以插图来美化文件更是不可或缺的一部分。如何有效地运用图片结合文字来强化文档的吸引力，增强文章的可读性，是我们必须要掌握的文档排版技巧。

1. 选择合适的方式插入图片

用户可以采用多种方式在Word文档中插入图片(如表2-5所示)，但有些方法稍有不慎就会导致文件过大，不利于网络分享。

表2-5　在文档中插入图片的方式

编　号	方　法	优　点	缺　点
1	使用Ctrl+C和Ctrl+V快捷键将图片粘贴至文档中	操作快捷	会将图片和识图软件的相关信息全部粘贴至文档中，导致文件较大
2	直接将图片拖至文档中		
3	单击【插入】选项卡【插图】选项组中的【图片】下拉按钮，在弹出的列表中选择【此设备】选项	Word会自动将插入文档的图片分辨率压缩至220ppi，图片所占内存较小	操作步骤较多
4	复制图片后，在文档中选择【选择性粘贴】选项进行复制	Word自动将图片分辨率压缩至220ppi，同时可以选择图片的粘贴形式	复制速度较慢

由表2-5可以看出，采用方法3和方法4在文档中插入图片，Word软件会自动压缩插入文档的图片。如果用户希望Word软件不自动压缩图片，可按Alt+F+T快捷键打开【Word选项】对话框，在该对话框的【高级】选项卡中选中【不压缩文件中的图像】复选框。

2. 图文混排的设计套路

图文混排的目的是将图形和文字混在一起，不仅使版面看上去美观，还能够帮助读者更好地阅读其中的信息。在设计图文混排文档时，用户可以参考以下原则。

▶ 如果图片较少且尺寸较大，可以使图片占据版面的绝大部分，如图2-135左图所示；如果图片尺寸较小且数量较多，可以使图片占据版面的三分之一的位置，如图2-135中图所示。

▶ 如果图片适中，可以通过双栏的形式按左图右文或左文右图设计图文混排，如图2-135右图所示。

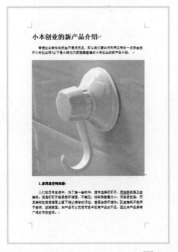
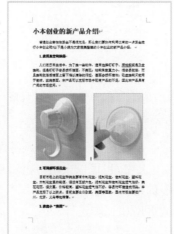
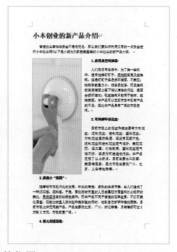

图 2-135　根据图片的数量和大小安排图片的位置

▶ 如果文档中图片数量较多，可以使用表格辅助排版图片，如图2-136所示。

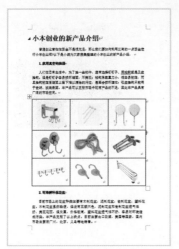
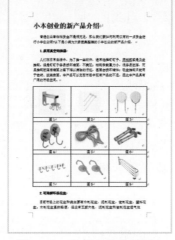
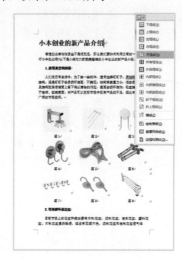

图 2-136　使用表格排版图片

▶ 如果文档中图片较多且大小不统一，可以通过缩放、裁剪调整图片尺寸。

▶ 如果图片风格相差较大，并且整体效果不和谐，可以调整图片的效果使其风格统一，如图2-137所示。

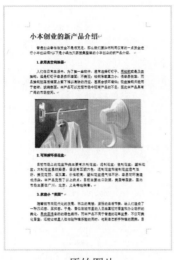 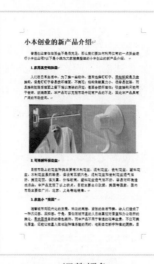 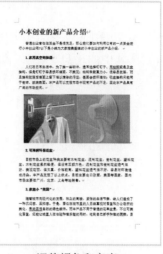

原始图片 　　　　　　　　　　 调整颜色 　　　　　　　　　 调整颜色和亮度

图 2-137　使版面中的多张图片风格一致

除此之外，在设计图文混排时用户还应注意以下几点。

► 图文混排版面中图片比例应尽量保持一致，图片风格保持统一。

► 可以采用分栏版式排版图片与文字，也可以采用单栏和双栏混合的版式排版图片与文字。

► 图文混排版面中应采用较多的留白，避免过于紧凑。

► 图文混排版面应采用经典的页眉和页脚设计。

3. 文档中图片的排列与定位

在Word文档中插入的嵌入型图片相当于一个字符，排列比较简单。而非嵌入型图片的排列则是图片混排文档排版时经常遇到的难题。

1) 使用智能对齐参考线

Word软件提供智能对齐参考线功能，当用户将文档中的非嵌入型图片移到段落中或页面中的某个边缘时，页面将会显示图2-138所示的绿色智能对齐参考线，它提示了页面横向居中、页面左右边界、段落边界等关键位置。

图 2-138　页面中的智能参考线

2) 使用【对齐】命令

Word软件中提供了对齐多张图片的对齐功能，在文档中选中多张图片后单击【图片格式】选项卡【排列】组中的【对齐】下拉按钮，在弹出的列表中可以选择包括左对齐、水平居中、右对齐、顶端对齐、垂直居中、底端对齐、横向分布及纵向分布8个对齐命令(如图2-139所示)，其各自的功能说明如表2-6所示。

表2-6　Word中对齐命令的功能说明

对齐命令	功能说明
左对齐	将所选对象沿页面最左侧边界对齐
水平居中	将所选对象在水平方向上沿中间的边界对齐
右对齐	将所选对象沿页面最右侧边界对齐
顶端对齐	将所选对象沿页面最上方的边界对齐
垂直居中	将所选对象在垂直方向上沿中间的边界对齐
底端对齐	将所选对象沿页面最底部的边界对齐
横向分布	在水平方向均匀分布所有选择的对象，且每相邻两个对象之间横向距离相等
纵向分布	在垂直方向均匀分布所有选择的对象，且每相邻两个对象之间纵向距离相等

图 2-139　对齐命令

在图2-139所示的【对齐】列表中，用户还可通过选择【对齐页面】【对齐边距】【对齐所选对象】命令设置图片对齐的参照。

▶ 对齐页面：将页面设置为对齐参照，此时执行【对齐】命令将会以页面【上】【下】【左】【右】的边界为基准对齐对象。

▶ 对齐边距：将页边距设置为对齐参照，此时执行【对齐】命令会以【上】【下】【左】【右】的页边距为基准对齐对象。

▶ 对齐所选对象：将选中的对象设置为参照，此时执行【对齐】命令会以所选对象顶端、底端、左端、右端为基准对齐对象。

3) 将图片放置在图片的特定位置

右击文档中的图片，在弹出的快捷菜单中选择【大小和位置】命令，在打开的【布局】对话框中选择【位置】选项卡，用户可以通过设置【水平】和【垂直】选项区域中的参数，将图片放置在页面中的特定位置，如图2-140所示。

图 2-140　【布局】对话框

4) 用锁定标记绑定图片位置

在文档中插入图片后，如果希望图片位置在排版的过程中移动，可以使用锁定标记固定图片在文档中的位置。

在Word中，嵌入型图片会随着段落修改而移动位置，无法与段落绑定。而图片被设置为文字环绕布局时，会在图片附近的段落左侧显示锁定标记，表示当前的位置是依赖于该锁定标记旁的段落，通过移动该固定标记可以将图片与特定的段落绑定。例如，图2-141所示为设置图片与第2段文本绑定。

锁定标记和图片始终处于同一页面中，并且与段落绑定，用户可以通过拖动锁定标记更改绑定的段落；在页面中移动锁定标记时，图片位置不会改变，但锁定标记被移到其他页面时，图片会立即移到其他页面。如果要避免这种情况发生，可以将锁定标记和图片捆绑起来。右击图片，在弹出的快捷菜单中选择【大小和位置】命令，在打开的【布局】对话框中选择【位置】选项卡，在该选项卡中取消【对象随文字移动】复选框的选中状态，可以设置图片不随文字移动而变化；选中【锁定标记】复选框，则可以锁定段落左侧的图片锁定标记，如图2-142所示。

图 2-141　图片锁定标记

图 2-142　设置锁定标记

5) 统一文档中图片大小

在图文混排的文档中通常会包含多张图片，并且这些图片大小不一。大小不一的图片会使页面显得凌乱、不美观。要调整页面中图片的大小使其大小统一，可以参考以下方法。

▶ 方法1：按住Ctrl键的同时选中两张图片后，在【图片格式】选项卡【大小】组的【高度】和【宽度】数值框中输入图片的高度和宽度值。

▶ 方法2：在【大小】组中了解了第一张图片的高度和宽度值后，选中并右击第2张图片，在弹出的快捷菜单中选择【大小和位置】命令，打开【布局】对话框并选择【大小】选项卡，取消【锁定纵横比】复选框的选中状态，然后分别设置【高度】和【宽度】的【绝对值】参数，如图2-143所示。

▶ 方法3：选中图片后单击【图片格式】选项卡中的【裁剪】下拉按钮，在弹出的列表中选择【纵横比】选项，设置使用固定比例裁剪图片，然后调整图片的剪切范围以固定比例裁剪图片，如图2-144所示。

图 2-143　设置图片大小

图 2-144　以固定比例裁剪图片

2.3.3　分栏处理文档

文档的排版包括通栏和分栏，通栏就是文字从左到右、从上到下在页面中排列，而分栏则是把页面分成多栏进行排列。通过分栏处理文档，能够使文本更方便阅读，同时使版面看上去更加专业。

在【布局】选项卡【页面设置】组的【栏】下拉列表中选择相应的选项，可以为文档中选中的段落设置分栏，如图 2-145 所示。

通栏

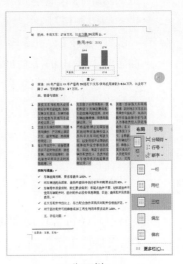

分两栏　　　　　　　　　　　　分三栏

图 2-145　设置分栏排版

如果要在文档中设置特殊分栏效果，可以在【栏】下拉列表中选择【更多栏】选项，然后在打开的【栏】对话框中进行设置，如图 2-146 所示。该选项卡中主要选项的功能说明如下。

- 栏数：自定义分栏的栏数。
- 栏、宽度和间距：设置各栏的宽度和间距。
- 分隔线：设置是否添加分隔线。
- 应用于：用于设置分栏应用的范围，包括整篇文档、所选文字、所选节等几个选项。

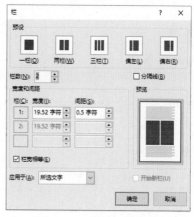

图 2-146　【栏】对话框

2.3.4　添加文档边框

在以文字为主体的Word文档中，线条是最简单、最纯粹的美化元素之一。通过添加线条，既能满足不破坏文字内容的前提，又能使文档变得赏心悦目而吸引读者。

在Word中，为文档添加边框的方法有以下两种。

- 方法1：单击【开始】选项卡【段落】组中的【边框】下拉按钮 ⊞ ˇ，在打开的下拉列表中选择【边框和底纹】选项，在打开的【边框和底纹】对话框中选择【页面边框】选项卡，设置页面边框样式后单击【确定】按钮即可，如图2-147所示。
- 方法2：选择【设计】选项卡，单击【页面背景】组中的【页面边框】按钮，打开图2-147所示的【边框和底纹】对话框，选择边框样式后单击【确定】按钮。

图 2-147　为文档页面添加边框

2.3.5　设置文档背景

在办公中，经常会使用和制作各种形式的文档，在有些文档中使用Word默认的白色背景会显得文档内容过于单调或不严谨。此时，用户可以参考以下方法为文档设置背景。

1. 设置颜色背景

在Word功能区中选择【设计】选项卡，在【页面背景】组中单击【页面颜色】下拉按钮，在弹出的库中选择一种颜色即可为文档设置颜色背景，如图2-148所示。

2. 设置纹理和图片背景

在图2-148所示的【页面颜色】下拉列表中选择【填充效果】命令，打开【填充效果】对话框，选择【纹理】选项卡，在【纹理】列表中选择一种纹理样式后单击【确定】按钮，即可为文档设置纹理背景，如图2-149所示。在【填充效果】对话框中选择【图片】选项卡，然后单击【选择图片】按钮，用户可以使用当前电脑中保存的图片文件为文档设置图片背景，如图2-150所示。

图 2-148　设置颜色背景

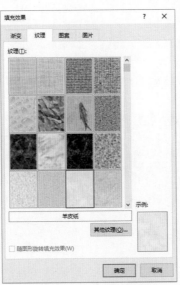

图 2-149　设置纹理背景

图 2-150　设置图片背景

3. 设置水印背景

水印是出现在文本下方的文字或图片。如果用户使用图片水印，可以对其进行淡化或冲蚀设置以免图片影响文档中文本的显示。如果用户使用文本水印，则可以从内置短语中选择需要的文字，也可以输入所需的文本。

选择【设计】选项卡，在【页面背景】组中单击【水印】下拉按钮，在展开的库中选择一种水印样式即可在文档中设置相应的水印背景，如图2-151所示。

如果在【水印】列表中选择【自定义水印】选项，将打开图2-152所示的【水印】对话框。在该对话框中，用户可以选中【无水印】单选按钮，删除文档中的水印；选中【图片水印】单选按钮，为文档设置图片水印效果；选中【文字水印】单选按钮，在文档中自定义文字水印。

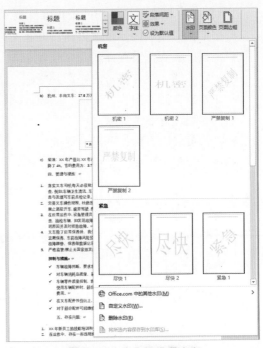

图 2-151　为文档设置水印

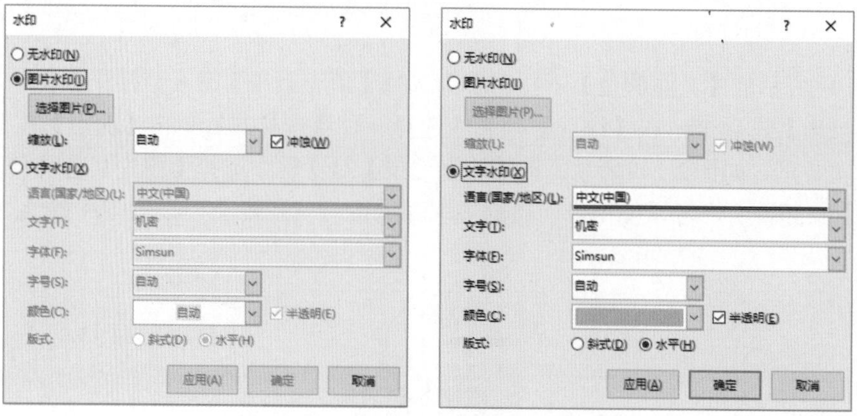

图 2-152　自定义图片水印和文字水印

2.4　长文档的制作方法

排版长文档是办公人员处理办公文档时必须要面对的问题。此类文档对内容、序号、章节、标题、图表、页码、页眉、页脚的要求颇多，处理难度也相对较高。

2.4.1　排版前的准备工作

本章前面的内容已经介绍过科学排版的流程，虽然该流程适用于大部分文档的排版，但长文档总有一些特殊的要求，如多种不同的页面、页眉等，对排版的技术要求相较普通文档更高，需要用户做更多的准备。

在排版长文档之前，用户应根据实际要求指定适合自己的排版流程，例如：

- 根据文档排版规范设置页面，并将文档分节(需要注意各节页面是否连贯)。
- 根据排版规范设置样式，修改Word默认的标题、正文样式。
- 制定文档大纲并撰写内容，为标题、正文设置和添加新的样式。
- 在文档中插入图片、表格、图表等项目，并进行编号。
- 为文档设置参考文献。
- 插入页眉、页脚、页码并提取目录。
- 进一步美化版面，完成后打印输出。

2.4.2　文档结构整体规划

在正式开始排版长文档之前，需要确定文档的结构并根据要求对文档进行整体规划。

1. 确定文档结构

以毕业论文为例，此类长文档通常包含图2-153所示的10个部分，可以将这些部分分为三大类。

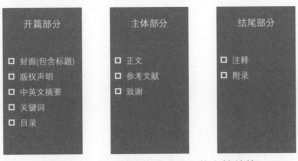

图 2-153　长文档 (毕业论文) 的文档结构

长文档的页眉和页脚可以根据具体要求添加，通常情况下有以下几个原则。

▶ 封面、版权声明页面不要页眉，其他页面均需要添加页眉。

▶ 页脚中仅包含页码，封面、版权声明页面不要显示页码。从摘要页面开始到目录页结束，页码用罗马数字"Ⅰ，Ⅱ，Ⅲ，…"表示。

▶ 主体部分页面，页码采用阿拉伯数字"1，2，3，…"表示，采用相同的页眉。

▶ 结尾部分可以连续使用主体部分页码，但页眉部分需要单独设置。

 提示

图片较多的长文档需要添加题注(添加题注的方法可参见【例2-9】)。

2. 整体规划文档

以规划"毕业论文"长文档为例，此类文档中英文摘要分别位于单独的页面中，关键词位于中英文摘要下方，其他部分均需要另起一页显示。因此，在撰写文档内容之前，可以先输入各部分标题，然后通过插入分节符、分页符将整篇文档的结构规划好，原则如下。

▶ 在需要设置不同页眉、页脚的部分插入分节符。

▶ 在需要另起一页的部分插入分页符。

【例2-16】在"毕业论文"文档中插入分节符和分页符。

`01` 在文档中输入文本后，单击【布局】选项卡中的【分隔符】下拉按钮，在弹出的列表中选择分页符和分节符选项，分别在封面和版权声明页插入分页符和分节符，如图2-154所示。

图 2-154　封面和版权声明页不需要页眉和页脚

02 为目录、正文、参考文献、致谢、注释等需要显示页眉和罗马数字页码的页面中插入分节符和分页符，如图2-155所示。

图 2-155　在需要显示页眉和罗马数字页码的页面设置分节符和分页符

　　长文档中分节符是在节的结尾插入的标记，是上一节结束的符号，用一条横贯文档版心的双虚线表示。分节符包含节的格式设置元素，如页边距、页面的方向、页眉和页脚，以及页码的顺序。

　　在同一个文档中，要设置不同的页边距、页面方向、页眉、页脚、页码等，就需要使用节来达到目的。将文档分节后，可以根据文档编辑需要设置每节的格式。

　　1) 分节符选项

　　单击【布局】选项卡中的【分隔符】下拉按钮，将弹出图2-156所示的列表，其中【分节符】组中包含【下一页】【连续】【偶数页】【奇数页】选项，其具体功能说明如下。

　　▶ 下一页：插入一个分节符，新节从下一页开始。在文字之间插入下一页分节符，则在新一页开头位置会出现一个空行。

图 2-156　【分隔符】列表

- 连续：插入一个分节符，新节从同一页开始。插入连续分节符后，可以在同一页的不同部分存在不同的节格式。用户可以单独插入连续分节符，然后更改节格式；也可以在执行某些操作后(如分栏操作)，在选择的正文前后自动插入两个连续分页符。
- 偶数页：插入一个分节符，新节从下一个偶数页开始。如果下一页是奇数页，那么该页将显示为空白，原内容将从下一个偶数页开始显示；如果下一页是偶数页，则无特殊变化。
- 奇数页：插入一个分节符，新节从下一个奇数页开始。如果下一页是偶数页，那么该页将显示为空白；如果下一页是奇数页，则无明显变化。插入奇数页分节符，可以满足每一章或每一篇首页均为奇数页的排版要求。

2) 分页符选项

在图2-156所示列表的【分页符】组中包含【分页符】【分栏符】【自动换行符】选项，其具体功能说明如下。

- 分页符：如果要另起一页显示新的章节，可以多次按Enter键，直到最后的内容显示到下一页。如果前面的内容不断增减，空行的位置会不断移动，最后就要不断地检查分页是否正确。这种做法在长文档排版中是不提倡的，科学的方法应该是插入"分页符"。
- 分栏符：选择【分栏符】选项插入分栏符后，分栏符后面的文字将从下一栏开始，但显示效果和分页符无差别。对文档或某些段落分栏后，Word文档会在适当的位置自动分栏。若希望某一内容出现在下栏的顶部，则可以用插入分栏符的方法实现。
- 自动换行符：通常情况下，文本到达文档页面右边距时，Word将自动换行。在插入自动换行符后，在插入点位置可强行断行，换行符显示为灰色"↓"形状。与直接按Enter键不同，这种方法产生的新行仍将作为当前段的一部分。

提示

　　插入分节符和分页符后都能实现分页功能，在长文档排版中使用分页符还是分节符，可以参考两个原则：需要设置不同的页眉、页脚、纸张方向等格式时，应插入相应的分节符；仅另起一页显示或录入新内容，页眉、页脚等格式不变时，可以插入分页符。

2.4.3　设置文档页面和封面

完成长文档的规划后，可以开始设置文档的页面和封面。

1. 设置文档页面

设置长文档页面就是设置文档的纸张大小、页边距，以及页眉、页脚边界位置等。以毕业论文为例，国内大学毕业论文使用纸张大小为A4，也就是Word默认的纸张大小，页边距采用页面四周的留白，页眉、页脚边界位置则是页眉文字上方和页脚文字下方的空白区域。

以下是常见的长文档(毕业论文)页面设置要求。

- 纸张：A4标准纸；
- 方向：纵向；

▶ 页边距：左 3cm，右 2.5cm，上 2.8cm，下 2.5cm；

▶ 页眉距边界：1.5cm；

▶ 页脚距边界：1.5cm。

1) 设置纸张大小及方向

单击【布局】选项卡【页面设置】组中的【纸张大小】下拉按钮，在弹出的列表中选择A4选项。单击【布局】选项卡中的【纸张方向】下拉按钮，在弹出的列表中选择【纵向】选项，如图2-157所示。

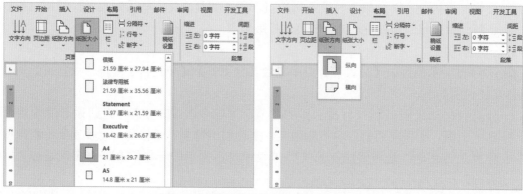

图 2-157 设置长文档的纸张大小和方向

2) 设置页边距和页眉、页脚边界距离

单击【布局】选项卡【页面设置】组右下角的 按钮，打开【页面设置】对话框，在【页边距】选项卡中设置页边距，如图2-158左图所示。在该对话框的【布局】选项卡中设置页眉、页脚边界距离，如图2-158中图所示。设置后的效果如图2-158右图所示。

图 2-158 设置长文档页边距和页眉、页脚边界距离

2. 设置封面

长文档(毕业论文)的封面通常包含学校名称、论文题目、院系名称、学生姓名、学号、指导教师姓名等多个部分的内容。

文档封面内容虽然不多，看似排版简单，但有时添加的下画线总是对不齐，多一个空格则线就长一些，删一个空格则线就短一些，可以参考以下方法使页面中的下画线整齐、长度一致。

01 在文档封面输入文本信息，一个汉字占一个字符的位置，数字占半个字符的位置，将文字对齐，如图2-159所示。

02 选中步骤 **01** 输入的内容，单击【开始】选项卡【段落】组中的【增加缩进量】按钮，可将文本调整到合适的位置，如图2-160所示。

图 2-159　输入文本内容

图 2-160　调整选中文本的位置

03 单击【插入】选项卡中的【形状】下拉按钮，在弹出的列表中选择【直线】选项，在文档中绘制4条直线，如图2-161左图所示。

04 按住Ctrl键选中所有的直线，单击【形状格式】选项卡【排列】组中的【对齐】下拉按钮，在弹出的列表中先选择【左对齐】选项，再选择【纵向分布】选项，如图2-161中图所示。

05 按住Ctrl键的同时按方向键调整页面中4条直线的位置，完成后在文档封面页右下角输入时间，效果如图2-161右图所示。

图 2-161　制作文档封面

2.4.4 设置样式和多级列表

段落样式和多级列表是长文档排版中常用的操作，只需要进行一次设置，就能反复使用。

1. 设置段落样式

本章前面已经介绍了段落样式的设置。在撰写长文档正文时，可以先设置好标题样式及正文样式，在排版过程中，可以根据文档内容增加其他样式。

1) 设置标题样式

长文档的标题层次相比普通文档的层次更多，规范使用标题便于查看和管理文档。在Word中提供了9级样式，分别对应1~9级大纲级别。用户可以参考以下方法在长文档中快速设置新的段落样式。

01 右击【开始】选项卡【样式】组中的Word内置标题样式，在弹出的快捷菜单中选择【修改】命令，如图2-162所示。

图 2-162 选择【修改】命令

02 在打开的【修改样式】对话框中设置样式格式，如图2-163左图所示，单击【确定】按钮即可在【样式】组中添加相应的样式，如图2-163右图所示。

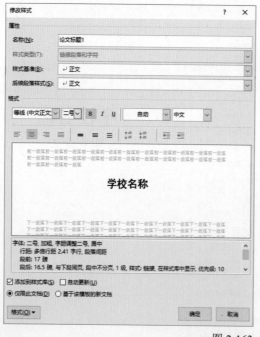

图 2-163 新建样式

03 在图2-163左图所示的【修改样式】对话框中单击【格式】下拉按钮，在弹出的列表中选择【段落】选项，将打开【段落】对话框，选中该对话框【换行和分页】选项卡中的【与下段同页】和【段中不分页】复选框(如图2-164所示)，可以使文档在排版时不单独将标题显示在上一页页末，而将正文显示在下一页页首。这样不仅方便读者阅读，也会使文档看上去更专业。

04 在【段落】对话框中选择【缩进和间距】选项卡，单击【大纲级别】下拉按钮，可以为标题样式设置大纲级别。大纲级别是为长文档提取目录的前提条件，如图2-165所示。

05 为标题样式设置大纲级别后，选中【视图】选项卡【显示】组中的【导航窗格】复选框，可以在【导航】窗格中显示设置的大纲级别标题，如图2-166所示。

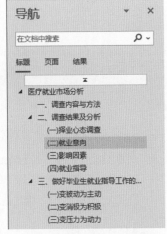

图 2-164　【换行和分页】选项卡　　图 2-165　设置大纲级别　　图 2-166　【导航】窗格

提示

在文档中输入文字内容后，将插入点置于设置好格式的段落中，单击【开始】选项卡【样式】组中的【其他】下拉按钮，在弹出的列表中选择【创建样式】选项，在打开的对话框中输入样式名称后单击【确定】按钮也可以快速创建新样式。

2) 设置正文样式

在长文档中除标题外的其他文字大多属于正文样式，创建正文样式的过程中需要注意以下几点。

▶ 同一个段落中既包含汉字又包含英文或数字，并且字体不同。通常长文档(毕业论文)正文中的中文使用宋体，英文或数字使用Times News Roman字体，在修改或新建样式时，单击【修改样式】对话框中的【格式】下拉按钮，在弹出的列表中选择【字体】选项，在打开的【字体】对话框中可以分别设置同一段落中的中文和英文字体，如图2-167所示。

▶ 有些段落左右两侧都对齐，但包含英文或数字时，右侧会参差不齐。这是由于将段落的对齐方式设置为【左对齐】造成的，将对齐方式更改为【两端对齐】即可。两端对齐方式可以同时保证左、右两个边缘均在一条直线上，使文档看上去更工整。在【修改样式】对话框中单击【格式】下拉按钮，在弹出的列表中选择【段落】选项，在打开的【段落】对话框即可进行设置，如图2-168所示。

图 2-167　设置字体样式　　　　　　　　　　图 2-168　设置样式段落

▶ 设置标题样式后按Enter键，能够自动显示为正文样式。通常在输入一段文字后，按Enter键会自动重复上一段落的样式，也可以设置标题样式的后续段落样式为"正文"，设置标题样式后，按Enter键即可自动切换至正文样式。

2. 设置多级列表

多级列表是Word提供的多级编号功能，与编号功能不同，多级列表可以实现不同级别之间的嵌套。如一级标题、二级标题、三级标题等之间的嵌套，"第1章""第2章"等属于一级标题，"1.1""2.2"等属于二级标题，"1.1.1""2.2.1"等属于三级标题。

使用多级列表最大的优点是，更改标题的位置后，编号会自动更新，而手动输入的编号则需要重新修改。

1) 新建多级列表样式

要为长文档新建包含多级列表标题的目录文档，可以参考以下方法。

01 选择【开始】选项卡，单击【段落】组中的【多级列表】下拉按钮，在弹出的列表中选择【定义新的多级列表】选项，如图2-169左图所示。

02 打开【定义新多级列表】对话框，单击【更多】按钮，显示所有选项。

03 在【单击要修改的级别】列表框中选择要修改的级别，在【编号格式】文本框中设置编号格式(例如输入"第1章")，单击【此级别的编号样式】下拉按钮，在弹出的列表中选择编号样式(可以使用默认设置)，设置【编号对齐方式】【对齐位置】【文本缩进位置】等选项更改编号位置，修改【起始编号】参数值(可以使用默认值"1")，单击【编号之后】下拉按钮，在弹出的列表中设置编号之后的符号，如图2-169右图所示。

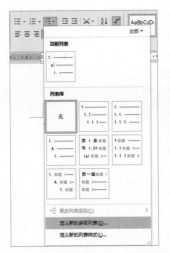 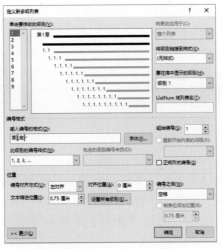

图 2-169 定义新的多级列表

04 重复步骤 **03** 的操作,根据长文档的需要设置级别 2 和级别 3,然后单击【确定】按钮,如图 2-170 所示。

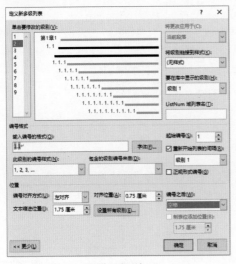

设置 "级别 2"　　　　　　　　　　　　　　　　设置 "级别 3"

图 2-170 设置更多的级别

05 完成以上操作后,文档中会自动显示 "第 1 章",用户可以在标题后输入内容,按 Enter 键会自动显示 "第 2 章" "第 3 章" 标题,如图 2-171 左图所示。

06 输入内容后按 Tab 键,"第 4 章" 会变为 "3.1",级别降低一级,如图 2-171 右图所示。

图 2-171 使用多级列表输入文档内容

07 继续输入文档中的其他内容,当显示为"3.4"时,按Shift+Tab快捷键,"3.4"将会显示为"第4章",级别自动升高一级,如图2-172所示。

图 2-172　提升标题级别

08 重复以上操作即可完成多级列表的创建,如图2-173所示。

09 若要在标题下添加文字说明,在显示标题时,按Backspace键即可删除编号(如图2-174所示),输入内容后按Enter键,单击【开始】选项卡【段落】组中的【多级列表】按钮 可以重新开始编号。

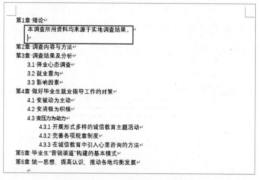

图 2-173　创建多级列表　　　　　　　　图 2-174　输入文字说明

2) 将多级列表链接到标题样式

在撰写长文档(毕业论文)的过程中,已经设置了标题样式,通过将多级列表中的级别链接至标题样式,就可以使用多级列表(嵌套是标题样式,已设置完成),具体方法如下。

01 打开【定义新多级列表】对话框后,在【单击要修改的级别】列表框中选择一级标题样式,单击【将级别链接到样式】下拉按钮,在弹出的列表中选择一级标题样式"论文标题样式1"。

02 在【单击要修改的级别】列表框中选择二级标题样式,在【将级别链接到样式】下拉列表中选择二级标题样式"论文标题样式2"。

03 在【单击要修改的级别】列表框中选择三级标题样式,在【将级别链接到样式】下拉列表中选择三级标题样式"论文标题样式3",单击【确定】按钮,如图2-175所示。

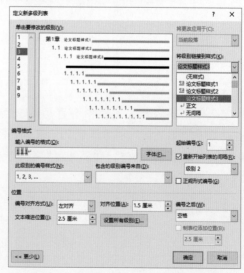

图 2-175　将多级列表链接到标题样式

3) 在【导航】窗格中快速调整文档结构

完成长文档的撰写后，如果要调整标题及所有正文内容的位置，可以通过【导航】窗格完成。在【导航】窗格中选中标题后，按住鼠标左键拖动即可更改其在文档中的位置。

2.4.5 设置文档页眉和页码

在长文档(毕业论文)排版中，页眉和页码的设置相对复杂。下面介绍一些设置页眉和页码的技巧，以供用户参考。

1. 首页不显示页眉

包含封面的文档，封面不需要显示页眉。设置首页不显示页眉的操作比较简单，只要选中【页眉和页脚】选项卡【选项】组中的【首页不同】复选框即可，如图2-176所示。

2. 奇偶页不同页眉

设置奇偶页不同，在长文档中可以显示更多的页眉信息。选中【页眉和页脚】选项卡【选项】组中的【奇偶页不同】复选框，然后分别设置奇数页页眉和偶数页页眉即可，如图2-176所示。

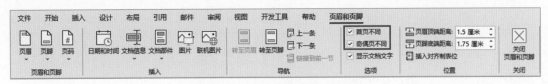

图 2-176 【页眉和页脚】选项卡

3. 不同节不同页眉

在文档中插入页眉时，后面的页眉会自动"链接到前一节"，因此在不同节插入不同的页眉，首先需要插入分节符(下一页)并手动取消"链接到前一节"，断开各节页眉之间的联系。

以图2-177所示的文档为例，该文档正文使用的是统一的页眉，或者是奇数页相同，但偶数页不同的页眉。在"版权声明""摘要""目录""致谢"页面后插入分节符(下一页)。

图 2-177 在页面中插入分节符(下一页)

在需要单独插入页眉的页眉位置双击，进入页眉页脚视图后，在【页眉和页脚】选项卡的【导航】组中取消【链接到前一节】按钮的激活状态，如图2-178左图所示。此时便可以为不同节设置不同的页眉，如图2-178右图所示。

图 2-178　设置不同节使用不同页眉

4. 去除页眉中的横线

在文档中插入页眉后，在页面的位置会显示图2-178左图所示的横线。要去除该横线，将鼠标定位于页眉文本，然后按Ctrl+Shift+N快捷键即可。横线被删除后页眉的效果将如图2-179所示。

5. 不同节不同页面编号格式

在文档中插入页眉时已经添加了分节符(下一页)，取消【链接到前一节】按钮的激活状态后，如果要设置不同节的不同页面编号格式，可以单击【页眉和页脚】选项卡【页眉和页脚】组中的【页码】下拉按钮，在弹出的下拉列表中选择【设置页码格式】选项，在打开的【页码格式】对话框中进行设置，如图2-180所示。

图 2-179　删除横线后的页眉

图 2-180　设置不同节不同页面编号格式

6. 插入页码后从第 2 页显示

在长文档中插入页码后，如果发现第1页页码从"2"开始显示，这时分为以下两种情况。

▶ 添加了分节符。先在【页眉和页脚】选项卡中检查是否关闭【链接到前一节】按钮的激活状态，然后将鼠标光标定位至文档第1页的页码位置，参考图2-180所示的方法打开【页码格式】对话框，将【起始页码】设置为1，从"1"开始编号。

▶ 如果文档中没有添加分节符，但首页为封面，可以在【页眉和页脚】选项卡的【选项】组中选中【首页不同】复选框，然后打开【页码格式】对话框，将【起始页码】设置为0，

首页页码从 "0" 开始编号，但不显示页码，第 2 页从 "1" 开始编号。

7. 不同节页码连续显示

在文档中添加分页符(下一页)后，如果要求不同节之间页面连续，可以在【页码格式】对话框中选中【续前节】单选按钮。

8. 奇偶页不同页码的设置

奇偶页页码不同，需要分别在奇数页和偶数页取消【链接到前一节】按钮的激活状态，并分别在奇数页和偶数页各设置一次页码。

2.4.6　制作与引用参考文献

参考文献是在撰写长文档(毕业论文)过程中对整体参考或借鉴某一著作(或论文)的说明。参考文献的格式较为复杂，在编写时可以参考表 2-7 所示的标准。

表2-7　参考文献参考标准

文献类别	规范格式
普通图书	[序号] 作者. 书名[M]. 出版地：出版者，出版年份：起止页码.
期刊析出	[序号] 主要责任作者. 文献题名[J]. 刊名，年，卷(期)：起止页码.
论文集	[序号] 作者. 论文集(C). 出版地：出版者，出版年.
学位论文	[序号] 作者. 文题[D]. 所在城市：保存单位，发布年份.
专利文献	[序号] 申请者. 专利名：专利号[P]. 发布日期.
科学报告	[序号] 作者. 文题，报告代码及编号[R]. 地名：责任单位，发布年份.

1. 制作参考文献

参考文献采用实引方式，在正文中使用上标形式([1][2]……)标注，并且与文档末尾的参考文献形成一一对应关系。

排版长文档(毕业论文)时，如果手动在正文中插入上标形式的标注，在文档末尾输入参考文献，这样不仅效率低，还容易出错。下面介绍几种快速制作参考文献的方法。

▶ 方法 1：搜索并打开 "中国知网"，在【文献检索】文本框中使用关键词搜索，选择与正文相关的参考文献，将其导出并复制到 Word 文档中。

▶ 方法 2：通过搜索引擎搜索 "参考文献格式生成器"，根据提示填入具体内容后，即可生成标准格式的参考文献。

2. 设置交叉引用

在文档中生成参考文献后，为其添加编号，使用 Word 提供的 "交叉引用" 功能，在正文合适的位置引用生成的参考文献序号，最后将正文中引用的编号设置为上标形式即可。具体操作方法如下。

01▶ 使用 Word 提供的编号功能添加编号，添加或删除参考文献，序号会自动更改，如图 2-181

所示。

02 将鼠标光标定位至文档中要插入交叉引用的位置，单击【插入】选项卡【链接】组中的【交叉引用】按钮。

03 打开【交叉引用】对话框，将【引用内容】设置为【段落编号】，在【引用哪一个编号项】列表框中选择要交叉引用的编号项，然后单击【插入】按钮，如图2-182所示。

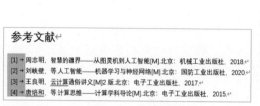

图 2-181　设置编号　　　　　图 2-182　【交叉引用】对话框

04 设置交叉引用后，无须关闭【交叉引用】对话框，直接选择其他要插入交叉引用的位置，选择编号项，单击【插入】按钮即可继续添加交叉引用。

05 按Ctrl+H快捷键打开【查找和替换】对话框，在【查找内容】文本框中输入"[^#]"，在【替换为】文本框中输入"^&"，然后单击【更多】按钮，在展开的选项区域中单击【格式】下拉按钮，在弹出的列表中选择【字体】选项，如图2-183左图所示。

06 打开【替换字体】对话框，选中【上标】复选框后单击【确定】按钮，如图2-183右图所示。

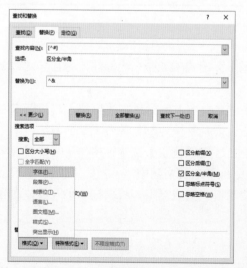
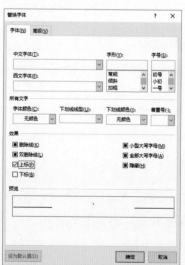

图 2-183　统一为交叉引用设置上标

07 返回【查找和替换】对话框，单击【全部替换】按钮，即可将文档中所有的交叉引用设置为上标。

3. 使用尾注

在长文档中使用插入尾注的方法也可以插入参考文献，尾注是由注释标记和注释文本相互链接组成的，删除注释标记，注释文本也会被删除。添加或删除注释标记后，其他注释标记会自动重新编号。

1) 插入分节符(下一页)

尾注的位置可以在一节或文档的结尾，因此为了保证参考文献页面在致谢页面之前，使用尾注创建参考文献时，需要在参考文献和致谢页面之间插入分节符(下一页)，否则参考文献内容将显示在致谢页面之后。

2) 通过插入尾注插入参考文献

将鼠标光标定位于要插入尾注的位置，单击【引用】选项卡【脚注】组中的【脚注和尾注】按钮 (如图2-184左图所示)，打开【脚注和尾注】对话框，设置尾注的位置、格式、起始编号和编号类型的参数后，单击【插入】按钮即可在文档中插入尾注，如图2-184中图所示。

将鼠标光标定位于文档中其他需要插入尾注的位置，单击【脚注】组中的【插入尾注】按钮，可以继续在文档中插入更多尾注，如图2-184右图所示。

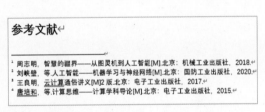

图2-184　在文档中插入尾注

3) 为尾注标记添加中括号

正文中的尾注是没有中括号的，可以按Ctrl+H快捷键打开【查找和替换】对话框，将【查找内容】设置为"^e"，将【替换为】设置为"[^&]"，然后单击【全部替换】按钮，将尾注中的标记添加图2-185所示的中括号。

4) 去除注释文本部分的上标标注

图2-186所示的注释文本的编号为上标形式，需要再次打开【查找和替换】对话框，单击【更多】按钮，将【查找内容】的格式设置为"上标"，将【替换为】的内容设置为"^&"、格式设置为"非上标/下标"，然后单击【全部替换】按钮，去除注释文本部分的上标格式，如图2-186所示。

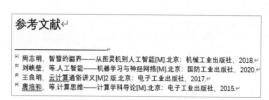

图 2-185　添加中括号效果

图 2-186　去除上标格式

5) 去除尾注前的横线

在文档中插入尾注后，会在尾注上方显示一条无法选中的横线。如果要去除这条横线，可以选择【视图】选项卡，单击【视图】组中的【大纲】按钮，进入大纲视图，然后单击【引用】选项卡【脚注】组中的【显示备注】按钮，在页面下方显示所有尾注，单击【尾注】下拉按钮，在弹出的列表中选择【尾注分隔符】选项，如图2-187左图所示。最后连续按两下Delete键，删除图2-187右图所示的横线，切换回页面视图即可删除尾注前的横线。

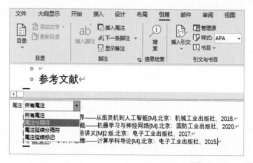

图 2-187　删除尾注分隔符

2.4.7　为长文档添加目录

目录通常放置在文档的正文之前，在排版长文档时可以在正文前预留空白页作为目录页。一般长文档的目录显示到三级标题。在Word中用户可以参考以下操作为文档添加目录。

01 选择【引用】选项卡，单击【目录】组中的【目录】下拉按钮，在弹出的列表中选择【自定义目录】选项。

02 打开【目录】对话框，设置是否显示页码、页面右对齐及制表符前导符符号等目录效果，设置后单击【确定】按钮即可为文档添加目录，如图2-188所示。

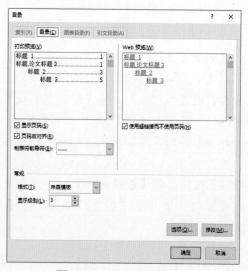

图 2-188　【目录】对话框

2.5　快速修正文档错误

Word软件提供了多种工具可以帮助用户对文档进行快速修正。

2.5.1　自动校对文档

在Word文档中输入中英文文字时，软件会自动判读文字，同时分析输入的拼写或语法是否存在错误，如果拼写有问题，会在单词下方显示红色的波浪状线条，如果存在语法上的错误，则会显示蓝色的波浪状线条。除此之外，用户还可以使用"自动修正"功能修正拼写和语法错误，使用"拼写和语法"功能进行拼写和语法检查。

1. 自动修正拼写和语法错误

在文件中发现Word标记的问题点时，右击问题点中的文字，就可以通过显示的提示来自动修正拼写或语法错误。

- ▶ 自动修正拼写错误。右击红色波浪线标记的文字，在弹出的快捷菜单中可以选择建议的拼写，如图2-189所示。使用建议拼写修正内容后，Word将不再显示红色波浪线标记。
- ▶ 修正语法错误。右击蓝色波浪线标记的文字，在弹出的快捷菜单中选择【语法】命令，如图2-190所示，在打开的【语法】窗格中可显示造成语法错误的可能原因。根据Word提示修改蓝色波浪线标记的文字后，蓝色波浪线将消失。

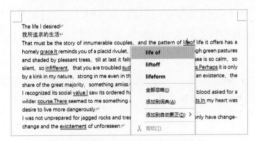

图 2-189　修正拼写错误

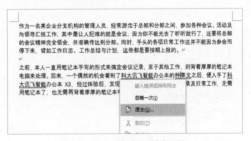

图 2-190　检查语法问题

2. 执行拼写和语法检查

除了在输入的文字中自动修正错误外，还可以在【审阅】选项卡【校对】组中单击【拼写和语法】按钮，打开【校对】窗格，注意检查文档中的语法错误。在【校对】窗格的【建议】列表中，用户可以选择Word给出的拼写(或语法)建议，选择后将使用建议文字替换文本中的内容。单击【校对】窗格中的【忽略】按钮，将忽略当前识别的问题，并查找下一条Word标注的拼写或语法问题，如图2-191所示。

图 2-191　【校对】窗格

2.5.2 查找和替换文字

在编辑较长文档时，想要从中查找并修改某一个特定的文字，单凭手动操作总会有遗漏。此时，按Ctrl+H快捷键，打开【查找和替换】对话框，使用Office软件通用的"查找和替换"功能，可以快速实现文字的查找和替换。

1. 快速修改同一个错误

在文档中选中需要修改的文字后，按Ctrl+H快捷键，打开【查找和替换】对话框，【查找内容】文本框中将自动添加选中的文字，在【替换为】文本框中输入要替换的文字，然后单击【全部替换】按钮，可以一次性完成文档中所有内容的查找与替换。

2. 快速转换英文大小写

在【查找和替换】对话框的【查找内容】文本框中输入要切换大小写的英文后(例如WORD)，在【替换为】文本框中输入替换的英文(例如word)，然后单击【更多】按钮，在显示的选项区域中选中【区分大小写】复选框，如图2-192所示，单击【替换】或【全部替换】按钮，将会快速转换文档中英文大小写(将WORD转换为word)。

3. 快速转换半角与全角字符

在排版办公文档时，有时因为输入法设置的不同或不小心处于不正确的输入模式而使得文档中同时出现半角或全角字符。例如，Word(半角)、Ｗｏｒｄ(全角)，或者出现全角和半角混合的英文单词(如Ｗｏｒd)，对于这种情况，可以在【查找和替换】对话框的【查找内容】和【替换为】文本框输入所需的全角或半角字符后，取消选中【区分全/半角】复选框，然后单击【替换】或【全部替换】按钮，如图2-193所示。

图 2-192　替换英文大小写

图 2-193　转换半角与全角字符

4. 使用通配符查找和替换文字

通配符用于在Word中查找和替换时指定某一类内容。在排版文档时，最常用的通配符"?"

可作为"任意单个字符"。例如，在【查找内容】文本框中输入"W???"，并在图2-193所示的【搜索选项】选项区域中选中【使用通配符】复选框，单击【查找下一处】按钮，可以在文档中搜索出Word、Walk、Waik等文字。而使用通配符"*"，则代表任意零个或多个字符。在【查找内容】文本框中输入"张*远"，选中【使用通配符】复选框，单击【查找下一处】按钮，可以在文档中搜索出"张文远""张振远""张智远"等公司员工名称。

2.5.3 以"特殊格式"进行替换

在Word中进行查找和替换时，也可以使用"特殊格式"，如多余的段落标记、多余的空白区域、任意字符、任意数字、任意字母、分节符、分栏符等，都可以通过单击图2-194所示的【特殊格式】下拉按钮实现。例如，想要删除文档中的所有图形，可以在图2-194所示的列表中选择【图形】选项，将【替换为】保留为空白，单击【全部替换】按钮。

2.5.4 查找和替换格式

在【查找和替换】对话框中单击【格式】下拉按钮，在弹出的列表中可以设置对文档中的"格式"进行查找与替换，如替换字体格式、替换与更改图片对齐方式(用户可以扫描右侧的二维码观看视频操作示范)，如图2-195所示。

图 2-194　替换特殊格式

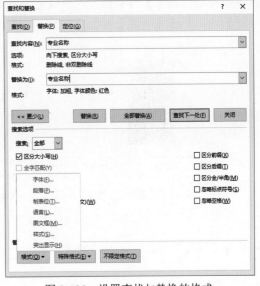

图 2-195　设置查找与替换的格式

> **提示**
>
> 单击图2-195所示【查找和替换】对话框中的【不限定格式】按钮，可以删除【查找和替换】对话框【查找内容】和【替换为】文本框下自动保留的搜索与替换格式，从而确保下次使用搜索和替换功能时不会受到之前所设置格式的影响。

2.6 化繁为简的自动化

使用Word自动化功能可以帮助用户快速、高效地处理各种办公文档。

2.6.1 自动添加题注

如果文档中的图片、表格不多，用户可以直接在图片的下方、表格的上方手动输入题注。在图片、表格较多的长文档中，由于文档内容带有章节号，在题注中也需要包含章节号，这就需要设置文档自动添加题注。

1. 制作带章节号的题注

所谓带章节号的题注，就是第1章的题注编号为图1-1、图1-2、……，表1-1、表1-2、……，第2章的题注编号为图2-1、图2-2、……，表2-1、表2-2、……。在Word中用户可以参考以下方法在文档中制作带章节号的题注。

01 选中并右击文档中的图片或表格后，在弹出的快捷菜单中选择【插入题注】命令，如图2-196左图所示。

02 打开【题注】对话框，设置题注的标签和位置后，单击【编号】按钮，如图2-196中图所示。

03 打开【题注编号】对话框，选中【包含章节号】复选框，设置【章节起始样式】和【使用分隔符】后，单击【确定】按钮，如图2-196右图所示。

图2-196 在文档中设置带章节号的题注

04 返回【题注】对话框，在【题注】文本框中设置题注内容，单击【确定】按钮即可。

💡 **提示**

如果长文档没有添加多级列表，就不能直接选中【包含章节号】复选框来制作带章节号的题注，此时用户可以在【题注】对话框中单击【新建标签】按钮，在打开的对话框中输入图1-、图2-、……，表1-、表2-、……等章节号标签，手动添加题注标签。

2. 为表格自动添加题注

在文档中插入新表格后，一般都需要为其添加题注。在Word中，用户可以参考以下操作为表格设置自动添加题注。

01 右击文档中的表格，在弹出的快捷菜单中选择【插入题注】命令，在打开的【题注】对话框中单击【自动插入题注】按钮。

02 打开图 2-197 所示的【自动插入题注】对话框后，选中【Microsoft Word 表格】选项，然后通过设置【使用标签】和【位置】选项，设置使用标签、位置及编号格式。

03 在【自动插入题注】对话框中单击【确定】按钮，返回【题注】对话框，再次单击【确定】按钮。此时，Word 并不会为文档中步骤 **01** 选中的表格添加题注。重复步骤 **01** 的操作，打开【题注】对话框后，单击【确定】按钮，可以为表格添加文档中的第 1 个题注。

图 2-197　【自动插入题注】对话框

04 此后，在文档中插入图片或表格时软件会自动添加题注。

3. 更新文档中的题注

在文档中插入题注后，对文档重新编辑和排版时，如果改变了图、表的顺序，或者添加、删除了一部分图、表，就需要设置更新文档中的题注。

按 Ctrl+A 快捷键，选中文档中的所有内容，按 F9 键即可实现题注的自动更新。

4. 修改文档中题注的样式

在文档中插入题注后，功能区【开始】选项卡的【样式】组中单击【其他】下拉按钮，在弹出的下拉列表中右击【题注】选项，在弹出的列表中选择【修改】选项，可以更改题注字体及段落样式(扫描右侧的二维码可观看视频操作示范)，如图 2-198 所示。

图 2-198　修改题注样式

2.6.2　使用域

Word 中的域就是文档中那些会变化，可更新的内容，如插入的日期时间、页码、目录、索引等，它们的本质都是域。如果用户选中并右击文档中的日期，在弹出的快捷菜单中选择【切换域代码】命令，日期会变为代码形式：

{ TIME\@"yyyy 年 M 月 d 日星期 W" }

- ▶ 最外层的大括号：域专用大括号，自定义域时可以按 Ctrl+F9 快捷键输入，否则无法被 Word 识别。
- ▶ TIME：域的名称。
- ▶ \@：TIME 域的开关，用于设置域的格式。

▶ 双引号：针对"\@"开关的设置选项，其中的内容表示要将日期设置为何种格式。

当Word软件提供的域无法实现文档编辑所需的功能时，就可以在文档中插入域。插入域的方法有以下两种。

▶ 方法1：选择【插入】选项卡，单击【文本】组中的【文档部件】下拉按钮，在弹出的下拉列表中选择【域】选项，打开图2-199所示的【域】对话框，设置插入域的类别、属性、选项、更新和说明等参数后单击【确定】按钮。

图 2-199　【域】对话框

▶ 方法2：将插入点置于文档中需要插入域的位置后，按Ctrl+F9快捷键输入域专用大括号，将鼠标光标自动定位至两个空格之间，输入域名称。按Space键，输入格式开关"\"，并根据需要设置格式，完成后按F9键更新域代码。

下面举两个例子来介绍域在办公文档自动化排版中的应用。

1. 在双栏排版的每一栏中显示页码

在使用双栏排版的文档中，如果需要在左右两栏均显示页码，Word提供的插入页码功能无法实现。用户可以参考以下方法显示页码。

01 在双栏排版的文档中单击【插入】选项卡的【页码】下拉按钮，在弹出的列表中选择一种页码样式，在文档中插入页码。

02 删除软件自动生成的页码，连续按两次Ctrl+F9快捷键插入图2-200所示的大括号。

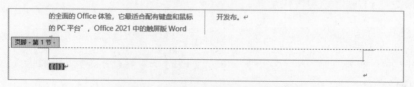

图 2-200　在文档中插入域专用大括号

03 在大括号中输入"{ ={ page }*2-1 }页"(大括号中均需要有一个空格)。

04 使用同样的方法在页面右侧再输入"{ ={ page }*2 }页",如图 2-201 所示。

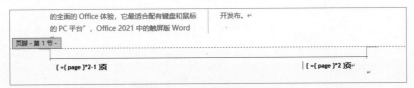

图 2-201　在页面代码中插入域

05 按Alt+F9快捷键显示域结果,并按Space键调整页码的位置,如图 2-202 所示。

图 2-202　每一栏都显示页码的文档效果

2. 设置文档前 N 页不要页码,从 N+1 页显示页码

使用分节符并为文档设置"起始页码",可以设置N页不显示页码,而是从N+1页开始显示页码。此外,也可以通过域代码来实现,例如使用以下域代码可以设置文档前3页不显示页码,从第4页开始显示页码"1"(注意">"和"-"与"3"之间留有半角空格):

```
{ IF{ PAGE } > 3 { ={ PAGE } - 3} "" }
```

以上代码表示,如果页码>3,则按"页码减去3"显示数值,否则不显示。其中两个"3"是要求不显示页码的页数,可按实际需要进行修改。代码中的4对大括号"{}"都必须按Ctrl+F9快捷键插入,如果直接从键盘上输入则大括号无效。所有数字与符号之间都必须有一个半角空格,否则会提示代码错误。

2.6.3　邮件合并

在办公中制作工作证、录取通知、收据等文档时,由于此类文档的主题内容相同,只是公司名称、个人名字等信息有差别,如果一个个制作不但效率低,而且容易出错。使用Word提供的"邮件合并"功能,可以快速创建主题文档和数据源,并建立起两者之间的关系,从而批量完成文档的制作。

以制作录取通知文档为例,此类中大部分内容是类似的,只有涉及个人信息的部分不同。使用Word提供的"邮件合并"功能,可以批量制作录取通知。具体操作方法如下。

01 在Word中创建"录取通知"的主文档,其中【姓名】【职位】【报到日期】用于显示数据源中的内容,如图 2-203 所示。

02 选择【邮件】选项卡,单击【开始邮件合并】组中的【开始邮件合并】下拉按钮,在弹出的列表中选择【邮件合并分步向导】选项,如图 2-204 左图所示。

03 打开【邮件合并】窗格,选中【信函】单选按钮,选择【下一步:开始文档】选项,如图 2-204 右图所示。

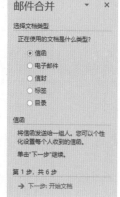

图 2-203 制作主文档

图 2-204 开始邮件合并

04 在打开的窗格中依次选择图 2-205 左图所示的【下一步：选择收件人】选项和图 2-205 右图所示的【下一步：撰写信函】选项，打开【选取数据源】对话框。

05 启动 Excel，在软件默认的 Sheet1 工作表中输入图 2-206 所示的录用人员信息，按 F12 键打开【另存为】对话框，将工作簿以文件名"录取名单"保存。

06 关闭 Excel 后返回 Word，在【选取数据源】对话框中选中步骤 **05** 保存的"录取名单.xlsx"文件。打开图 2-207 所示的【选择表格】对话框，单击【确定】按钮。

图 2-205 设置撰写信函

图 2-206 建立数据源

图 2-207 【选择表格】对话框

07 打开【邮件合并收件人】对话框，筛选满足条件的内容。例如，筛选出【性别】为"女"，或者根据需要筛选出其他数据，这样在最终合并文档时，将包含筛选出的内容，如图 2-208 所示。

08 单击【邮件合并收件人】对话框中的【确定】按钮，返回图 2-205 右图所示的【邮件合并】窗格，选择【下一步：撰写信函】选项。

09 在图 2-209 左图所示的【邮件合并】窗格中选择【下一步：预览信函】选项。在图 2-209 中图所示的窗格中选择【下一步：完成合并】选项。在图 2-209 右图所示的窗格的右上方单击【关闭】按钮，关闭【邮件合并】窗格。

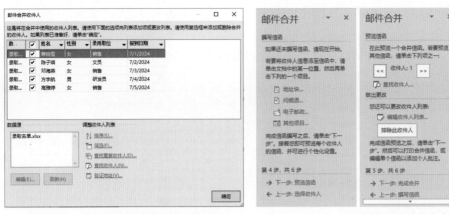

图 2-208 【邮件合并收件人】对话框   图 2-209 完成合并

10 在图 2-203 所示的主文档中选中"【姓名】",然后单击【邮件】选项卡【编写和插入域】组中的【插入合并域】下拉按钮,在弹出的列表中选择【姓名】选项,如图 2-210 左图所示。

11 分别选中主文档中的"【职位】"和"【报到日期】",重复步骤 **10** 的操作,插入合并域"录用职位"和"报到日期",完成后的效果如图 2-210 右图所示。

图 2-210 插入合并域

12 将光标置于图 2-210 右图所示文本"《姓名》"的后方,单击【邮件】选项卡中的【规则】下拉按钮,在弹出的列表中选择【如果…那么…否则…】选项,如图 2-211 左图所示。

13 打开【插入 Word 域:如果】对话框,设置如果【性别】等于【男】,那么插入【先生】,否则插入【女士】,然后单击【确定】按钮,如图 2-211 右图所示。

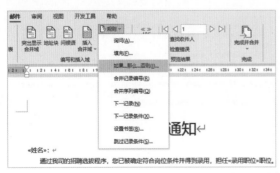

图 2-211 设置邮件合并规则

14 在主文档中右击"《报到日期》"，在弹出的快捷菜单中选择【切换域代码】命令，如图 2-212 左图所示。

15 在域代码后输入"\@"yyyy年MM月dd""，如图 2-212 右图所示。

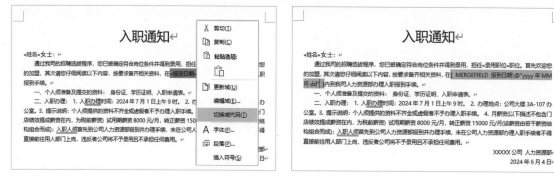

图 2-212　修改域代码

16 选中图 2-212 右图所示文档中的日期部分，按 F9 键更新域。

17 单击【邮件】选项卡【完成】组中的【完成并合并】下拉按钮，在弹出的列表中选择【编辑单个文档】选项，如图 2-213 左图所示。

18 打开【合并到新文档】对话框，选中【全部】单选按钮，然后单击【确定】按钮，如图 2-213 中图所示。

19 此时，将新建一个 Word 文档并使用图 2-206 所示数据源中的数据分多页生成图 2-213 右图所示的多份录取通知。

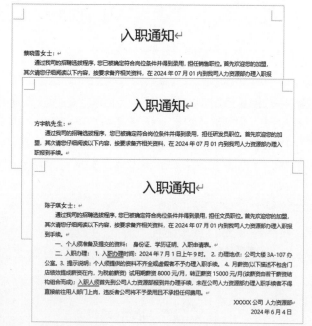

图 2-213　完成邮件合并

提示

在日常办公中，使用Word提供的邮件合并功能除了可以批量制作上例介绍的入职通知外，还可以制作带有图片的工作证和由表格构成的收据等复杂的文档(用户可以扫描右侧的二维码可观看相关操作案例)。

2.7　实战演练

本章详细介绍了使用Word编辑与排版办公文档的常用操作。下面的实战演练部分将通过制作"考勤制度"文档和"投标标书"文档，帮助用户巩固所学的知识(扫描右侧的二维码可查看具体操作提示)。

2.7.1　制作考勤制度

考勤制度用于规范公司员工的上下班时间、事假等。本例将通过制作图2-214所示的"考勤制度"文档，帮助用户巩固所学的知识，熟悉使用Word制作常用办公文档的方法。

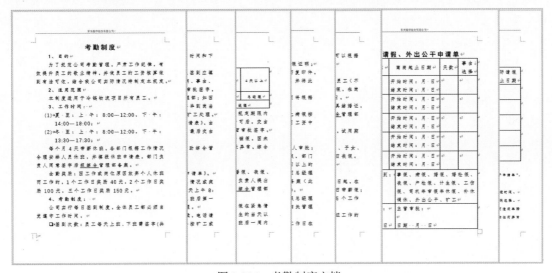

图 2-214　考勤制度文档

2.7.2　制作投标标书

投标标书是投标单位按照招标书的条件和要求,向招标单位提交的报价并填具标单的文件。标书的格式不是固定的，通常在招标文件中会给出表述的格式，按照格式排版标书即可。本例将通过制作图2-215所示的投标标书文档，帮助用户进一步熟悉使用Word处理文档的方法，掌握设置招标文件页面、封面、标题和正文格式，标书中表格样式的方法。

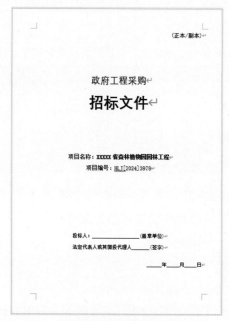

图 2-215　工程标书文档

第 3 章

Excel 表格数据统计与分析

| 本章导读 |

    Excel 是 Office 系列组件中的一款电子表格软件，被广泛应用于数据组织、分析和可视化。熟练掌握 Excel，可以在工作中提高工作效率，解决各种数据问题，这对于数据分析人员、财务分析人员或职场办公人员来说，无疑是最合适的工具。

    本章将帮助用户熟悉 Excel 软件在办公中的主要应用，包括数据的录入、编辑、格式化、提取、合并、清洗、转换、计算、统计、分析和可视化等。

3.1　录入与编辑数据

在日常办公中，将数据快速、准确地录入表格并进行初步的整理，对后续的数据统计和分析具有非常重要的意义。同时，这也是新手用户初学Excel首先要掌握的基础操作。

3.1.1　在单元格中录入数据

单元格是构成Excel工作表的基础元素。单元格内可录入和保存的数据包括数值、日期与时间、文本和公式4种基本类型，此外，还有逻辑值、错误值等一些特殊的数据类型。

- 数值：数值指的是所代表数量的数字形式，如企业的销售额、利润等。数值可以是正数，也可以是负数，都可以用于进行数值计算，如加、减、求和、求平均值等。除了普通的数字以外，还有一些使用特殊符号的数字也被Excel理解为数值，如百分号%、货币符号¥、千分间隔符以及科学记数符号E等。
- 日期与时间：在Excel中，日期与时间是以一种特殊的数值形式存储的，这种数值形式被称为"序列值"，在早期的版本中也被称为"系列值"。序列值是介于一个大于或等于0，小于2 958 466的数值区间的数值。因此，日期型数据实际上是一个包括在数值数据范畴中的数值区间。
- 文本：文本通常指的是一些非数值型文字、符号等，如企业的部门名称、员工的考核科目、产品的名称等。此外，许多不代表数量的、不需要进行数值计算的数字也可以保存为文本形式，如电话号码、身份证号码、股票代码等。文本不能用于数值计算，但可以比较大小。
- 逻辑值：逻辑值是一种特殊的参数，它只有TRUE(真)和FALSE(假)两种类型。例如，公式"=IF(A3=0,"0",A2/A3)"中的A3=0就是一个可以返回TRUE(真)或FLASE(假)两种结果的参数。当A3=0为TRUE时，则公式返回结果为0，否则返回A2/A3的计算结果。
- 错误值：用户在使用Excel的过程中可能都会遇到一些错误信息，如#N/A!、#VALUE!等，出现这些错误的原因有很多种，如果公式不能计算正确结果，Excel将显示一个错误值。例如，在需要数字的公式中使用文本、删除了被公式引用的单元格等。
- 公式：公式通常都以"="开头，它的内容可以是简单的数学公式，如"=16*62*2600/60-12"，也可以包括Excel的内嵌函数，甚至是用户自定义的函数，如"=IF(F3<H3,"",IF(MINUTE(F3-H3)>30,"50元","20元"))"。

下面将分别介绍在单元格中输入数值、文本、日期、时间和公式的方法和技巧。

1. 输入数值和文本

若要在单元格内输入数值和文本类型的数据，用户可以在选中目标单元格后，直接向单元格内输入数据，如图3-1所示。数据输入结束后按Enter键或使用鼠标单击其他单元格都可以确认完成输入。若要在输入过程中取消本次输入的内容，则可以按Esc键退出输入状态。

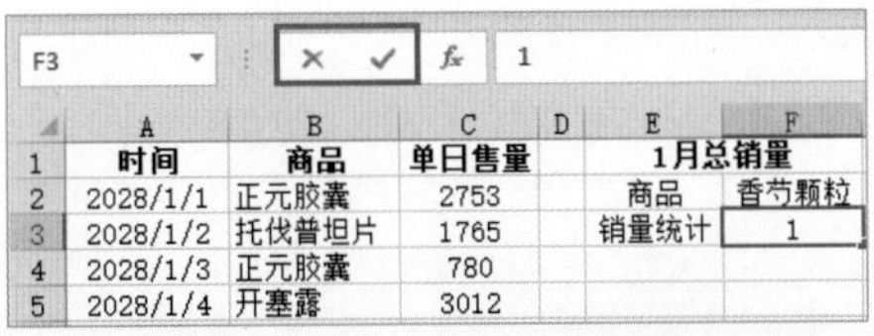

图 3-1　在单元格中输入数据

> **提示**
>
> 当用户输入数据时，原有编辑栏的左边出现两个新的按钮，分别是 ✕ 和 ✓ 按钮。如果用户单击 ✓ 按钮，可以对当前输入的内容进行确认，如果单击 ✕ 按钮，则表示取消输入。

2. 输入日期与时间

日期与时间属于一类特殊的数值类型，其特殊的属性使此类数据的输入以及Excel对输入内容的识别，都有一些特别之处。在中文版Windows系统的默认日期设置下，可以被Excel自动识别为日期数据的输入形式如下。

▶ 使用短横线分隔符"-"的输入，如表3-1所示。

表3-1　日期输入形式(短横线)

输　入	Excel 识别	输　入	Excel 识别
2027-1-2	2027年1月2日	27-1-2	2027年1月2日
90-1-2	1990年1月2日	2027-1	2027年1月1日
1-2	当前年份的1月2日		

▶ 使用斜线分隔符"/"的输入，如表3-2所示。

表3-2　日期输入形式(斜线)

输　入	Excel 识别	输　入	Excel 识别
2027/1/2	2027年1月2日	27/1/2	2027年1月2日
90/1/2	1990年1月2日	2027/1	2027年1月1日
1/2	当前年份的1月2日		

▶ 使用中文"年、月、日"的输入，如表3-3所示。

表3-3　日期输入形式(中文)

输　入	Excel 识别	输　入	Excel 识别
2027年1月2日	2027年1月2日	27年1月2日	2027年1月2日
90年1月2日	1990年1月2日	2027年1月	2027年1月1日
1月2日	当前年份的1月2日		

▶ 使用包括英文月份的输入，如表3-4所示。

表3-4　日期输入形式(英文月份)

输　　入	Excel 识别	输　　入	Excel 识别
March 2	当前年份的3月2日	2-Mar	当前年份的3月2日
Mar 2		Mar/2	

对于以上4类可以被Excel识别的日期输入，有以下几点补充说明。

▶ 年份的输入方式包括短日期(如90年)和长日期(如1990年)两种。当用户以两位数字的短日期方式来输入年份时，软件默认将0~29的数字识别为2000年~2029年，而将30~99的数字识别为1930年~1999年。为了避免系统自动识别造成的错误理解，建议在输入年份时，使用4位完整数字的长日期方式，以确保数据的准确性。

▶ 短横线分隔符"-"与斜线分隔符"/"可以结合使用。例如，输入2027-1/2与2027/1/2都可以表示"2027年1月2日"。

▶ 当用户输入的数据只包含年份和月份时，Excel会自动以这个月的1日作为它的完整日期值。例如，输入2027-1时，会被系统自动识别为2027年1月1日。

▶ 当用户输入的数据只包含月份和日期时，Excel会自动以系统当年年份作为这个日期的年份值。例如输入1-2，如果当前系统年份为2027年，则会被Excel自动识别为2027年1月2日。

▶ 包含英文月份的输入方式可以用于只包含月份和日期的数据输入，其中月份的英文单词可以使用完整拼写，也可以使用标准缩写。

除了上面介绍的可以被Excel自动识别为日期的输入方式，其他不被识别的日期输入方式，则会被识别为文本形式的数据。例如，使用"."分隔符来输入日期2027.1.2，这样输入的数据只会被Excel识别为文本格式，而不是日期格式，从而会导致数据无法参与各种运算，给数据的处理和计算造成不必要的麻烦。

3. 输入与修改公式

若用户要在单元格中输入公式，可以在开始输入时以一个等号"="开头，表示当前输入的是公式。除了等号外，使用"+"号或"-"号开头也可以使Excel识别其内容为公式，但是在按下Enter键确认后，Excel还是会在公式的开头自动加上"="号。

在单元格中输入"="后，Excel将自动进入公式输入状态，此时在单元格中输入含加号"+"或减号"-"等运算符号的算式，Excel会计算出算式的结果。例如，要在A1单元格计算100+8时，输入顺序依次为等号"="→数字100→加号"+"→数字8，最后按Enter键或单击其他任意单元格结束输入，如图3-2左图所示。

如果要在B1单元格计算出A1和A2单元格中数值之和，输入的顺序依次为"="→"A1"→"+"→"A2"，最后按Enter键。或者在输入"="后，单击A1单元格，再输入"+"，然后单击选中A2单元格，最后按Enter键结束输入，如图3-2右图所示。

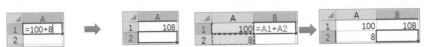

图 3-2　在单元格中输入公式

如果要对已有的公式进行修改，可以使用以下 3 种方法。

▶ 方法 1：选中公式所在的单元格后，按 F2 键。

▶ 方法 2：双击公式所在单元格。

▶ 方法 3：先选中公式所在单元格，然后单击编辑栏中的公式，在编辑栏中直接进行修改，最后单击编辑栏左侧的【输入】按钮✔或按 Enter 键确认。

3.1.2　使用记录单添加数据

用户可以在数据表中直接输入数据，也可以使用 Excel 的"记录单"功能辅助数据输入，使数据输入的效率更高。

以图 3-3 所示的"员工信息表"为例，使用记录单功能在数据表中输入数据的具体操作步骤如下。

01 单击数据表中任意单元格后，依次按 Alt、D、O 键打开【数据列表】对话框(该对话框中的名称取决于当前的工作表名称)。单击【新建】按钮进入新记录输入状态。

02 在【数据列表】对话框的各个单元格中输入相关信息(用户可以使用 Tab 键在文本框之间进行切换)，一条记录输入完毕后可以在对话框内单击【新建】或【关闭】按钮，也可以直接按 Enter 键，如图 3-4 所示。

图 3-3　员工信息表

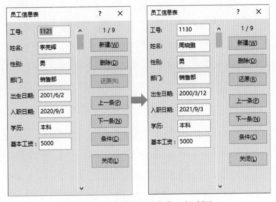

图 3-4　【数据列表】对话框

图 3-4 所示【数据列表】对话框中各按钮的功能说明如表 3-5 所示。

表 3-5　【数据列表】对话框中的按钮功能说明

按　钮	说　　明	按　钮	说　　明
新建	添加新的记录	下一条	显示数据列表中的后一条记录
删除	删除当前显示的记录	条件	设置搜索记录的条件

(续表)

按　钮	说　明	按　钮	说　明
还原	在没有单击【新建】按钮前，恢复所编辑的全部信息	关闭	关闭【数据列表】对话框
上一条	显示数据列表中的前一条记录		

3.1.3　编辑与清除单元格内容

在工作表中输入数据后，用户可以激活目标单元格重新输入新的内容来替换原有数据，也可以激活单元格进入编辑模式，对单元格中的部分内容进行编辑修改。进入单元格编辑模式的方法有以下几种。

▶ 方法1：双击单元格。在单元格中的原有内容后会出现竖线光标，提示当前进入编辑模式，光标所在的位置为数据插入位置，在不同的位置单击或使用左右方向键，可以移动光标的位置，用户可以在单元格中直接对其内容进行编辑修改。

▶ 方法2：激活目标单元格后按F2键，效果与上述方法相同。

▶ 方法3：激活目标单元格，单击Excel工作界面中的编辑栏，在编辑栏中对单元格原有内容进行编辑修改(对于数据内容较多单元格的编辑修改，特别是对公式的修改，建议在编辑栏中进行修改)。

在编辑单元格内容的过程中，如果出现输入错误，可以按Ctrl+Z快捷键或单击快速访问工具栏中的【撤销】按钮，撤销本次输入。执行撤销命令后，可以按Ctrl+Y快捷键或单击快速访问工具栏中的【恢复】按钮，恢复撤销的数据输入。

每按一次Ctrl+Z快捷键或单击一次快速访问工具栏中的【撤销】按钮，只能撤销一步操作，如果需要撤销多步操作，可以多次按Ctrl+Z快捷键，或者单击【撤销】按钮右侧的下拉按钮，在弹出的列表中选择需要撤销返回的具体操作步骤。

如果用户要删除单元格中不需要的内容，可以在选中单元格后按Delete键。该操作会删除单元格中的内容，但不会影响单元格格式、批注等内容。要彻底地删除这些内容，可以在选定目标单元格后，单击【开始】选项卡【编辑】组中的【清除】下拉按钮，从弹出的列表中选择合适的选项，如图3-5所示。

▶ 全部清除：清除单元格中的所有内容，包括数据、格式、批注等。

▶ 清除格式：仅清除格式而保留其他内容。

▶ 清除内容：仅清除单元格中的数据，包括数值、文本、公式等，保留格式、批注等其他内容。

▶ 清除批注：仅清除单元格中的批注。

▶ 清除超链接(不含格式)：在超链接的单元格显示【清除超链接】下拉按钮，单击该下拉按钮，在弹出的列表中可以选择【仅清除超链接】或【清除超链接和格式】选项，如图3-6所示。

► 删除超链接：清除单元格中的超链接和格式。

图 3-5　【清除】列表　　　　　　图 3-6　清除超链接

3.1.4　批量导入外部数据

在Excel中导入外部数据可以使数据的获取更加高效。

1. 从文本文件导入数据

在日常工作中，经常会遇到将需要以Excel处理的数据存放在其他格式的文件中的情况，比如存放在文本文件中。如果选择手动输入这些数据，既费时又费力。利用Excel的外部数据导入功能，可以高效地解决这个问题。例如，图3-7所示为某公司门禁系统自动采集的员工刷卡记录，保存在文本文件中。需要将文本数据导入Excel中，对数据进一步处理。

【例3-1】将图3-7所示的文本文件数据导入Excel，建成规范表格。

01▶ 启动Excel后新建一个空白工作簿，在功能区选择【数据】选项卡，单击【获取和转换数据】组中的【从文本/CSV】按钮。

02▶ 打开【导入数据】对话框，选择需要导入Excel的文本文件，单击【导入】按钮，如图3-8所示。

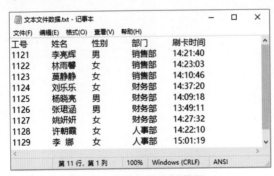

图 3-7　文本文件中的数据

图 3-8　【导入数据】对话框

03▶ 打开【文本文件数据】对话框，单击【加载】按钮，如图3-9所示。

04▶ 数据将被自动导入Excel中，如图3-10所示。

图 3-9　【文本文件数据】对话框　　　　　　图 3-10　数据被导入 Excel

提示

在Excel中导入的文本文件数据具有一定的规则，如以同样的分隔符进行分隔或具有固定的宽度，这样导入的数据才会自动填入相应的单元格。过于杂乱的文本数据，程序难以找到相应分列的规则，导入Excel表格中也会非常杂乱。遇到这种情况，如果一定要导入数据，则可以先在文本文件中对数据进行整理。

2. 从网页中导入数据

使用Excel整理数据的过程中，有时需要从网上收集数据。此时，用户可以直接在Excel表格中导入网页中的一些数据。具体操作方法如下。

01 单击【数据】选项卡【获取和转换数据】组中的【自网站】按钮，打开【从Web】对话框，在URL文本框中输入目标网页的网址，如图3-11所示。

02 单击【确定】按钮，打开【导航器】对话框，选择Table 0和Table 1选项，查看网页中的数据，然后单击【加载】按钮，如图3-12所示。

图 3-11　【从 Web】对话框　　　　　　图 3-12　【导航器】对话框

03 网页中的数据将自动导入Excel中。

3.1.5　Excel 数据输入的技巧

在Excel中输入数据时，以下是一些常用的数据输入技巧，可以提高效率和准确性。

1. 强制换行

在单元格中输入大量文字信息时，如果单元格文本内容过长，在需要换行的位置按Alt+Enter键，可以为文本添加强制换行符，如图3-13所示。

2. 输入上标和下标

若要在单元格中输入带有上标(如10^7)和下标(H_7)的数据，可以通过【设置单元格格式】对话框中的【字体】选项卡来实现。

01 以输入"10^7"为例，在单元格中输入"'107"，以文本方式输入数字。

02 选中单元格中需要设置为上标的数字"7"，按Ctrl+1组合键打开【设置单元格格式】对话框，选中【上标】复选框，然后单击【确定】按钮。

03 按Ctrl+Enter组合键，单元格中输入数据的效果将如图3-14所示。

图 3-13　输入大量文字信息时强制换行　　　　图 3-14　输入上标和下标

3. 在多个单元格同时输入相同的数据

如果需要在多个单元格中同时输入相同的数据，可以同时选中需要输入相同数据的多个单元格，输入需要的数据后按Ctrl+Enter组合键确认输入即可。

4. 快速输入分数和货币符号

在单元格中输入分数的方法如表3-6所示。

表3-6　分数输入快捷键

说　明	输　入	结　果	说　明	输　入	结　果
输入假分数	2 1/3	2 1/3	输入大分子分数	0 13/3	4 1/3
输入真分数	0 1/3	1/3	输入可约分的分数	0 2/20	1/10

使用Excel统计货币时常常会用到货币单位，如人民币(¥)、英镑(£)、欧元(€)等，此时在按住Alt键的同时，依次按下小键盘上的数字键即可快速输入相应的货币符号，如表3-7所示。

表3-7　货币符号输入快捷键

货币符号	快捷键	货币符号	快捷键
人民币(¥)	Alt+0165	美元($)	Alt+41447
欧元(€)	Alt+0128	英镑(£)	Alt+0163
通用货币符号(¤)	Alt+0164	美分(¢)	Alt+0162

5. 输入超长数值

在Excel中可以借助科学记数法的原理快速输入尾数有很多0的超长数值。例如，要输入一亿，即数值100 000 000，在Excel中输入"1**8"即可生成科学记数法形式的一亿，即"1.00E+08"，它代表1乘以10的8次方，将其设置为常规即可转换为"100 000 000"的形式。在了解这个原理后，可以在Excel中快速输入各种超长数值，如表3-8所示。

表3-8　超长数值输入快捷键

说　明	输入数据	输入结果	常规格式	说　明	输入数据	输入结果	常规格式
九万	9**4	9.00E+04	90 000	一千万	1**7	1.00E+07	10 000 000
三百万	3**6	3.00E+06	3 000 000	一亿三千万	1.3**8	1.30E+08	130 000 000

3.1.6　使用数据验证功能

Excel的数据验证功能常被用于确保数据输入符合预期的规则和条件。通过数据验证，可以限制用户在特定单元格中输入的数据类型、数值范围或特定列表中的选项。

在Excel中设置数据验证的方法如下。

01 ▶ 选中单元格或区域后，在功能区中单击【数据】选项卡【数据工具】组中的【数据验证】按钮，如图3-15左图所示。

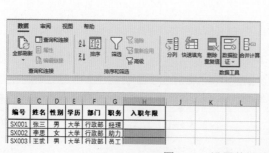

图 3-15　设置数据验证

02 在打开的【数据验证】对话框中包含【设置】【输入信息】【出错警告】【输入法模式】
4个选项卡，用户可以在不同的选项卡中对各个项目进行设置(单击【全部清除】按钮可以清除
已有的验证规则)，如图 3-15 右图所示。

在【数据验证】对话框的【设置】选项卡中，单击【允许】下拉按钮，可以在弹出的下拉
列表中选择多种内置的数据验证条件。如果选择除【任何值】之外的其他验证条件，将在对话
框中显示基于该条件规则类型的设置选项。不同验证条件的说明如表 3-9 所示。

表 3-9 数据验证条件说明

验证条件	说 明	验证条件	说 明
任何值	允许在单元格内输入任何数据	整数	限制单元格内只能输入整数，并可以指定范围区间
小数	限制单元格内只能输入小数，并可以指定范围区间	时间	与日期条件的设置基本相同
序列	限制只能输入包含在特定序列中的内容，序列可由单元格引用、公式或手动输入项构建	日期	限制只能输入某一区间的日期，或者是排除某一日期区间之外的其他日期
文本长度	用于限制输入数据的字符个数	自定义	使用公式与函数实现自定义条件

下面通过几个实例来详细介绍"数据验证"功能的具体应用。

1. 限制输入指定范围数据

图 3-16 为某企业招聘岗位信息表，要求限制表中每个职位的招聘人数不超过 15 人。

【例 3-2】使用"数据验证"功能设置 C 列中只允许输入不超过 15 的整数。

01 选中 C2:C10 单元格区域后单击【数据】选项卡【数据工具】组中的【数据验证】按钮，打开【数据验证】对话框，单击【允许】下拉按钮，在弹出的下拉列表中选择【整数】选项。

02 单击【数据】下拉按钮，在弹出的下拉列表中选择【小于】选项，在【最大值】编辑框中输入15，然后单击【确定】按钮，如图 3-17 所示。

▲	A	B	C	D	E
1	招聘编号	招聘岗位	招聘人数	周期	备注
2	WTK-65783	程序员		15	
3	WTK-40561	客服		45	
4	WTK-98324	客户经理		30	
5	WTK-27198	程序员		45	
6	WTK-95421	程序员		45	
7	WTK-78709	程序员		30	
8	WTK-62655	程序员		30	
9	WTK-36738	产品策划		30	
10	WTK-83610	程序员		45	

图 3-16 招聘岗位信息表

图 3-17 【数据验证】对话框

03 此时,如果在C列输入不符合要求的数字,将弹出错误警告提示框,提示输入的数值与数据验证限制不匹配,如图3-18所示。用户可以单击【重试】按钮重新输入,或单击【取消】按钮取消数据输入。

图3-18 输入出错警告提示

2. 限制只允许输入日期数据

图3-19所示为某医药公司一季度销售情况汇总表的一部分,要求设置"开单日期"只能输入日期数据,并且日期数据只能录入2024/1/1和2024/3/31之间的日期。为了防止录入错误,可以设置数据验证规定只允许输入指定范围内的日期,当输入其他类型数据或输入的日期不在指定范围内时,自动弹出错误提示信息框。

01 选中A3:A18单元格区域后,单击【数据】选项卡【数据工具】组中的【数据验证】按钮,打开【数据验证】对话框,将【允许】设置为【日期】,将【数据】设置为【介于】,在【开始日期】文本框中输入2023/1/1,在【结束日期】编辑框中输入2024/3/31,然后单击【确定】按钮,如图3-20所示。

02 当在"开单日期"列输入不符合要求的日期时,将弹出错误警告提示框。

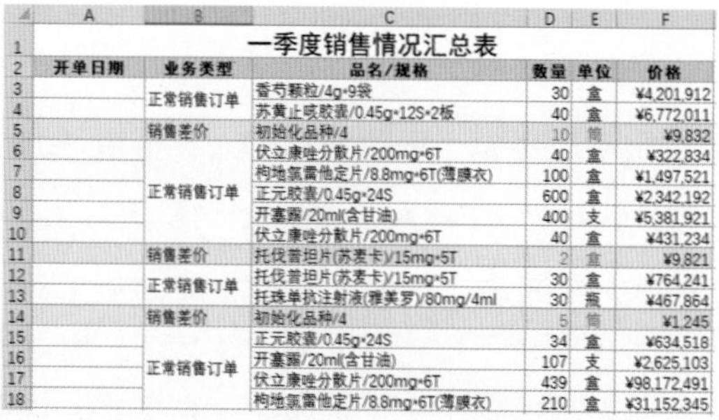

图3-19 一季度销售情况汇总表   图3-20 设置限制日期

3. 设置只接受输入文本

图3-21所示为某单位一次培训考核的成绩表,需要在"是否合格"列设置验证条件为当输入非文本数据时,弹出提示框提示只允许输入文本。要实现此类效果,需要使用公式来设置验证条件。

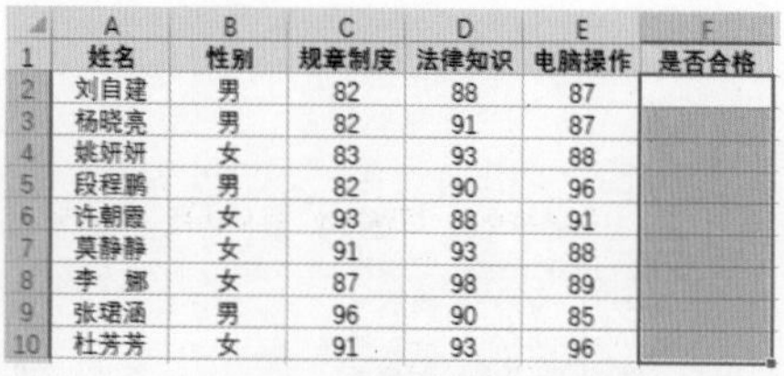

图3-21 培训考核成绩表

【例3-3】为"是否合格"列数据设置只接受输入文本,并给出出错警告提示。

01 选中要设置数据验证的单元格区域(F2:F10),在【数据】选项卡中单击【数据验证】按钮,打开【数据验证】对话框,将【允许】设置为【自定义】,在【公式】编辑框中输入公式:=ISTEXT(F2),如图3-22所示。

02 选择【出错警告】选项卡，在【标题】和【错误信息】文本框中输入提示信息后，单击【确定】按钮。

03 当在"是否合格"列中输入非文本数据后，将会弹出图 3-23 所示输入出错警告提示。

图 3-22　设置输入限制公式

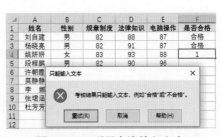

图 3-23　F 列只允许输入文本

 提示

　　ISTEXT函数用来判断单元格内的数据是否为文本。如果是文本则允许输入，不是则不允许输入。本例中的参数F2单元格是一个相对引用方式。当选中一个单元格区域，设置其有效性条件时，公式中的F2也会随着对象单元格而变化。具体而言，对于F3单元格，条件公式将会自动变化为"=ISTEXT(F3)"，以下单元格以此类推(关于函数与公式的使用方法，将在本章3.6节进行详细的介绍)。

4. 设置只接受非重复输入项

　　图 3-24 为某单位员工信息表的一部分，需要在"工号"列设置数据验证，避免该列中重复输入工号数据。

　　【例3-4】使用"数据验证"功能设置"工号"列不能重复输入工号数据，并给出警告提示。

01 选中需要设置数据验证的单元格区域(A2:A5)，在【数据】选项卡中单击【数据验证】按钮，打开【数据验证】对话框，在【设置】选项卡中将【允许】设置为【自定义】，在【公式】编辑框中输入公式：=COUNTIF(A:A,A2)=1。

02 选择【出错警告】选项卡，在【标题】和【错误信息】文本框中输入提示信息后，单击【确定】按钮。

03 当在"工号"列输入重复数据时，Excel将弹出图 3-25 所示的输入出错警告提示。

	A	B	C	D	E
1	工号	部门编号	员工姓名	员工电话	职务
2		J01	米晓燕	1387276385	工程师
3		X01	南华国	1387276386	经理
4		X01	徐淑敏	1387276387	工程师
5		X01	刘珍珍	1387276388	工程师

图 3-24　员工信息表

图 3-25　输入出错警告提示

5. 限制输入空格

在单元格中手动输入数据时,经常会有意无意地输入一些多余的空格,这些数据如果只是用于查看,有空格并无大碍,但数据如果要用于统计、查找,如"王 燕"和"王燕"则会作为两个完全不同的对象,此时数据表中的空格将会给数据分析带来困扰(例如,设置查找对象为"王燕"时,则会出现找不到数据的情况)。为了规范数据输入,可以使用数据验证限制空格的输入,一旦发现有空格输入将弹出输入出错警告提示。

【例3-5】在图3-26左图所示数据表的"姓名"列限制输入空格。

01 选中要设置数据验证的单元格区域(B2:B12),单击【数据】选项卡中的【数据验证】按钮,打开【数据验证】对话框,在【设置】选项卡中将【允许】设置为【自定义】,在【公式】编辑框中输入公式:=ISERROR(FIND(" ",B2))。

02 选择【出错警告】选项卡,在【标题】和【错误信息】文本框中输入提示信息后,单击【确定】按钮。

03 当在"姓名"列输入包含空格的姓名时,Excel将弹出图3-26右图所示的出错警告提示。

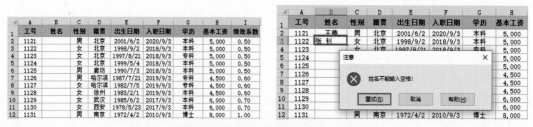

图3-26 限制在数据表中输入空格

6. 禁止出库量大于库存量

图3-27左图所示为某网店商品出库情况记录表,表格中记录了商品上月的结余量和本月的入库量,当商品要出库时,显然出库数量应当小于或等于库存总数。为了保证可以及时发现错误,可以设置数据验证,禁止输入的出库数量大于库存数量。

【例3-6】使用"数据验证"功能为"本月出库"列设置输入限制,使录入的数量大小不得超过"上月结余"和"本月入库"列中的数据之和。

01 选中要设置数据验证的单元格区域(F2:F13)，单击【数据】选项卡中的【数据验证】按钮，打开【数据验证】对话框，在【设置】选项卡中将【允许】设置为【自定义】，在【公式】编辑框中输入公式：=D2+E2>F2。

02 选择【出错警告】选项卡，在【标题】和【错误信息】文本框中输入提示信息后，单击【确定】按钮。

03 当在"本月出库"列输入超过"上月结余"+"本月入库"的数据时，Excel将弹出图3-27右图所示的出错警告提示。

商品编号	规格型号	单位	上月结余	本月入库	本月出库
S0001	教师用	个	1100	500	
S0002	200倍	台	800	60	
S0009	教师用	盒	1200	20	
S0011	学生用	盒	850	100	
S0012	学生用	盒	700	304	
S0010	学生用	盒	1000	320	
S0007	学生用	盒	6000	100	
S0008	学生用	盒	4000	80	
S0003	1.5A	台	650	69	
S0006		盒	170	1200	
S0005	学生用	个	1500	170	
S0004	教学型		1200	210	

图 3-27　在商品出库情况记录表中禁止出库量大于库存量

7. 建立可选择输入序列

"序列"是数据验证设置的一个非常重要的验证条件，设置好序列可以实现数据只在设计的序列列表中选择输入，有效防止错误输入。

图3-28为某公司销售人员周销售业绩统计表的一部分，需要在"部门"列快速输入数据。由于该公司的部门只有固定的几个(直销部、渠道销售部、电子商务部和客户服务部)，因此可以通过"数据验证"功能建立可选择序列。

【例3-7】使用"数据验证"功能为单元格区域建立可选择输入序列，使用户输入数据时，可以通过选择下拉列表选项方式输入数据。

01 选中C2:C8单元格区域后单击【数据】选项卡中的【数据验证】按钮，打开【数据验证】对话框，将【允许】设置为【序列】；在【来源】编辑框中输入"直销部,渠道销售部,电子商务部,客户服务部"(使用半角逗号分隔)，然后单击【确定】按钮，如图3-29所示。

图 3-28　销售业绩统计表　　　　图 3-29　设置序列参数

02 此时将为C2:C8区域中的单元格添加下拉按钮，单击下拉按钮，即可在弹出的列表中选择要输入的数据。

8. 设置智能输入提示信息

除直接设置数据验证条件以外，还可以在【数据验证】对话框设置【输入信息】，为数据录入人员提供信息提示(具体实现效果是当选中单元格时就会自动在下方显示提示文字)。

【**例3-8**】使用"数据验证"功能为某房产中介公司二手房销售信息表中的"户型信息"列设置提示信息，提示录入者只能录入2023年当年的房产户型信息。

01 选中要设置数据验证的单元格区域(A2:A4)，单击【数据】选项卡中的【数据验证】按钮，打开【数据验证】对话框，选择【输入信息】选项卡，在【输入信息】文本框中输入提示文本，如图3-30所示。

02 在【数据验证】对话框中单击【确定】按钮后，当鼠标指针指向该区域的单元格时，会显示图3-31所示的提示信息。

图 3-30　【输入信息】选项卡　　　　　图 3-31　智能输入提示

9. 圈释表中的无效数据

使用圈释无效数据功能，可以在包含大量数据的记录表中快速查找出不符合要求的数据。例如，图3-32所示为某公司员工工资表的一部分，现在需要对C列已输入的"基本工资"数据进行检查，找出所有基本工资低于5000元的记录。

使用"数据验证"功能圈释C列低于5000元的记录的具体操作方法如下。

01 选中C2单元格后按Ctrl+Shift+↓快捷键选中C列中的数据，然后单击【数据】选项卡中的【数据验证】按钮，打开【数据验证】对话框，设置【允许】为【整数】，【数据】为【大于或等于】，【最小值】为5000，然后单击【确定】按钮，如图3-33所示。

02 单击【数据验证】按钮下方的 ∨ 按钮，在弹出的列表中选择【圈释无效数据】选项。

03 此时，在不符合要求的单元格上都将添加图3-32所示的红色标识圈。将这些单元格数据修改为5000以上后，标识圈将自动消失。

图 3-32　圈释工资表中的无效数据　　　　　图 3-33　设置验证值

3.2　格式化与整理数据

　　在Excel工作表中输入或导入数据后，用户可以使用软件提供的多种功能(如为不同数据设置合理的数字格式，设置单元格格式，复制和粘贴数据等)来整理电子表格中的数据，使其更有条理和易于分析。

3.2.1　为数据应用数字格式

　　Excel提供了多种对数据进行格式化的功能，除对齐、字体、字号、边框等常用的格式化功能外，更重要的是其"数字格式"功能，该功能可以根据数据的意义和表达需求来调整显示外观，完成匹配展示的效果。例如，通过对数据进行格式化设置，可以明显地提高数据的可读性，如表3-10所示。

表3-10　通过格式化提高原始数据的可读性

原始数据	格式化后的数据	数据的格式类型
45047	2023年5月1日	日期
−1610128	−1,610,128	数值
0.531243122	12:44:59PM	时间
0.05421	5.42%	百分比
0.8312	5/6	分数
7321231.12	¥7,321,231.12	货币
876543	捌拾柒万陆仟伍佰肆拾叁	特殊-中文大写数字
3.213102124	000°00'03.2"	自定义(经纬度)
4008207821	400-820-7821	自定义(电话号码)

(续表)

原始数据	格式化后的数据	数据的格式类型
2113032103	TEL:2113032103	自定义(电话号码)
188	1米88	自定义(身高)
381110	38.1万	自定义(以万为单位)
三	第三生产线	自定义(部门)
需要右对齐的数据	需要右对齐的数据	自定义(靠右对齐)

Excel内置的数字格式大部分适用于数值型数据,因此称之为"数字"格式。但数字格式并非数值数据专用,文本型的数据同样也可以被格式化。用户可以通过创建自定义格式,为文本型数据提供各种格式化的效果(如表3-10的最后两行所示)。

在Excel中,用户可以使用多种方法对单元格中的数据应用格式,包括功能区中的命令控件、键盘上的快捷键或【设置单元格格式】对话框,下面将逐一进行介绍。

1. 使用命令控件应用数字格式

在Excel功能区【开始】选项卡的【数字】组中,【数字格式】组合框内会显示当前活动单元格的数字格式类型。单击【数字格式】下拉按钮,用户可以从11种数字格式中进行选择,将其中一项应用到单元格中,如图3-34所示。

【数字格式】组合框下方预置了【会计数字格式】【百分比样式】【千位分隔样式】【增加小数位数】和【减少小数位数】5个常用的数字格式按钮,如图3-35所示。

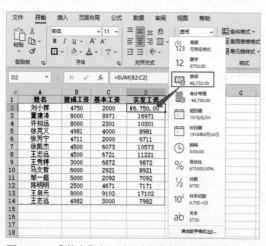

图3-34　【数字】组下拉列表中的11种数字格式

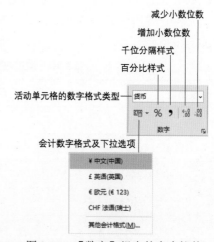

图3-35　【数字】组中的命令控件

在工作表中选中包含数值的单元格或区域后,单击【数字】组中的命令控件,即可应用相应的数字格式。

2. 使用快捷键应用数字格式

除了使用功能区中的命令控件以外,用户还可以通过按键盘上的快捷键来对选定的单元格或区域设定数字格式。表3-11所示为Excel中用于设置数字格式常用的快捷键。

表3-11 设置数字格式的快捷键

快捷键	功能说明	快捷键	功能说明
Ctrl+Shift+~	设置为常规格式(即不带格式)	Ctrl+Shift+^	设置为科学记数法格式
Ctrl+Shift+%	设置为不包含小数的百分比格式	Ctrl+Shift+#	设置为短日期格式
Ctrl+Shift+@	设置为包含小时和分钟的格式	Ctrl+Shift+！	设置不包含小数位的千位分隔样式

3. 使用对话框应用数字格式

如果用户需要在更多的内置数字格式中进行选择，可以通过【设置单元格格式】对话框中的【数字】选项卡来设置数字格式。

选中单元格或区域后，按Ctrl+1快捷键(或右击鼠标，从弹出的菜单中选择【设置单元格格式】命令)打开【设置单元格格式】对话框，在【数字】选项卡左侧的【分类】列表框中显示了Excel内置的多种数字格式。其中除了【常规】和【文本】外，其他格式类型中都包含了许多可选样式或选项。

【例3-9】在图3-36所示的"工资表"工作表中练习通过【设置单元格格式】对话框为数据设置数字格式。

01 打开工作表后选中B2:D14区域，按Ctrl+1快捷键打开【设置单元格格式】对话框。

02 在【设置单元格格式】对话框中选择【数字】选项卡，在【分类】列表框中选择【货币】选项，在【小数位数】微调框中设置数值为2，在【货币符号(国家/地区)】下拉列表中选择"¥"选项，在【负数】列表框中选择带括号的红色字体样式，然后单击【确定】按钮，如图3-37所示。

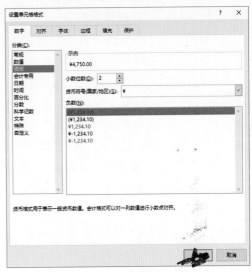

图3-36 "工资表"工作表　　　　图3-37 设置数字格式

03 在工作表中选中E2:E14区域后，再次按Ctrl+1快捷键打开【设置单元格格式】对话框，并选择【数字】选项卡。

04 在【数字】选项卡的【分类】列表框中选择【日期】选项，在【类型】列表框中选择【2012年3月14日】选项，在【区域设置(国家/地区)】下拉列表中选择【中文(中国)】选项，然后单击【确定】按钮，如图3-38左图所示。此时表格中的数据格式将如图3-38右图所示。

图 3-38　设置日期格式

【设置单元格格式】对话框【分类】列表框中12种数字格式的详细说明如下。

▶ 常规：数据的默认格式，即未进行任何特殊设置的格式。

▶ 数值：可以设置小数位数、选择是否添加千位分隔符，负数可以设置特殊样式(包括显示负号、显示括号、红色字体等几种样式)。

▶ 货币：可以设置小数位数、货币符号，数字显示自动包含千位分隔符，负数可以设置特殊样式(包括显示负号、显示括号、红色字体等几种样式)。

▶ 会计专用：可以设置小数位数、货币符号，数字显示自动包含千位分隔符。与货币格式不同的是，该格式将货币符号置于单元格最左侧显示。

▶ 日期：可以选择多种日期显示模式，包括同时显示日期和时间模式。

▶ 时间：可以选择多种时间显示模式。

▶ 百分比：可以选择小数位数。数字以百分数形式显示。

▶ 分数：可以设置多种分数显示模式，包括显示一位数或两位数分母等。

▶ 科学记数：可以包含指数符号(E)的科学记数形式显示数字，可以设置显示的小数位数。

▶ 文本：设置文本格式后，再输入的数值将作为文本存储(对于已经输入的数值不能直接将其转换为文本格式)。

▶ 特殊：包括邮政编码、中文小写数字和中文大写数字3种比较特殊的数字格式。

▶ 自定义：允许用户按一定规则自己定义单元格格式。

3.2.2　处理文本型数字

"文本型数字"是Excel中一种比较特殊的数据类型，它的数据内容是数值，但作为文本类型进行存储，具有和文本类型数据相同的特征。

1. 为"文本"设置数字格式

"文本"数字格式是特殊的数字格式，它的作用是设置单元格数据为"文本"。在实际应用中，这一数字格式并不总是如字面含义那样可以让数据在"文本"和"数值"之间进行转换。

如果用户在【设置单元格格式】对话框中先将空白单元格设置为文本格式，然后输入数值，Excel 会将其存储为"文本型数字"。"文本型数字"自动左对齐显示，在单元格的左上角显示绿色的三角形符号("错误检查"标识)。

【例 3-10】图 3-39 所示为淘宝某商铺的客户订单编号记录，将该记录保存在 Excel 表格中。

01 复制图 3-39 中的数据后直接将其粘贴至 Excel 工作表中(D2:D8 区域)，由于客户订单编号中的数字超过了 11 位，数据将以科学记数法显示，如图 3-40 所示。要正常显示数字，就需要将输入数据单元格的"数字"格式类型设置为"文本"。

02 选中工作表中的 D2:D8 区域，按 Delete 键删除其中的数据后按 Ctrl+1 快捷键，打开【设置单元格格式】对话框，在【分类】列表框中选择【文本】选项，单击【确定】按钮。

图 3-39　保存在 txt 文件中的订单编号　　　　图 3-40　Excel 无法识别数字超过 11 位的数据

03 再次复制客户订单编号数据，将其粘贴至 Excel 工作表后，数据将正常显示。同时单元格左上角将显示图 3-41 所示的绿色三角形符号。

在 Excel 中，用户可以通过观察数据能否显示求和结果，来判断单元格区域内的数据是否为文本型数据。"文本"数字格式的数据无法在状态栏显示数据的求和结果，如图 3-42 所示。

图 3-41　正常显示的超长数字　　　　图 3-42　文本数字无法显示求和结果

提示

在工作表中选中两个或多个数据后，如果状态栏显示求和结果，且求和结果与当前选中数据的数字之和相等，则说明目标单元格中的数据没有文本型数字，否则说明包含了文本型数字。

2. 将文本型数字转换为数值型数字

"文本型数字"所在单元格的左上角会显示绿色三角形符号，此符号为Excel"错误检查"功能的标识符，它用于标识单元格可能存在某些错误或需要注意的特点。选中此类单元格，会在单元格一侧出现【错误检查选项】按钮，单击该按钮右侧的下拉按钮会显示如图3-43所示的下拉菜单，显示"以文本形式存储的数字"提示，显示了当前单元格的数据状态。此时如果选择【转换为数字】命令，单元格中的数据将会转换为数值型。

除此之外，用户还可以使用以下方法将工作表中的文本型数字转换为数值型数字。

【例3-11】图3-44所示为某淘宝店铺订单数量统计表，需要将其中E列的文本型数字转换为数值型数字，以方便对数据进行求和计算。

图 3-43　将文本型数字转换为数值型数字

图 3-44　淘宝店订单数据

01 选中统计表中的任意一个空白单元格，按Ctrl+C快捷键执行"复制"命令。

02 选中并右击E2:E8区域，在弹出的快捷菜单中选择【选择性粘贴】命令，如图3-45左图所示。

03 打开【选择性粘贴】对话框，在【粘贴】区域中选中【数值】单选按钮，在【运算】区域中选中【加】单选按钮，然后单击【确定】按钮完成操作，如图3-45右图所示。

图 3-45　选择性粘贴

04 文本型数字被转换为数值型数字后，其所在单元格左上角将不再显示绿色的"错误检查"标识。

提示

除了上面所介绍的方法，用户还可以通过"分列"功能将区域中的文本型数字转换为数值型数字。仍以上例中E2:E8区域数据为例，选中该区域后在功能区中选择【数据】选项卡，在【数据工具】组中单击【分列】按钮，然后在打开的对话框中单击【完成】按钮，即可将E2:E8区域中的文本型数字快速转换为数值型数字。

3.2.3　自定义数字格式

在Excel中，"自定义"数字格式允许用户创建新的数字格式。选中单元格或区域后按Ctrl+1快捷键，在打开的【设置单元格格式】对话框的【数字】选项卡中，【自定义】类型包括了许多用于各种情况的数字格式，并且允许用户创建新的数字格式(此类型的数字格式都使用代码方式保存)，如图3-46所示。

用户可以在图3-46所示【数字】选项卡右侧的【类型】列表框中输入新的数字格式代码，也可以选择现有的格式代码，然后在【类型】列表框中进行编辑。输入与编辑完成后，可以从【示例】区域显示格式代码对应的数据显示效果，按Enter键或单击【确定】按钮即可确认。

图 3-46　Excel 自定义类型的数字格式

下面将介绍一些自定义数字格式的常用格式代码(扫描右侧的二维码可查看具体使用方法)。

▶ 以万为单位显示数值，如图3-47所示。

▶ 以不同方式显示分段数字，如在工作表中将正数正常显示、负数红色显示并带符号、零值不显示、文本显示为"ERR!"，如图3-48所示。

	A	B	C
1	原始数据	格式代码	自定义格式
2	323561	0!.0,	32.4
3	1733234	0!.0,"万元"	173.3万元
4	100239100	0!.0000,"万"	10.0239万

图 3-47　为数值自动添加单位

	A	B	C
1	原始数据	格式代码	自定义格式
2	5621.4431		5621.4431
3	0	G/通用格式;[红色]-G/通用格式;;"ERR!"	
4	文本		ERR!
5	76362.1234		76362.1234
6	-2933.1345		-2933.1345

图 3-48　区别显示不同数字

▶ 以多种方式显示日期和时间，如图3-49所示。

	A	B	C
1	原始数据	格式代码	自定义格式
2	2023/8/15	yyyy"年"m"月"d"日"aaaa	2023年8月15日星期二
3	2023/8/15	[DBNum1]yyyy"年"m"月"d"日"aaaa	二〇二三年八月十五日星期二
4	2023/8/15	d-mmm-yy,dddd	15-Aug-23,Tuesday
5	2023/8/15	![yyyy]![mm]![dd]	[2023][08][15]
6	2023/8/15	"今天"aaaa	今天星期二

	A	B	C
1	原始数据	格式代码	自定义格式
2	16:57	上午/下午 h"点"mm"分"ss"秒"	下午 4点57分00秒
3	16:57	h:mm a/p".m."	4:57 p.m.
4	16:57	mm'ss.00!"	57'00.00"

图 3-49　自定义日期和时间的显示

▶ 以分段方式显示电话号码，如图3-50所示。

	A	B	C
1	原始数据	格式代码	自定义格式
2	4003219312	"tel: "000-000-0000	tel: 400-321-9312
3	8003219313		tel: 800-321-9313

	A	B	C
1	原始数据	格式代码	自定义格式
2	2584318678	(0###) #### ####	(025) 8431 8678

图 3-50　自定义电话号码的显示方式

▶ 用数字0和1代替×和√的输入，如图3-51所示。

▷ 只显示单元格中大于1的数字，如图3-52所示。

	A	B	C
1	原始数据	格式代码	自定义格式
2	0	[=1] "√";[=0] "×";;	×
3	1		√

图3-51　自定义输入 × 和 √

	A	B	C
1	原始数据	格式代码	自定义格式
2	0		
3	1	[>1]G/通用格式;;;	
4	2		2
5	文本		

图3-52　只显示大于某个数字的数字

▷ 只显示单元格中的文本，如图3-53所示。
▷ 隐藏单元格中的所有内容，如图3-54所示。

	A	B	C
1	原始数据	格式代码	自定义格式
2	文本		文本
3	0	;;;	
4	2		
5	-10.12		

图3-53　单元格中只显示文本

	A	B	C
1	原始数据	格式代码	自定义格式
2	文本		
3	0	;;;	
4	2		
5	-10.12		

图3-54　单元格中不显示任何内容

▷ 为单元格中的内容增加附加信息，如图3-55所示。
▷ 在文本右侧添加下画线，如图3-56所示。

	A	B	C
1	原始数据	格式代码	自定义格式
2	销售	;;;"南京分公司"@"部"	南京分公司销售部
3	1		南京分公司1部

图3-55　为内容增加固定信息

	A	B	C
1	原始数据	格式代码	自定义格式
2	文本	;;;@*_	文本___
3	Hello World		Hello World___
4	123		123___

图3-56　在内容右侧增加下画线

提示

在Excel中，用户可以使用自定义单元格格式功能来自定义单元格的外观，包括数字、日期、时间和文本的显示方式。由于篇幅所限，本章不可能将所有常用的格式设置方法介绍详尽，在实际工作中用户可以通过ChatGPT或Excel软件的帮助信息查询所需自定义单元格格式的具体用法。

3.2.4　复制与粘贴单元格数据

在整理表格数据的过程中，用户可以根据实际应用需要使用Excel的内置功能来复制与粘贴单元格和区域。

1. 单元格和区域的复制与剪切

选中需要复制的单元格或区域后，有以下几种等效操作可以执行"复制"操作。
▷ 方法1：单击功能区【开始】选项卡【剪贴板】组中的【复制】按钮。
▷ 方法2：按Ctrl+C快捷键。
▷ 方法3：右击选中目标单元格或区域，在弹出的快捷菜单中选择【复制】命令。
选中目标单元格或区域后，有以下几种等效操作可以剪切目标内容。
▷ 方法1：单击【开始】选项卡【剪贴板】组中的【剪切】按钮，如图3-57所示。

图 3-57　功能区中的【剪切】和【复制】按钮

- ▶ 方法2：按Ctrl+X快捷键。
- ▶ 方法3：右击选中的单元格或区域，在弹出的快捷菜单中选择【剪切】命令。

完成以上操作后，目标单元格或区域的内容将添加到剪贴板上，用于后续的操作处理。这里所指的"内容"不仅包括单元格中的数据、公式，还包括单元格中的任何格式、数据验证设置及单元格的批注等。

 提示

　　在执行粘贴操作之前，被剪切的单元格区域中的内容不会被清除，直到用户在新的目标单元格区域中执行粘贴操作为止。

2. 单元格和区域的普通粘贴

粘贴操作实际上是从剪贴板中取出内容存放到新的目标区域中。Excel允许粘贴操作的目标区域大于或等于源区域。选中目标单元格区域后，使用以下两种等效操作都可以执行"粘贴"操作。

- ▶ 方法1：单击【开始】选项卡【剪贴板】组中的【粘贴】按钮。
- ▶ 方法2：按Ctrl+V快捷键或Enter键。

 提示

　　如果复制或剪切的内容只需要执行一次粘贴操作，可以选中目标区域后直接按Enter键。如果复制的对象是同行或同列中的非连续单元格，在粘贴到目标区域时会形成连续的单元格区域，并且不会保留源单元格中所包含的公式。

3. 使用【粘贴选项】按钮

在工作表中执行复制和粘贴命令时，默认情况下在被粘贴区域的右下角将会显示【粘贴选项】下拉按钮。单击该下拉按钮，在弹出的下拉列表中用户可以选择复制内容的粘贴方式(将光标悬停在某个粘贴选项上时，工作表中将显示粘贴结果的预览效果)，如图3-58所示。

通过在【粘贴选项】下拉列表中进行选择，用户可以根据自己的需求来执行粘贴操作。【粘贴选项】下拉列表中的大部分选项与【选择性粘贴】对话框中的选项相同，其功能含义与效果将在本章后面进行详细介绍。

4. 选择性粘贴单元格与区域

在Excel中，用户可以使用"选择性粘贴"功能来选择性地粘贴某些数据或格式。要使用"选择性粘贴"功能，首先需要执行"复制"操作(执行"剪切"操作无法使用"选择性粘贴"功能)，然后执行以下两种等效操作，打开图3-59所示的【选择性粘贴】对话框。

图 3-58 粘贴选项

图 3-59 【选择性粘贴】对话框

▶ 方法1：单击【开始】选项卡【剪贴板】组中的【粘贴】下拉按钮，在弹出的列表中选择【选择性粘贴】选项。

▶ 方法2：右击粘贴目标单元格区域，在弹出的快捷菜单中选择【选择性粘贴】命令。

图3-59所示【选择性粘贴】对话框中各个粘贴选项的具体功能说明如表3-12所示。

表3-12 【选择性粘贴】对话框中粘贴选项的具体功能说明

选　项	功能说明	选　项	功能说明
全部	粘贴源单元格区域中的全部复制内容、格式、数据验证、批注	所有使用源主题的单元	粘贴所有内容，并且使用源区域的主题。在跨工作簿复制数据时，如果两个工作簿使用不同的主题，可以使用该选项
公式	粘贴所有数据(包括公式)，不保留格式、批注等内容	列宽	仅将粘贴目标单元格区域的列宽设置成与源单元格列宽相同，但不保留任何其他内容
数值	粘贴数值、文本及公式运算结果，不保留公式、格式、批注和数据验证等内容	值和数字格式	粘贴时保留数值、文本、公式运算结果及原有的数字格式，而去除原来所包含的文本格式
格式	只粘贴所有格式(包括条件格式)，而不粘贴目标区域中的任何数据、文本和公式，也不保留批注、数据验证等内容	公式和数字格式	粘贴时保留数据内容(包括公式)及原有的数字格式，而去除原来所包含的文本格式
批注	只粘贴批注	边框除外	保留粘贴内容的所有数据、公式
验证	只粘贴数据验证	所有合并条件格式	合并源区域与目标区域中的所有条件格式

　　在【选择性粘贴】对话框中选中【跳过空单元】复选框后，可以防止用户使用包含空单元格的源数据区域覆盖目标区域中的单元格内容。例如，用户选定并复制的当前区域第一行为空

行，使用该粘贴选项，则当粘贴到目标区域时，会自动跳过第一行，不会覆盖目标区域第一行中的数据。

在【选择性粘贴】对话框中选中【转置】复选框后，可以将数据区域的行列相对位置互换后粘贴到目标区域，类似于二维坐标系中x坐标与y坐标的互换转置，如图3-60所示。

在【选择性粘贴】对话框中单击【粘贴链接】按钮，可以在目标区域包含引用的公式，链接指向源单元格区域，保留原有的数字格式，去除其他格式，如图3-61所示。

图 3-60　转置行列

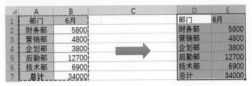

图 3-61　粘贴时去除格式

> **提示**
>
> 如果复制的数据源来源于其他程序(如网页、记事本)，则会打开【选择性粘贴】对话框。在该对话框中，根据复制数据的类型不同，会在【方式】列表框中显示不同的粘贴方式以供用户选择。

5. 拖放鼠标执行复制和移动

在Excel中除上面介绍的复制和剪切方法以外，还可以通过鼠标拖放直接对单元格和区域进行复制和移动操作。

01 选中需要复制的单元格区域后，将鼠标指针移至区域边缘。

02 当鼠标指针显示为黑色十字箭头时，按住Ctrl键的同时按住鼠标左键进行拖动，移至需要粘贴数据的目标位置后，此时鼠标指针显示为带加号"＋"的指针样式，松开鼠标左键和Ctrl键，即可完成复制操作，如图3-62所示。

移动数据的操作与复制数据类似，只是在操作的过程中不需要按Ctrl键。

在使用鼠标拖放方式执行移动操作时，如果目标区域已经存在数据，则在松开鼠标左键后Excel会弹出警告对话框，提示用户是否替换单元格内容。单击【确定】按钮，将继续完成移动操作；单击【取消】按钮，则会取消移动操作，如图3-63所示。

图 3-62　拖动鼠标复制数据

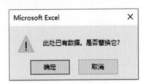

图 3-63　警告对话框

使用鼠标拖放执行复制和移动的操作同样适用于在不同工作表或不同工作簿之间的操作。

要执行跨工作表复制或移动单元格区域，可以将需要复制的单元格区域拖动至目标工作表标签上，然后按Alt键，切换至目标工作表，完成跨工作表粘贴。

要执行跨工作簿复制或移动单元格区域，可以先单击【视图】选项卡中的相关按钮，同时显示多个工作簿窗口，然后在不同的工作簿窗口之间拖放数据执行复制、移动和粘贴操作。

6. 使用填充功能复制数据

在Excel中，可以使用填充复制功能来快速填充单元格内容、数值序列、日期序列等。以图3-64左图所示的数据为例，选中需要复制的单元格区域(A2:C8)后，单击【开始】选项卡中的【填充】下拉按钮，在弹出的列表中选择【向下】选项，即可完成选中内容的向下填充，如图3-64右图所示。

除了【向下】填充，在【填充】下拉列表中还包括【向右】【向上】【向左】3个填充选项，可以针对不同的复制需要分别选择，如图3-65所示。其中【向右】填充效果也可以通过按Ctrl+R快捷键来替代。

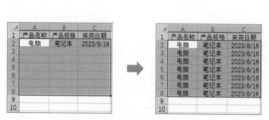

图 3-64　快速填充单元格

图 3-65　【填充】下拉列表

如果在执行填充复制前，用户选中的区域中包含多行多列数据，则只会使用填充方向上的第一行或第一列数据进行复制填充，即使第一行的单元格是空单元格也是如此，如图3-66所示。这里需要注意的是，使用填充功能复制数据会自动替换目标区域中的原有数据，所复制的内容包括原有的所有数据(包括公式)、格式(包括条件格式)和数据验证，但不包括单元格批注。

除在同一个工作表相邻的单元格中进行复制以外，使用填充功能还可以对数据跨工作表复制。具体操作方法如下。

01 同时选中当前工作表和要复制的目标工作表，形成工作组。

02 在当前工作表中选中需要复制的单元格区域后，单击【开始】选项卡中的【填充】下拉按钮，在弹出的下拉列表中选择【至同组工作表】选项。

03 打开【填充成组工作表】对话框，选择填充方式(如【全部】)，然后单击【确定】按钮即可，如图3-67所示。

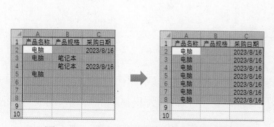

图 3-66　选中多行数据后执行复制填充

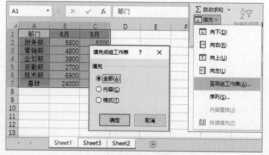

图 3-67　【填充成组工作表】对话框

图3-67所示【填充成组工作表】对话框中各选项的功能说明如表3-13所示。

表3-13　【填充成组工作表】对话框中各选项功能说明

选　项	功能说明	选　项	功能说明
内容	只保留复制对象单元格的所有数据(包括公式)	全部	复制对象单元格所包含的所有数据(包括公式)、格式(包括条件格式)和数据验证,不保留单元格批注
格式	只保留复制对象单元格的所有格式(包括条件格式)		

3.2.5　使用分列功能整理数据

Excel 提供了多种分列功能,用户可以根据不同的需求和数据类型进行分列操作。使用分列功能能够在工作表中完成简单的数据清洗。例如,清除不可见字符、转换数字格式、按分隔符号拆分字符及按固定宽度拆分字符等。

1. 清除不可见字符

图3-68所示为从其他程序中导入Excel的用户名和密码数据,其中A列单元格中存在不可见字符,在B列使用LEN函数计算的字符长度与A列实际显示的字符长度不符。借助分列功能可以清除该单元格中的不可见字符,只在A列保留用户名和密码。具体操作方法如下。

01 选中A列后单击【数据】选项卡中的【分列】按钮,在打开的【文本分列向导-第1步,共3步】对话框中保持默认设置,单击【下一步】按钮。

02 打开【文本分列向导-第2步,共3步】对话框,选中【空格】复选框后,单击【下一步】按钮。打开【文本分列向导-第3步,共3步】对话框,选中【不导入此列(跳过)】单选按钮后,单击【完成】按钮即可,如图3-69所示。

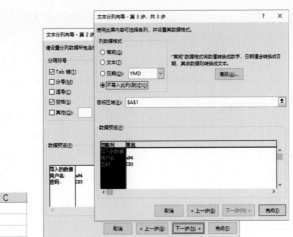

	A	B	C
1	导入的数据	字符长度	
2	用户名: a94	8	
3	密码: CD3	7	

图 3-68　导入 Excel 的数据　　　　　　　图 3-69　文本分列向导

2. 将数值转换为文本型数字

对于单元格中已经输入的数值,如果要将其转换为文本型数字,可以使用"分列"功能执行以下操作。

01 选中包含数值的单元格区域(如D2:D8),将数字格式设置为"文本",如图3-70所示。

02 单击【数据】选项卡中的【分列】按钮,打开【文本分列向导-第1步,共3步】对话框,保持默认设置,单击【下一步】按钮。

03 打开【文本分列向导-第2步,共3步】对话框,保持默认设置,单击【下一步】按钮。

04 打开【文本分列向导-第3步,共3步】对话框,选中【文本】单选按钮后,单击【完成】按钮即可,如图3-71所示。

图3-70 设置"文本"数字格式

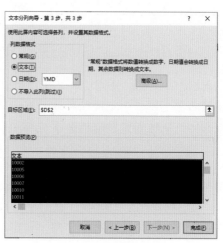

图3-71 设置分列向导

3. 按分隔符号拆分字符

图3-72所示为某物流仓库的盘库记录表。现在需要将D列"入库时间"数据根据符号"/"拆分到不同的列。具体操作方法如下。

01 选中D2:D13区域后单击【数据】选项卡中的【分列】按钮。

02 打开【文本分列向导-第1步,共3步】对话框,保持默认设置,单击【下一步】按钮。

03 打开【文本分列向导-第2步,共3步】对话框,选中【其他】复选框,在其右侧的文本框中输入"/",然后单击【下一步】按钮,如图3-73所示。

图3-72 物流仓库盘库记录表

图3-73 设置分隔符号

04 打开【文本分列向导-第3步，共3步】对话框，单击【目标区域】输入框右侧的，选中 E2:G13 区域后，按Enter键，然后单击【完成】按钮，如图3-74所示。

05 此时，D列数据拆分结果如图3-75所示。

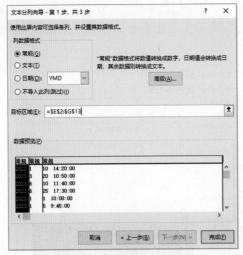

图3-74　设置数据区域

	A	B	C	D	E	F	G
1	产品名称	产品规格	库存数量	入库时间	年	月	日/时
2	电脑	笔记本	50	2023/1/10 14:20	2023	1	10 14:20:00
3	洗衣机	8公斤	80	2023/3/20 10:50	2023	3	20 10:50:00
4	微波炉	20升	90	2023/6/10 11:40	2023	6	10 11:40:00
5	咖啡机	自动	70	2023/6/25 17:30	2023	6	25 17:30:00
6	电视	55英寸	100	2023/1/1 10:00	2023	1	1 10:00:00
7	手机	128GB	200	2023/1/5 9:45	2023	1	5 9:45:00
8	餐桌	实木	300	2023/2/2 11:30	2023	2	2 11:30:00
9	沙发	布艺	150	2023/2/10 13:45	2023	2	10 13:45:00
10	衣柜	推拉门	250	2023/3/15 16:10	2023	3	15 16:10:00
11	冰箱	对开门	120	2023/4/8 14:30	2023	4	8 14:30:00
12	空调	1.5匹	180	2023/5/2 9:15	2023	5	2 9:15:00
13	热水器	壁挂式	220	2023/6/15 13:20	2023	6	15 13:20:00

图3-75　数据拆分结果

4. 按固定宽度拆分字符

使用"分列"功能还可以按指定宽度分列，从而实现固定长度的字符串提取。例如，要从图3-76所示的A列的身份证号码的第7位开始，提取出8位字符表示出生年月日，操作步骤如下。

01 选中A2:A4区域后单击【数据】选项卡中的【分列】按钮。打开【文本分列向导-第1步，共3步】对话框，选中【固定宽度】单选按钮，单击【下一步】按钮。

02 打开【文本分列向导-第2步，共3步】对话框，在【数据预览】区域分别从第6位之后和第14位之后单击鼠标建立分列线，然后单击【下一步】按钮，如图3-77所示。

	A	B	C
1	身份证号码	提取出生年月	
2	320102198206044610		
3	320102198208124610		
4	320102198211224610		

图3-76　表格中的身份证号码

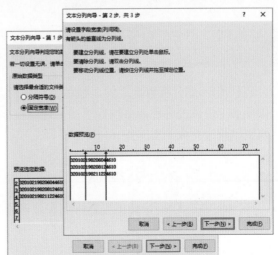

图3-77　建立分列线

03 打开【文本分列向导-第3步，共3步】对话框，先选中【不导入此列(跳过)】单选按钮，单击【数据预览】区域的中间列，再选中【日期】单选按钮，设置日期类型为【YMD】(Y、M、D分别表示年、月、日)，如图3-78左图所示。

04 单击数据预览区域的最右侧列，选中【不导入此列(跳过)】单选按钮，在【目标区域】输入框中输入“=$B$2:$B$4”，单击【完成】按钮，如图3-78右图所示。此时，在B列中将提取出A列中的出生年月日。

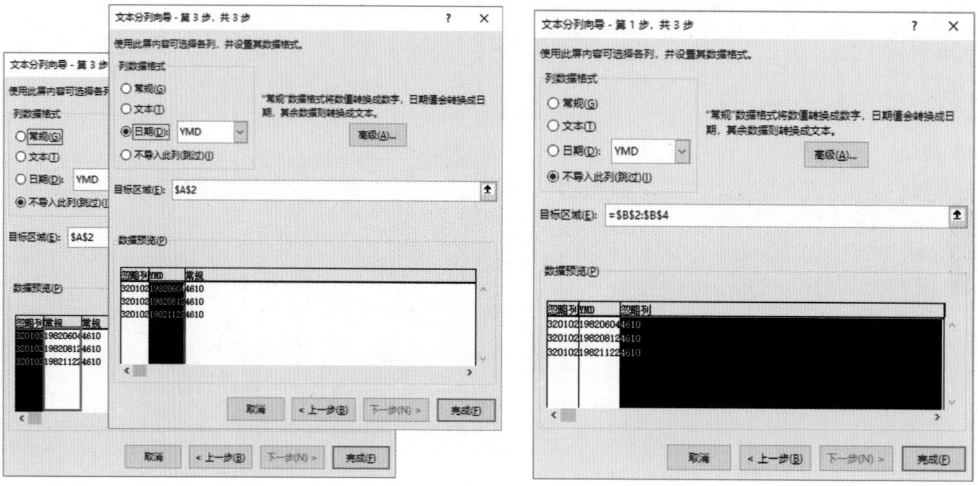

图3-78 设置从身份证号码中提取出生年月日

提示

使用Excel的“分列”功能可以将一个单元格中的文本按照指定的分隔符(如逗号、空格、制表符等)拆分成多个列。由于“分列”功能每次仅可以处理一列数据。在使用“分列”功能之前，应确保数据已经准备好，并且要拆分的文本位于同一列中。如果原始数据中包含复杂的结构，则需要处理数据后再执行分列操作。

3.3 汇总与比对数据

在使用Excel分析数据之前，往往需要先对数据进行汇总、比对、提取与合并。使用Excel工作界面上提供的各种命令控件手动处理这些问题往往费时费力，并且容易出错，此时可以利用快捷键快速完成此类工作。

3.3.1 数据表一键汇总

在Excel中按Alt+=快捷键可以瞬间实现多列数据汇总、多行数据汇总、一键按行/列数据汇总等操作。

1. 多列数据一键汇总

以图3-79所示的办公支出费用统计表为例，选中B7:G7区域后按Alt+=快捷键可以快速完成B列至G列数据的汇总。

2. 多行数据一键汇总

仍以图3-79所示的数据表为例，选中H2:H7区域后按Alt+=快捷键可以快速完成第2~7行数据的汇总。

3. 按行／列分别汇总数据

按住Ctrl键选中图3-79所示数据表的B2: H7区域后，按Alt+=快捷键可以按行/列分别完成数据汇总，如图3-80所示。

图 3-79　汇总列数据

图 3-80　汇总行和列数据

3.3.2　数据表一键比对

在Excel中按Ctrl+\快捷键可以瞬间完成两列或多列数据的比对。

1. 两列数据差异比对

在盘点库存时,核对Excel表格数据是分析数据之前首先要做的工作。例如,要在图3-81左图所示的库存盘点数据表中,以B列的"账存数"为基准(基准列在左侧),在C列的"实盘数"中表示出差异数据。

遇到此类情况,用户可以在选中B2单元格后, 先按Ctrl+Shift+↓快捷键,再按Ctrl+Shift+→快捷键选中需要进行数据比对的单元格区域(B2:C19),然后按Ctrl+\快捷键,

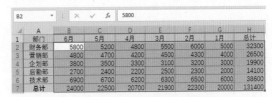

图 3-81　比对并找出数据差异

即可瞬间在C列定位差异数据所在的单元格,如图3-81右图所示。

批量定位差异数据单元格后,可以设置单元格背景颜色,使其在数据表中醒目显示。

如果用户想以图3-81中的"实盘数"列(C列)为基准,在"账存数"列(B列)中找出差异数据。可以先选中C2单元格,依次按Ctrl+Shift+↓快捷键和Ctrl+Shift+←快捷键,选中需要进行数据比对的单元格区域(B2:C19),然后再按Ctrl+\快捷键。

2. 多列数据差异比对

如果数据表中有多列数据需要比对。例如在图3-82左图所示的考试答案表中,需要根据正确答案比对学生的答案,遇到这种情况,用户可以选中B2单元格,先按Ctrl+Shift+↓快捷键选中B列数据,再按Ctrl+Shift+→快捷键选中需要比对的数据区域(B2:I13),然后按Ctrl+\快捷键,

瞬间定位数据表右侧所有与B列数据有差异的单元格，如图3-82右图所示。

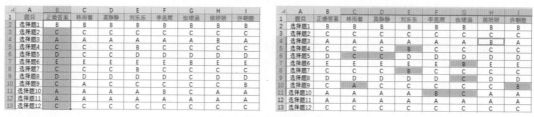

图 3-82　快速找出错误答案

设置单元格背景颜色后，可以使这些差异数据突出显示。

3.4　提取与合并数据

在使用Excel统计与分析数据之前，许多重复、烦琐的工作都是由数据提取、数据合并这类问题造成的。掌握解决此类问题的方法，可以让工作事半功倍。

3.4.1　提取数据表中的数据

在Excel早期版本中出现数据提取问题时需要使用函数和公式，甚至VBA编程来解决。从Excel 2013版开始，Excel新增的快速填充功能可以智能完成绝大多数工作中常见的数据提取和数据合并问题。下面将通过案例来介绍快速处理此类问题的方法。

1. 从文件编号中提取部门信息

图3-83左图所示为某公司客户资料文件记录表，现在需要从表格的A列文件编号中提取客户名称的信息，并将其置于C列中。在C2单元格中手动输入"鼎盛诊所"后按Ctrl+E快捷键，即可提取A列中的客户名称数据，填充在C列中，如图3-83右图所示。

图 3-83　提取 A 列中的客户名称

这里在使用Ctrl+E快捷键之前手动输入"鼎盛诊所"是为了给Excel做一个示范，让Excel知晓提取的规则和效果。如果遇到比较复杂的数据填充，仅输入一个数据作为示范可能无法保证填充的准确性，此时可以手动输入多个数据(一般不超过4个)，再按Ctrl+E快捷键完成数据提取。

2. 从联系方式中提取手机号

在图3-84左图所示的数据表中，要想从A列中提取出客户的电话号码。只要在B2单元格中手动输入A2单元格中的手机号码后，按Ctrl+E快捷键即可，如图3-84右图所示。

> **提示**
>
> 使用Ctrl+E快捷键快速提取数据时，要注意检查结果的准确性。如果出现局部错误，可以在开始时多输入几个示范数据，然后再按Ctrl+E快捷键。

3. 从身份证号码中提取出生日期

使用Ctrl+E快捷键也可以从身份证号码中提取出代表出生日期的8位数字。以图3-85左图所示的数据表为例，在B2单元格输入A2单元格身份证号码中的8位生日数据后，按Ctrl+E快捷键，即可在B列提取出A列身份证号码中的生日数字，如图3-85右图所示。

图 3-84　提取手机号

图 3-85　提取出生日期

3.4.2　批量合并多列信息

在工作中，如果要将多列数据合并在一列中，并使用符号(如短横线"-")分隔，也可以使用Ctrl+E快捷键。以图3-86左图所示的数据表为例，在D2单元格手动输入一个示范"鼎盛诊所-李亮辉-138***32987"后，按Ctrl+E快捷键即可在D列合并A、B、C列中的数据，如图3-86右图所示。

图 3-86　合并多列信息

> **提示**
>
> 本例中的短横线"-"符号也可以换为其他符号(如"/"或":")。

3.4.3　多列数据智能组合

使用Ctrl+E快捷键可以将多列中的数据智能组合在一起。以图3-87左图所示的数据表为例，在C2中输入一个结合A2和B2单元格数据的新组合后，按Ctrl+E快捷键，Excel能够智能识别示例，并向下填充组合，如图3-87右图所示。

同样的智能组合操作也可以应用在地址信息的组合上，如图3-88所示，在C列中组合省、市信息，并为数据自动添加"省"和"市"。

图 3-87　智能识别并填充数据

图 3-88　智能组合地址

3.4.4　合并多表中散乱的数据

在办公中经常会遇到表格中记录某一种属性数据的情况(如记录某个时间或某个区域)，当需要将此类数据综合在一起用于分析时，就需要对数据进行合并处理。

1. 按条件将多表数据合并计算

【例3-12】图3-89所示为某企业的销售记录，不同日期的记录分散在同一张工作表的不同表格中。为了后续统一进行数据分析，需要将所有表格合并在一起，具体操作方法如下。

01 选中D1单元格后，单击【数据】选项卡【数据工具】组中的【合并计算】按钮，在打开的【合并计算】对话框中通过单击 按钮和【添加】按钮，依次将A1:B4、A6:B11、A13:B17单元格区域添加到【所有引用位置】列表框中，如图 3-89所示。

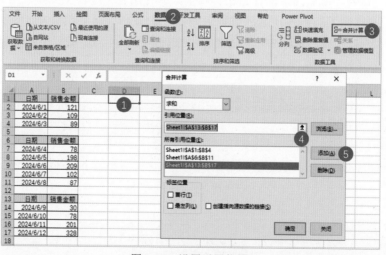

图 3-89　设置引用位置

02 在图3-89所示的【合并计算】对话框中选中【首行】和【最左列】复选框后，单击【确定】按钮即可在D列和E列完成多表格行记录数据的合并，如图3-90左图所示。

03 选中D2:D13区域，在【开始】选项卡的【数字】组中将【数字格式】设置为【短日期】，在D1单元格中输入文本"日期"，选中A1单元格并单击【开始】选项卡【剪贴板】组中的【格式刷】按钮 ，然后拖动鼠标选中D1:E1区域，为该区域应用A1单元格的样式。最后，选中D1:E13区域，单击【开始】选项卡【字体】组中的【框线】下拉按钮，在弹出的列表中选择【所有框线】选项，为该区域设置效果如图3-90右图所示的框线。

图 3-90　合并多表格行数据并设置数据和单元格格式

2. 按字段将多表数据合并计算

当需要将多个表格的列数据按行合并在一起时，也可以使用Excel的合并计算工具来实现。以图3-91所示的销售数据表为例，参照【例3-12】的操作在D1:D13区域中合并A1:B4、A6:B11、A13:B17单元格区域，可以实现在同一张工作表中对多表不同字段的数据合并。

图 3-91　对同一张工作表中的多表不同字段进行合并

> **提示**
>
> 使用同样的方法，即便需要合并的表格不在同一张工作表中，也可以利用合并计算进行合并，但仅适用于包含两个字段(例如，图3-91右图中的"日期"和"商品"字段)的表格。所以，采用合并计算合并多表的方法适用于字段数量较少的多表合并，当表格中字段较多时，用户可以换一种方法进行处理。我们将在后面的章节中进行具体介绍。

3. 合并工作簿中的所有工作表

图3-92所示的工作簿为某公司1~6月份的销售情况记录，同一个工作簿中保存了6张布局结构相同的工作表，需要将这6张工作表进行合并。用户可以在Excel中使用Power Query合并工作簿中的所有工作表。

【例3-13】使用Power Query合并图3-92所示工作簿中的所有工作表。

01 按Ctrl+N快捷键新建一个工作簿，选择【数据】选项卡，单击【获取和转换数据】组中的【获

取数据】下拉按钮，在弹出的列表中选择【来自文件】|【从工作簿】选项，如图3-93所示。

	A	B	C	D
1	时间	商品	单日售量	备注
2	2023/1/1	正元胶囊	2753	
3	2023/1/2	托伐普坦片	1765	
4	2023/1/3	正元胶囊	780	
5	2023/1/4	开塞露	3012	
6	2023/1/5	开塞露	1102	
7	2023/1/6	开塞露	631	
8	2023/1/7	香芍颗粒	1397	
9	2023/1/8	正元胶囊	1392	
10	2023/1/9	正元胶囊	546	
11	2023/1/10	托伐普坦片	1023	
12	2023/1/11	正元胶囊	564	

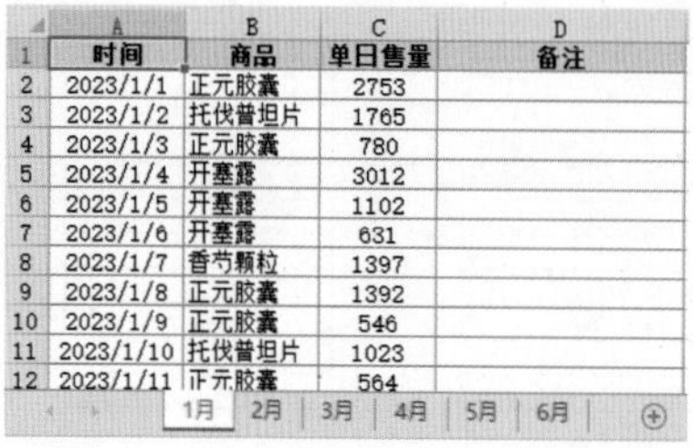

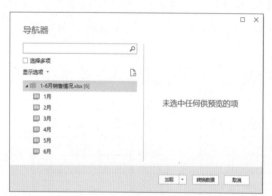

图3-92　需要合并工作表的工作簿

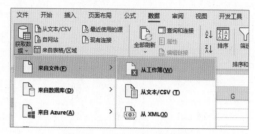

图3-93　获取工作簿数据

02 在打开的【导入数据】对话框中选中保存数据的工作簿文件，单击【导入】按钮。

03 打开【导航器】对话框，选中工作簿名称，单击【转换数据】按钮，如图3-94所示。

04 打开【Power Query编辑器】窗口，单击Data列右侧的展开按钮，在弹出的列表中单击【确定】按钮，如图3-95所示。

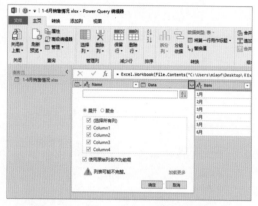

图3-94　【导航器】对话框

图3-95　【Power Query 编辑器】窗口

05 在打开的窗口中删除系统自动生成的工作簿信息字段【Item】【Kind】【Hidden】，然后单击【主页】选项卡中的【将第一行用作标题】选项，提升标题行，如图3-96所示。

06 将第1列的标题“1月”重命名为“表名称”，如图3-97所示。

07 单击【时间】列右侧的下拉按钮，在弹出的列表中取消【时间】复选框的选中状态后，单击【确定】按钮。

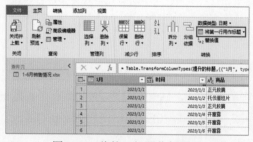

图3-96　将第一行用作标题

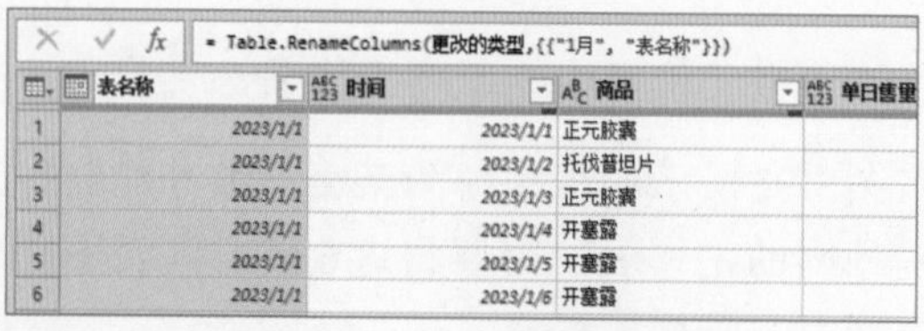

图3-97　重命名标题名称

08 单击【主页】选项卡中的【关闭并上载】按钮上传数据即可。

4. 合并工作簿中的部分工作表

图 3-98 所示为某公司在全国各主要城市的销售记录，由于数据更新的原因，工作簿中只有"北京""上海""广州"3 个工作表中有数据，需要将这 3 个工作表中的数据合并，忽略其他工作表。

【例3-14】使用 Power Query 精确合并图 3-98 所示工作簿中的 3 个工作表。

01 按 Ctrl+N 快捷键新建一个工作簿，选择【数据】选项卡，单击【获取和转换数据】组中的【获取数据】下拉按钮，在弹出的列表中选择【来自文件】|【从工作簿】选项，将数据加载到 Power Query 编辑器。

02 在【导航器】对话框中选中【选择多项】复选框，依次选中【北京】【上海】【广州】3 个复选框，然后单击【转换数据】按钮，如图 3-99 所示。

图 3-98　公司各地销售数据

图 3-99　选中需要合并的工作表

03 打开【Power Query 编辑器】窗口，在【主页】选项卡中单击【追加查询】下拉按钮，在弹出的列表中选择【将查询追加为新查询】选项。

04 在打开的【追加】对话框中选中【三个或更多表】单选按钮，在【可用表】列表框中依次选中【北京】【上海】【广州】3 个选项，单击【添加】按钮，将其添加到【要追加的表】列表框中，然后单击【确定】按钮，如图 3-100 所示。

05 单击【主页】选项卡中的【关闭并上载】下拉按钮，在弹出的列表中选择【关闭并上载至…】选项，在打开的【导入数据】对话框中选中【仅创建连接】单选按钮，然后单击【确定】按钮，如图 3-101 所示。

图 3-100　【追加】对话框

图 3-101　【导入数据】对话框

06 在【查询&连接】窗格中右击查询名称"追加1"，在弹出的快捷菜单中选择【加载到】命令，如图3-102所示。

07 在打开的【导入数据】对话框中选中【表】单选按钮，将数据放置位置设置为【现有工作表】，单击【确定】按钮后即可合并工作簿中的【北京】【上海】【广州】3个工作表数据，如图3-103所示。

图 3-102 【查询 & 连接】窗格

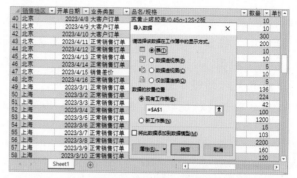

图 3-103 在新的工作簿中合并工作表数据

 提示

【例3-14】所介绍的操作还可以用于合并工作簿中结构和数据不相同的工作表。

5. 将多个工作簿合并到一个工作簿

图3-104所示为某物业公司在3个小区收取的物业费情况。3个小区的数据分别保存在一个文件夹中的3个工作簿中。需要将这些数据合并在一个工作簿中，并且在工作簿中分类标注数据所属的小区名称。

【例3-15】使用Power Query合并同一个文件夹中的3个工作簿。

01 按Ctrl+N快捷键创建一个新的工作簿，在功能区中选择【数据】选项卡，单击【获取和转换数据】组中的【获取数据】下拉按钮，在弹出的列表中选择【来自文件】|【从文件夹】选项，如图3-105所示。

图 3-104 物业收费数据

图 3-105 从文件夹获取数据

02 在打开的【浏览】对话框中选择保存工作簿的文件夹后，单击【打开】按钮。

03 在打开的导入数据结果对话框中单击【转换数据】按钮，如图 3-106 所示。

04 打开【Power Query 编辑器】窗口，选中 Name 列后选择【添加列】选项卡，单击【提取】下拉按钮，在弹出的列表中选择【范围】选项，如图 3-107 所示。

图 3-106　转换数据

图 3-107　提取数据

05 打开【提取文本范围】对话框，将【起始索引】设置为 0，【字符数】设置为 3，单击【确定】按钮，如图 3-108 所示。在【Power Query 编辑器】窗口新增提取小区名称的列（【文本范围】列）。

06 按住 Ctrl 键选中 Content 列和【文本范围】列，右击列标题，在弹出的快捷菜单中选择【删除其他列】命令，如图 3-109 所示。

图 3-108　【提取文本范围】对话框

图 3-109　删除多余的列

07 双击【文本范围】列标题，将其重命名为"来自小区"，如图 3-110 所示。

08 单击 Content 列右侧的【合并文件】按钮，打开【合并文件】对话框，选中【参数 1】选项后单击【确定】按钮，如图 3-111 所示。

图 3-110　重命名列标题

图 3-111　【合并文件】对话框

09 在打开的【Power Query编辑器】窗口中按住Ctrl键选中Date列和Name列后，右击列标题，在弹出的快捷菜单中选择【删除其他列】命令，删除其他多余的列。

10 单击Date列右侧的 按钮，在弹出的列表中取消【使用原始列名作为前缀】复选框的选中状态，单击【确定】按钮，如图3-112所示。

11 在【Power Query编辑器】窗口中选择【主页】选项卡，单击【转换】组中的【将第一行用作标题】按钮，如图3-113所示。

图 3-112　取消选中【使用原始列名作为前缀】复选框

图 3-113　将第一行用作标题

12 将标题列重命名，单击【收费时间】列右侧的 按钮，在弹出的列表中取消【收费时间】复选框的选中状态，单击【确定】按钮，如图3-114所示。

13 右击【收费时间】标题，在弹出的快捷菜单中选择【更改类型】|【日期】命令。

14 单击【Power Query编辑器】窗口【主页】选项卡中的【关闭并上载】下拉按钮，从弹出的列表中选择【关闭并上载至…】选项。

15 打开【导入数据】对话框，选中【现有工作表】单选按钮，单击当前工作表的A1单元格后，单击【确定】按钮。

16 此时，3个工作簿中的数据记录都将被汇总在一张工作表内，如图3-115所示。按F12键，打开【另存为】对话框后将数据汇总工作簿保存。

图 3-114　设置筛选

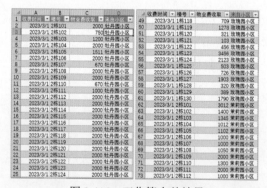

图 3-115　工作簿合并结果

提示

　　如果3个小区物业费收取情况的原始数据表中增加了新的记录。用户只需要在汇总工作表中右击任意数据单元格，在弹出的快捷菜单中选择【刷新】命令，记录将自动被添加至图3-115所示的汇总表格内。

3.5　清洗与转换数据

工作中需要处理的数据不仅多种多样，数据的结构、格式也各不相同。在对数据进行分析之前，常常需要将不规范的数据清洗、转换、整理为规范的数据。

3.5.1　快速清洗导入的数据

工作中需要分析的数据往往来自其他软件导出的数据，需要经过数据清洗后才能使用。下面将介绍几种常用的数据清洗方法。

1. 删除多余的标题行

图3-116所示为从某公司数据库中导出的公司全年销售数据。要想删除其中多余的标题行，只保留第一行的标题，可以执行以下操作。

01 选中数据表任意一个标题行中的单元格后(如A1单元格)，右击鼠标，从弹出的快捷菜单中选择【筛选】|【按所选单元格的值筛选】命令。此时，工作表所有的标题行将被集中筛选出来。

02 选中第二个标题行所在的整行，然后按Ctrl+Shift+↓快捷键，向下选中所有的标题行。

03 右击选中的标题行，在弹出的快捷菜单中选择【删除行】命令，删除多余的标题行，如图3-117所示。

04 选择【数据】选项卡，取消【排序和筛选】组中【筛选】按钮的选中状态。此时，数据表中多余的标题行将被删除。

图 3-116　包含多个标题行的数据

图 3-117　删除多余的标题行

2. 删除多余的空白行

有时，从其他软件导入Excel的数据还会包含多余的空白行，如图3-118所示。由于Excel的筛选功能是默认按照连续区域筛选的，空白行会将原始报表分割成多个连续区域，因此如果按照上面介绍的方法操作，就无法筛选出所有的空白行。

此时，需要换一种方法删除多余的空白行，具体操作方法如下。

01 选中数据类别较少的一列(如B列)后，按Ctrl+Shift+L快捷键，使该列进入筛选状态，如图3-119所示。

	A	B	C	D	E	F
1	日期	分店	产品	分类	金额	店员
2	2023/1/1	花园分店	炫彩口红	批发订单	105	小芳
3	2023/1/1	明珠分店	精致眼影	代理分销	289	小明
4	2023/1/1	金鼎分店	清新洗面奶	代理分销	452	小红
5						
6	2023/1/1	花园分店	精致眼影	代理业务	964	小燕
7	2023/1/1	花园分店	清新洗面奶	代理业务	116	小亮
8	2023/1/1	花园分店	亮丽指甲油	代理业务	372	小张
9						
10	2023/1/1	花园分店	炫彩口红	代理业务	541	小丽
11	2023/1/1	明珠分店	精致眼影	批发订单	728	小军
12	2023/1/1	花园分店	炫彩口红	批发订单	337	小娟
13	2023/1/1	花园分店	精致眼影	批发订单	568	小健
14						
15	2023/1/1	花园分店	亮丽指甲油	批发订单	745	小刚
16	2023/1/1	金鼎分店	炫彩口红	代理分销	801	小霞
17	2023/1/1	金鼎分店	精致眼影	代理分销	999	小龙
18	2023/1/1	金鼎分店	亮丽指甲油	代理合同	218	小峰
19	2023/1/1	花园分店	炫彩口红	代理合同	359	小晶
20	2023/1/1	花园分店	精致眼影	批发订单	480	小敏
21	2023/1/2	花园分店	炫彩口红	批发订单	105	小芳

图 3-118　包含空白行的数据表

	A	B	C	D	E	F
1	日期	分店 ▾	产品	分类	金额	店员
2	2023/1/1	花园分店	炫彩口红	批发订单	105	小芳
3	2023/1/1	明珠分店	精致眼影	代理分销	289	小明
4	2023/1/1	金鼎分店	清新洗面奶	代理分销	452	小红
5						
6	2023/1/1	花园分店	精致眼影	代理业务	964	小燕
7	2023/1/1	花园分店	清新洗面奶	代理业务	116	小亮
8	2023/1/1	花园分店	亮丽指甲油	代理业务	372	小张
9						
10	2023/1/1	花园分店	炫彩口红	代理业务	541	小丽
11	2023/1/1	明珠分店	精致眼影	批发订单	728	小军
12	2023/1/1	花园分店	炫彩口红	批发订单	337	小娟
13	2023/1/1	花园分店	精致眼影	批发订单	568	小健
14						
15	2023/1/1	花园分店	亮丽指甲油	批发订单	745	小刚
16	2023/1/1	金鼎分店	炫彩口红	代理分销	801	小霞
17	2023/1/1	金鼎分店	精致眼影	代理分销	999	小龙
18	2023/1/1	金鼎分店	亮丽指甲油	代理合同	218	小峰
19	2023/1/1	花园分店	炫彩口红	代理合同	359	小晶
20	2023/1/1	花园分店	精致眼影	批发订单	480	小敏
21	2023/1/2	花园分店	炫彩口红	批发订单	105	小芳

图 3-119　使 B 列进入筛选状态

02 单击B1单元格右侧的筛选按钮▾，在弹出的列表中只选中【空白】复选框，如图3-120左图所示，然后单击【确定】按钮。

03 此时，将筛选出数据表中所有的空白行，如图3-120右图所示。

图 3-120　筛选出空白行

04 选中第一行空白行后，按Ctrl+Shift+↓快捷键向下选中所有的空白行。

05 右击选中的空白行，在弹出的快捷菜单中选择【删除行】命令，删除所有空白行。

06 选择【数据】选项卡，取消【排序和筛选】组中【筛选】按钮的选中状态。此时，数据表中多余的空白行将被删除。

3. 删除不可见的字符

在导入数据时，数据中除了包含多余标题行和空白行外，还可能会包含不可见字符(如空格)。本章3.2.5节介绍过通过"分列"功能清除不可见字符的方法，下面介绍一种通过"查找和替换"功能快速删除不可见字符的方法。

图3-121所示为从某网站导出的招聘信息，其中可能包含不可见字符(如空格)，造成表格格式错乱。需要在Excel中清洗数据，删除多余的不可见字符。

【例3-16】在Excel中删除数据表中的不可见字符。

01 选中单元格后在编辑栏中选中空格，然后按Ctrl+C快捷键将其复制，如图3-121所示。

02 按Ctrl+H快捷键打开【查找和替换】对话框，在【查找内容】文本框中按Ctrl+V快捷键，将复制的空格粘贴到文本框中，单击【全部替换】按钮，将所有空格全部替换为空，如图3-122所示。

图 3-121　复制不可见字符　　　　图 3-122　将不可见字符替换为空

03 重复执行以上操作，从编辑栏复制其他类型的不可见字符，将其替换为空。最后将得到一个规范的数据报表。

3.5.2　转换无法统计的数字

在数据表中有些数据看起来明明是数字，但使用函数汇总得到的结果却是0，如图3-123所示。这是因为这些数字是文本格式的，使用函数无法得到正确的计算结果。在进行数据统计和分析之前，需要使用下面介绍的方法先将文本格式的数字转换为数值格式。

▶ 方法1：选中数字所在的单元格区域，此时在单元格区域的左侧出现提示符号，单击该符号，在弹出的列表中选择【转换为数字】选项，如图3-124所示。此时，文本格式的数字将被转换为数值格式，公式结果恢复正常。

图 3-123　无法统计的文本数字　　　　图 3-124　将文本格式的数字转换为数值格式

▶ 方法2：复制任意空白单元格后，选中文本格式数字所在的单元格区域并右击鼠标，在弹出的快捷菜单中选择【选择性粘贴】命令(如图3-125左图所示)，在打开的【选择性粘贴】对话框中选中【数值】和【加】单选按钮，然后单击【确定】按钮即可将文本格式数字转换为数值格式，如图3-125右图所示。

图3-125　利用"选择性粘贴"功能将文本型数字转换为数值型

3.5.3　转换错乱的报表格式

如果数据报表的格式错乱，手动修改格式不仅效率低，还可能因为误操作而引起数据偏差。以图3-126左图所示的数据表为例，在Excel中将其快速整理为图3-126右图所示数据表的方法如下。

	A	B	C	D	E
1	千分符整数	时间	日期	货币	百分比
2	67.21	0.673	32871	543.01	0.654
3	31244.21	0.87	43872	109.39	0.39
4	6544.31	0.126	43873	29.76	0.768
5	85212.56	0.345	43874	756.32	0.92

	A	B	C	D	E
1	千分符整数	时间	日期	货币	百分比
2	67	16:09	1989/12/29	543.01	65%
3	31,244	20:52	2020/2/11	109.39	39%
4	6,544	3:01	2020/2/12	29.76	77%
5	85,213	8:16	2020/2/13	756.32	92%

图3-126　快速调整数据表格式

01 选中A列后，按Ctrl+Shift+1快捷键，将数据转换为千位分隔符格式。如果数据中包含小数，则会将小数四舍五入只保留整数位。

02 选中B列后，按Ctrl+Shift+2快捷键，将数据转换为自定义格式中的h:mm时间格式。

03 选中C列后，按Ctrl+Shift+3快捷键，将数据转换为规范的日期格式。

04 选中D列后，按Ctrl+Shift+4快捷键，将数据转换为货币格式。

05 选中E列后，按Ctrl+Shift+5快捷键，将数据转换为百分比格式。

3.5.4　批量拆分并智能填充数据

Excel中合并的单元格不仅会影响数据的正常排序、筛选，还会给Excel公式计算、制作数据透视表带来一系列麻烦。在实际办公中，用户不可避免地会遇到包含合并单元格的数据报表，这时需要先将合并单元格取消合并，填写好数据后再进行后续操作。

以图3-127左图所示的某企业销售统计数据报表为例，将报表中的合并单元格拆分，并根据实际情况填充数据，从而得到图3-127右图所示报表，具体操作方法如下。

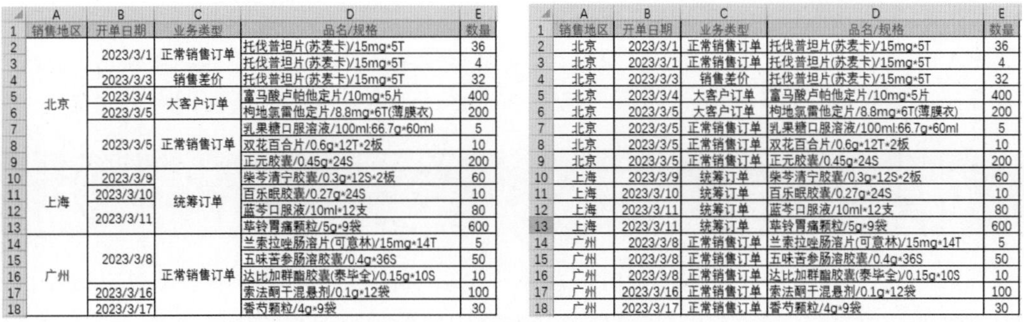

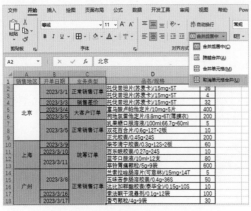

图 3-127 批量拆分并填充数据

01 选中包含合并单元格的区域(A2:C18)，单击【开始】选项卡【对齐方式】组中的【合并后居中】
下拉按钮，在弹出的列表中选择【取消单元格合并】选项，如图 3-128 所示。取消区域中单元
格的合并状态。

02 按F5键打开【定位】对话框，单击【定位条件】按钮，打开【定位条件】对话框(或者单击【开
始】选项卡【编辑】组中的【查找和选择】下拉按钮，在弹出的列表中选择【定位条件】选项，
打开【定位条件】对话框)，选中【空值】单选按钮后单击【确定】按钮，如图 3-129 所示。

图 3-128 取消单元格合并 　　　　　　　　　　　图 3-129 设置定位条件

03 定位空值后的表格效果如图 3-130 所示。

04 当前活动单元格为B3，在编辑栏中输入公式"=B2"(引用活动单元格上方的单元格)，如
图 3-131 所示，然后按Ctrl+Enter快捷键。

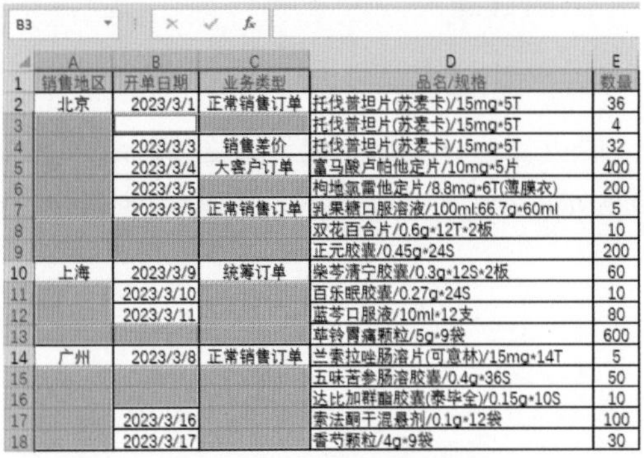

图 3-130 定位空值效果  　　　　　　　　　　　图 3-131 输入公式

05 此时，数据表效果将如图3-127右图所示。

06 选中A2:C18区域后按Ctrl+C快捷键执行"复制"命令，然后右击鼠标，在弹出的菜单中选择【粘贴选项】中的【值】选项，清除数据表中的公式，同时将公式结果保存为实际值。

3.6　计算与统计数据

分析和处理Excel工作表中的数据时，离不开公式和函数。公式和函数不仅可以帮助用户快速并准确地计算表格中的数据，还可以解决办公中的各种查询与统计问题。

3.6.1　使用公式进行数据计算

Excel中的公式是指以"="开头，使用运算符并按照一定顺序组合进行数据运算的算式，通常包含运算符、单元格引用、数值、文本、工作表函数等元素。

1. 公式的输入和编辑

在单元格中输入"="后，Excel将自动进入公式输入状态，此时在单元格中输入含加号"+"或减号"-"等运算符号的算式，Excel会计算出算式的结果。例如要在A1单元格计算100+8时，输入顺序依次为等号"="→数字100→加号"+"→数字8，最后按Enter键或单击其他任意单元格结束输入，如图3-132左图所示。

如果要在B1单元格计算出A1和A2单元格中数值之和，输入的顺序依次为"="→"A1"→"+"→"A2"，最后按Enter键。或者在输入"="后，单击A1单元格，再输入"+"，然后单击选中A2单元格，最后按Enter键结束输入，如图3-132右图所示。

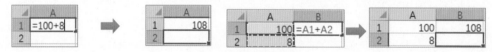

图3-132　使用公式计算

如果要对已有的公式进行修改，可以使用以下3种方法。

▶ 方法1：选中公式所在的单元格后，按F2键。

▶ 方法2：双击公式所在单元格。

▶ 方法3：先选中公式所在单元格，然后单击编辑栏中的公式，在编辑栏中直接进行修改，最后单击编辑栏左侧的【输入】按钮 ✓ 或按Enter键确认。

2. 公式的复制和填充

如果需要在多个单元格使用相同的计算规则，可以通过【复制】【粘贴】的方法实现。以图3-133所示的"实验仪器采购表"为例，要在该表的F列单元格区域中，分别根据D列的单价和E列的数量计算采购金额。

在F2单元格中输入以下公式计算金额：

```
=D2*E2
```

公式中"*"表示乘号。F列各单元格中的计算规则都是单价乘以数量,因此只要将F2单元格中的公式复制到F3:F13区域,即可快速计算出其他器材的采购金额。

复制公式的方法有以下两种。

▶ 方法1:单击F2单元格,将光标指向该单元格右下角,当鼠标指针变为黑色"＋"形填充柄时,按住鼠标左键向下拖动,到F13单元格时释放鼠标,如图3-134所示。

▶ 方法2:单击选中F2单元格后,双击该单元格右下角的填充柄,公式将快速向下填充到F13单元格(使用该方法时需要相邻列中有连续的数据)。

图 3-133　需要在 F 列使用公式计算金额的表格　　　　图 3-134　复制公式

如果不同单元格区域或不同工作表中的计算规则一致,也可以快速复制已有公式。

【例3-17】将"实验仪器采购表"工作表中的公式复制到"体育器材采购表"工作表的F列。

01 打开"实验仪器采购表"工作表后,选中F2单元格,按Ctrl+C快捷键复制公式,如图3-135左图所示。

02 选择"体育器材采购表"工作表,选中F2单元格后按Ctrl+V快捷键或按Enter键,快速复制公式,如图3-135右图所示。

03 将鼠标指针放置在F2单元格右下角,当指针变为黑色"＋"形填充柄时双击,将公式向下填充。

图 3-135　跨工作表复制公式

3. 公式中的运算符

运算符用于对公式中的元素进行特定的运算,或者用来连接需要运算的数据对象,并说明进行了哪种公式运算。Excel中包含算术运算符、比较运算符、文本运算符等类型的运算符,其说明如表3-14所示。

表3-14　Excel公式运算符及说明

符 号	说 明	示 例	符 号	说 明	示 例
−	负号，算术运算符	=10*(−5)=−50	%	百分号，算术运算符	=50*8%=4
^	乘幂，算术运算符	5^2=25	*和/	乘和除，算术运算符	6*3/9=2
+和-	加和减，算术运算符	=5+7-12=0	&	文本运算符，连接文本	="Excel"&"案例教程"，返回"Excel案例教程"
=,<> >,<, >=,<=	等于、不等于、大于、小于、大于或等于和小于或等于，比较运算符	=(B1=B2)，判断B1与B2相等；=(A1<> "K01")，判断A1不等于K01；=(A1>=1)，判断A1大于或等于1	: (冒号)	冒号，区域运算符	=SUM(A1:E6)，引用以冒号两边所引用的单元格为左上角和右下角的矩形区域
(单个空格)	单个空格，交叉运算符	=SUM(A1:E6 C3:F9)，引用A1:E6与C3:F9的交叉区域C3:E6	, (逗号)	逗号，联合运算符	=SUM(A1:B5,A4:D9)

　　在表3-14中，算术运算符主要包含加、减、乘、除、百分比以及乘幂等各种常规的运算符；比较运算符主要用于比较数据的大小，包括对文本或数值的比较；文本运算符主要用于将文本字符或字符串进行连接与合并；引用运算符主要用于在工作表中产生单元格引用。

　　在Excel中，数据可以分为文本、数值、逻辑值、错误值等几种类型。其中，文本用一对半角双引号" "所包含的内容来表示，例如"Date"是由4个字符组成的文本。日期与时间是数值的特殊表现形式，数值1表示1天。逻辑值只有TRUE和FALSE两个，错误值主要有#VALUE!、#DIV/0!、#NAME?、#N/A、#REF!、#NUM!、#NULL!等几种组成形式。

　　除错误值外，文本、数值与逻辑值比较时按照以下顺序排列：

···、-2、-1、0、1、2、···、A~Z、FALSE、TRUE

即数值小于文本，文本小于逻辑值，错误值不参与排序。

　　如果公式中同时用到多个运算符，Excel将会依照运算符的优先级来依次完成运算。如果公式中包含相同优先级的运算符，例如，公式中同时包含乘法和除法运算符，则Excel将从左到右进行计算。

3.6.2　公式计算中函数的使用

　　Excel中的函数与公式一样，都可以快速计算数据。公式是由用户自行设计的对单元格进行计算和处理的表达式，而函数则是在Excel中已经被软件定义好的公式。

1. 函数的概念

Excel 中的函数是预先定义并按照特定算法来执行计算的功能模块，函数名称不区分大小写。

函数具有简化公式、提高编辑效率的特点。某些简单的计算可以通过自行设计的公式完成，例如对 A1:A2 单元格求和时，可以使用 =A1+A2 完成，但如果要对 A1:A50 区域或更大范围的区域求和，逐个单元格相加的做法将变得非常烦琐、低效。此时使用 SUM 函数就可以大大简化这些公式，使之更易于输入和修改，例如以下公式可以得到 A1:A50 区域中所有数值的和。

=SUM(A1:A50)

以上公式中，SUM 是求和函数，A1:A50 是需要求和的区域，表示对 A1:A50 区域执行求和计算。

使用公式对数据汇总，相当于在数据之间搭建了一个关系模型，当数据源中的数据发生变化时，无须对公式再次编辑，即可实时得到最新的计算结果。同时，也可以将已有的公式快速应用到具有相同样式和相同运算规则的新数据源中。

2. 函数的结构

在公式中使用函数时，通常由表示公式开始的等号 (=)、函数名称、左括号、以半角逗号相间隔的参数和右括号构成。此外，公式中允许使用多个函数或计算式，通过运算符进行连接。

=函数名称(参数 1,参数 2,参数 3,…)

有的函数可以允许多个参数，如 SUM(A1:A5,C1:C5) 使用了两个参数。另外，也有一些函数没有参数或不需要参数，例如，NOW 函数、RAND 函数等没有参数，ROW 函数、COLUMN 函数等则可以省略参数，返回公式所在的单元格行号、列标。

函数的参数，可以由数值、日期和文本等元素组成，也可以由常量、数组、单元格引用或其他函数组成。当使用函数作为另一个函数的参数时，称为函数的嵌套。

3. 函数的参数

Excel 函数的参数可以是常量、逻辑值、数组、错误值、单元格引用或嵌套函数等(其指定的参数都必须为有效参数值)，其各自的含义如下。

- ▶ 常量：指的是整个操作过程中其值不会发生改变的数据，如数字 100 与文本"家庭日常支出情况"都是常量。
- ▶ 逻辑值：逻辑值即 TRUE(真值)或 FALSE(假值)。
- ▶ 数组：用于建立可生成多个结果或可对在行和列中排列的一组参数进行计算的单个公式。
- ▶ 错误值：即 #N/A、空值等值。
- ▶ 单元格引用：用于表示单元格在工作表中所处位置的坐标集。
- ▶ 嵌套函数：嵌套函数就是将某个函数或公式作为另一个函数的参数使用。

4. 函数的分类

根据不同的功能，Excel 函数分为文本函数、信息函数、逻辑函数、查找和引用函数、日期和时间函数、统计函数、数学和三角函数、财务函数、工程函数、多维数据集函数、兼容性函数和Web函数等多种类型。

5. 输入函数的方式

Excel中可使用以下几种方式输入函数。

▶ 使用【自动求和】功能插入函数

在功能区【开始】选项卡和【公式】选项卡中都有【自动求和】按钮。在默认情况下，单击【自动求和】按钮或按Alt+=快捷键，将在工作表中插入用于求和的SUM函数。

【例3-18】 使用Excel的【自动求和】功能，在"实验仪器采购表"工作表中自动汇总(求和)采购数量和金额数据。

01 打开"实验仪器采购表"工作表后，选中E14:F14区域。

02 按Alt+=快捷键或单击【公式】选卡中的【自动求和】下拉按钮，在弹出的列表中选择【求和】命令，如图3-136所示。

▶ 使用函数库插入已知类别函数

在【公式】选项卡【函数库】组中，Excel按照内置函数分类提供了【财务】【逻辑】【文本】【时间和日期】【其他函数】等多个下拉按钮。在【其他函数】下拉列表中还提供了【统计】【工程】【多维数据集】【信息】【兼容性】【Web】等函数扩展菜单。用户可以根据需要在工作表中按分类插入函数，如图3-137所示。

图 3-136　自动求和　　　　　　　图 3-137　【公式】选项卡中提供的函数库

▶ 使用【插入函数】对话框输入函数

如果用户对函数所属的类别不太熟悉，可以单击【公式】选项卡中的【插入函数】按钮、编辑栏左侧的【插入函数】按钮 f_x，或者按Shift+F3快捷键打开【插入函数】对话框来选择或搜索所需函数。在【插入函数】对话框的【搜索函数】栏中输入关键字(如"平均")，然后单击【转到】按钮，对话框中将显示推荐的函数列表，选择具体函数后在对话框底部将会显示函数语法和简单的功能说明。单击【确定】按钮，即可插入该函数并打开【函数参数】对话框。

【例3-19】图3-138所示为某班级的模拟考试成绩表,使用【插入函数】对话框在F4单元格中插入求平均值的函数,并使用该函数计算D4:D11区域分数的平均值。

01 选中F4单元格后按Shift+F3快捷键打开【插入函数】对话框,在【搜索函数】编辑框中输入"平均"后单击【转到】按钮,在【选择函数】列表框中选择一个计算算术平均值的函数,单击【确定】按钮,如图3-139所示。

图 3-138 学生成绩表　　　　图 3-139 【插入函数】对话框

02 在打开的【函数参数】对话框中,从上而下由函数名、参数编辑框、函数简介及参数说明、计算结果等几部分组成。其中,参数编辑框允许直接输入参数或单击右侧的折叠按钮在工作表中选取单元格区域,在右侧将实时显示输入参数及计算结果的预览(本例输入D4:D11,右侧将显示该区域的参数预览),如图3-140所示。

03 单击【函数参数】对话框左下角的【有关该函数的帮助】链接,将以系统默认浏览器打开Office支持页面,查看函数的帮助信息。完成函数的设置后,单击【确定】按钮即可

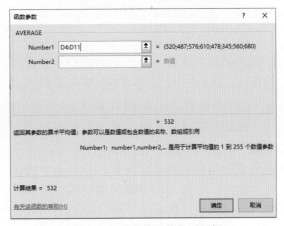

图 3-140 【函数参数】对话框

在F4单元格中使用函数计算出学生成绩表中考试成绩的平均分。

▶ 手动输入函数

直接在单元格或编辑栏中输入函数时,Excel能够根据用户输入公式时的关键字,在屏幕上显示候选的函数和已定义的名称列表。例如,在单元格中输入"=A"后,Excel将自动显示所有包含"A"的函数名称候选列表,随着输入字符的变化,候选列表中的内容也将会随之更新,如图3-141所示。

用户在单元格或编辑栏中编辑公式时,当正确地输入完整函数名称及左括号后,在编辑位置附近将会自动出现悬浮【函数屏幕提示】工具条,灵活利用该工具条可以帮助用户了解函数

语法中的参数名称、可选参数或必需参数等，如图3-142所示。

图 3-141　候选函数列表

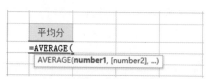

图 3-142　函数屏幕提示

如果公式中已经输入了函数参数，单击屏幕提示工具条中的某个参数名称时，编辑栏中将会自动选择该参数所在部分的公式，并以灰色背景突出显示，如图3-143所示。

此时，按F9键可以查询公式中局部表达式对应的结果，如图3-144所示。

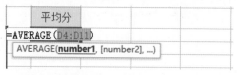

图 3-143　自动选择函数所在部分的公式

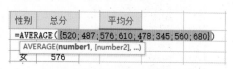

图 3-144　公式局部表达式对应的结果

6. 查看函数帮助信息

在Excel工作界面右上角的搜索栏中输入函数的名称，在显示的下拉列表中单击【获得相关帮助】右侧的扩展按钮，将打开【帮助】窗格显示该函数的帮助信息，如图3-145所示。

通过查看函数帮助信息，能够帮助用户快速理解函数的说明和用法。帮助信息中包括函数的说明、语法、参数，以及简单的函数示例等，尽管其中有些函数的说明不够透彻，但仍然可以为初学者学习函数与公式提供一定的帮助。

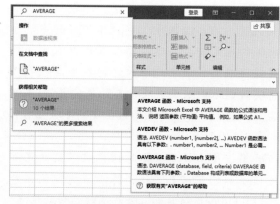

图 3-145　获取函数帮助信息

3.6.3　公式中数据源的引用

在Excel中，可以使用不同的方式引用数据源来进行公式计算。

1. 引用相对数据源

引用相对数据源即相对引用，指的是通过当前单元格与目标单元格的相对位置来定位引用单元格。

相对引用包含了当前单元格与公式所在单元格的相对位置。默认设置下，Excel使用的都是相对引用，当改变公式所在单元格的位置时，引用也会随之改变。

例如，在 E1 单元格输入公式"=A1"，当公式向右复制时，将依次变为"=B1""=C1""=D1"……当公式向下复制时，将依次变为 "=A2" "=A3" "=A4" ……也就是始终保持引用公式所在单元格的左侧 1 列或上方 1 行位置的单元格，如图 3-146 所示。

2. 引用绝对数据源

引用绝对数据源即绝对引用。当复制公式到其他单元格时，采用绝对引用方式将保持公式所引用的单元格绝对位置不变。

如果希望复制公式时能够固定引用某个单元格地址，需要在行号和列标前添加绝对引用符号"$"。例如，在 E1 单元格输入公式 "=$A$1"，将公式向右或向下复制时，会始终保持引用 A1 单元格不变，如图 3-147 所示。

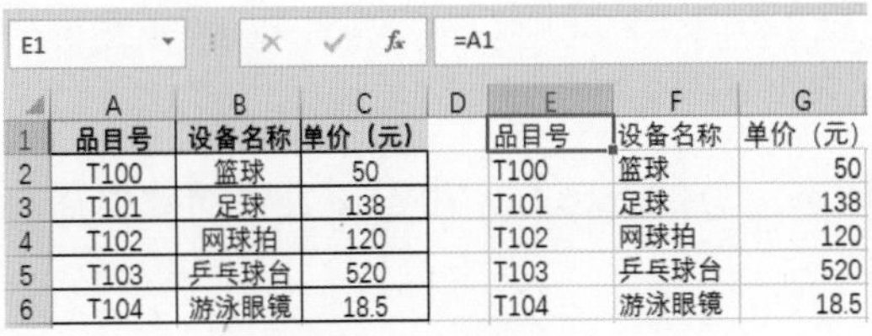

图 3-146　相对引用 　　　　　图 3-147　绝对引用

3. 混合引用数据源

当将公式复制到其他单元格时，仅保持所引用单元格的行或列方向之一的绝对位置不变，而另一个方向的位置发生变化，这种引用方式称为混合引用。混合引用可分为"行绝对引用、列相对引用"及"行相对引用、列绝对引用"两种。

假设公式位于 A1 单元格，各引用类型的说明如表 3-15 所示。

表 3-15　单元格引用类型及特性

引用类型	引用方式	说　明	引用类型	引用方式	说　明
绝对引用	=$A$1	公式向右、向下复制均不改变引用单元格地址	行相对引用、列绝对引用	=$A1	锁定列号。公式向右复制时不改变引用的单元格地址，向下复制时行号递增
行绝对引用、列相对引用	=A$1	锁定行号。公式向下复制时不改变引用单元格地址，向右复制时列号递增	相对引用	=A1	公式向右、向下复制均会改变引用单元格地址

以图 3-148 左图所示的采购成本损耗计算表为例，如果需要根据 B1:F1 区域中拟定的采购量、A2:A8 区域中的损耗率及 I1 单元格中的单位成本，测算不同采购量和不同损耗率的相应成本。计算规则是将 B1:F1 区域中的拟定采购量与 A2:A8 区域中的损耗率分别相乘，然后乘以 I1 单元格中的单位成本。

在 B2 单元格输入以下公式：

163

```
=B$1*$A2*$I$1
```

拖动B2单元格右下角的填充柄，向右拖动至F2单元格，然后拖动F2单元格右下角的填充柄，向下拖动至F8单元格，完成公式填充。从图3-148右图可以看出，公式中的“B$1”部分，“$”符号在行号之前，表示引用方式为“列相对引用、行绝对引用”。“$A2”部分，“$”符号在列标之前，表示引用方式为“列绝对引用、行相对引用”。“$I$1”部分，在行号列标之前都使用了“$”符号，表示对行、列均使用绝对引用。

	A	B	C	D	E	F	G	H	I
1	采购量 损耗率	2000	3500	5000	7500	10500		单位成本	1072
2	0.10%	2144	3752	5360	8040	11256			
3	0.25%	5360	9380	13400	20100	28140			
4	0.35%	7504	13132	18760	28140	39396			
5	0.50%	10720	18760	26800	40200	56280			
6	0.75%	16080	28140	40200	60300	84420			
7	1.00%	21440	37520	53600	80400	112560			
8	1.50%	32160	56280	80400	120600	168840			
9									

TRANSPOSE　=B$1*$A2*$I$1

	A	B	C	D	E	F	G	H	I
1	采购量 损耗率	2000	3500	5000	7500	10500		单位成本	1072
2	0.10%	=B$1*$A2*$I$1		5360	8040	11256			
3	0.25%	5360	9380	13400	20100	28140			
4	0.35%	7504	13132	18760	28140	39396			
5	0.50%	10720	18760	26800	40200	56280			
6	0.75%	16080	28140	40200	60300	84420			
7	1.00%	21440	37520	53600	80400	112560			
8	1.50%	32160	56280	80400	120600	168840			

图 3-148　应用混合引用测算不同损耗下的成本

【例3-20】图3-149所示为某淘宝店销售额动态汇总的一部分。由于该表中的数据需要不断累积，需要在C列计算从3月1日以来的累计销售额。

在C2单元格中输入以下公式：

```
=SUM($B$2:B2)
```

公式中的第1个B2单元格使用了绝对引用，第2个单元格使用了相对引用，在公式向下复制时会依次变成“$B$2:B3”“$B$2:B4”、……这样逐步扩大范围，最后使用SUM函数对这个动态扩展区域求和。

C2　=SUM($B$2:B2)

	A	B	C	D
1	日期	单日销售额	累计销售额	
2	2023/3/1	¥15,528	¥15,528	
3	2023/3/2	¥2,769	¥18,297	
4	2023/3/3	¥48,720	¥67,017	
5	2023/3/4	¥65,901	¥132,918	

图 3-149　淘宝店销售数据

4. 快速切换数据源引用类型

当在公式中输入单元格地址时，可以连续按F4键在4种不同引用类型中进行循环切换，其顺序是：绝对引用→行绝对引用、列相对引用→行相对引用、列绝对引用→相对引用。例如：

```
$B$1 →B$1 →$B1 →B1
```

5. 引用其他工作表的数据源

在公式中允许引用其他工作表的数据。跨工作表引用表示方式为“工作表名+半角感叹号+引用区域”。例如，以下公式表示对Sheet5工作表B1:C3区域的引用：

```
=Sheet5!B1:C3
```

除手动输入引用以外，也可以在公式编辑状态下，通过鼠标单击相应工作表标签，然后选取待引用的单元格或区域的方式来实现跨工作表数据源的引用。

当引用的工作表名是以数字开头或包含空格及某些特殊字符时，公式中的工作表名称两侧需要分别添加半角单引号"'"。例如：

='汇总数据' !B1:C3

如果更改了被引用的工作表名称，公式中的工作表名会自动更改。

6. 引用多个连续工作表的相同数据源

在使用SUM(求和)、AVERAGE(算术平均值)函数进行简单的多工作表计算时，如果需要引用多个相邻工作表的相同单元格区域，可以使用特殊的引用方式，而无须逐个对工作表的单元格区域进行引用。例如，图3-150所示为某公司一季度产品出货数量记录，需要在"汇总"工作表中计算该公司1月和3月之间所有工作表中D列的总计出货量。

【例3-21】在图3-150所示工作簿的"汇总"工作表的A2单元格中使用公式汇总"1月""2月""3月"3个工作表中D列数据的总和。

	A	B	C	D	E
1	开单日期	业务类型	品名/规格	出货数量	单位
2	2023/1/1	正常销售订单	托伐普坦片(苏麦卡)/15mg*5T	36	盒
3	2023/1/2	正常销售订单	托伐普坦片(苏麦卡)/15mg*5T	4	盒
4	2023/1/3	销售差价	托伐普坦片(苏麦卡)/15mg*5T	0	盒
5	2023/1/4	正常销售订单	富马酸产帕他定片/10mg*5片	400	盒
6	2023/1/5	大客户订单	枸地氯雷他定片/8.8mg*6T(薄膜衣)	200	盒
7	2023/1/6	正常销售订单	乳果糖口服溶液/100ml:66.7g*60ml	5	瓶
8	2023/1/7	正常销售订单	双花百合片/0.6g*12T*2板	10	盒
9	2023/1/8	正常销售订单	正元胶囊/0.45g*24S	200	盒
10	2023/1/9	统筹订单	柴芩清宁胶囊/0.3g*12S*2板	60	盒

图 3-150　某公司产品出货数据

01 在"汇总"工作表的A2单元格中输入公式"=SUM("，然后单击"1月"工作表标签，按住Shift键不放单击"3月"工作表标签，同时选中"1月""2月""3月"工作表。

02 单击D列列表，选取D列整列作为求和区域，最后输入右括号")"，按Enter键结束公式的输入，得到以下公式：

=SUM('1月:3月'!D:D)

03 在"汇总"工作表的A2单元格中输入以下公式，也能对除公式所在工作表之外的其他工作表D列单元格区域求和。

=SUM('*' !D:D)

7. 引用其他工作簿的数据源

当引用的单元格与公式所在单元格不在同一个工作簿中时，其表示方式为"[工作簿名称]工作表名！单元格引用"。例如：

=[工作簿5]Sheet1!B1:C3

如果关闭了被引用的工作簿，公式中会自动添加被引用工作簿的路径。如果首次打开引用了其他工作簿数据的Excel文档，并且被引用的工作簿没有同时打开，Excel将会弹出提示框，提示用户更新数据。

8. 表格中的结构化引用

可以在【插入】选项卡中通过【表格】命令控件将普通数据区转换为具有某些特殊功能的数据表。

依次按Alt、T、O键打开【Excel选项】对话框，选择【公式】选项卡，选中【在公式中使用表名】复选框，单击【确定】按钮即可使用结构化引用来表示表格区域，如图3-151所示。以图3-152所示的商品开单数据表为例，使用结构化引用在F1单元格计算C列数据汇总的操作方法如下。

图 3-151　设置在公式中使用表名　　　　图 3-152　开单数据表

01 选中任意包含数据的单元格后，单击【插入】选项卡【表格】组中的【表格】按钮，在打开的【创建表】对话框中单击【确定】按钮，如图3-153所示。

02 在F1单元格中输入"=SUM("后，用鼠标选取C列的出货数量区域，公式中的单元格地址将自动转换为表名称和字段标题"表2[出货数量]"，如图3-154所示。

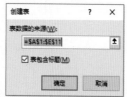

图 3-153　【创建表】对话框　　　　图 3-154　输入公式

03 按Enter键后，即可在F1单元格得到C列数据的汇总。

> **提示**
>
> 如果开启"在公式中使用表名"功能，公式中的字段标题部分仅可以使用相对引用方式。

3.6.4　定义名称方便数据引用

在Excel中，可以为单个单元格、单元格范围、列、行或工作表等定义名称，以便于引用和识别。这些名称可以用于公式、数据验证、宏等。

1. 定义名称

定义名称有以下几种方法。

▶ 方法1：选中需要命名的单元格区域，在名称框中输入名称，然后按下Enter键，如图3-155所示。

▶ 方法2：选择【公式】选项卡，单击【定义的名称】组中的【定义名称】按钮，打开【新建名称】对话框，在【名称】文本框中输入名称，然后分别设置【范围】【批注】【引用位置】后，单击【确定】按钮，如图 3-156 所示。

图 3-155　在名称框定义名称　　　　图 3-156　【新建名称】对话框

▶ 方法 3：选中需要命名的单元格区域，单击【公式】选项卡【定义的名称】组中的【根据所选内容创建】按钮(或者按 Ctrl+Shift+F3 快捷键)，在打开的对话框中选中【首行】复选框，单击【确定】按钮即可。例如，图 3-157 所示的操作将分别根据列标题"销售数量""销售金额""实现利润"命名 3 个名称。

▶ 方法 4：单击【公式】选项卡【定义的名称】组中的【名称管理器】按钮(或按 Ctrl+F3 快捷键)，打开【名称管理器】对话框，单击【新建】按钮，在打开的【新建名称】对话框中新建名称，如图 3-158 所示。

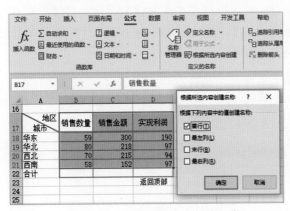

图 3-157　根据所选内容创建名称

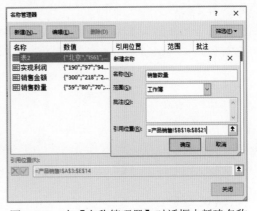

图 3-158　在【名称管理器】对话框中新建名称

2. 使用名称

使用名称的方法有以下几种。

▶ 在输入公式时使用名称。如果需要在公式编辑过程中调用定义好的名称，除在公式中直接手动输入名称以外，还可以在【公式】选项卡【定义的名称】组中单击【用于公式】下拉按钮，在弹出的列表中选择相应的名称，如图 3-159 所示。

▶ 在现有公式中使用名称。如果在工作表内已经输入了公式，再定义名称时 Excel 不会自动用新名称替换公式中的单元格引用。如需将名称应用到已有公式中，可以单击【公式】选项卡【定义的名称】组中的【定义名称】下拉按钮，在弹出的列表中选择【应用名称】选项，在打开的【应用名称】对话框中选择需要应用于公式的名称，然后单击【确定】按钮，如图 3-160 所示。

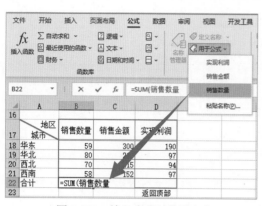

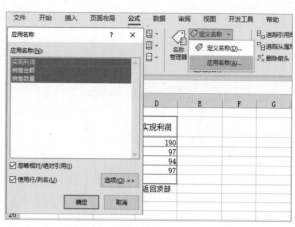

图 3-159 输入公式时使用名称　　　　　图 3-160 在现有公式中使用名称

下面通过一个简单的实例来介绍名称在Excel公式中的应用。

【例3-22】在图3-161所示的表格B7:B10区域中制作二级下拉菜单，以方便数据的录入。

01 选中A2:F3区域后，单击【公式】选项卡【定义的名称】组中的【根据所选内容创建】按钮，在打开的对话框中选中【最左列】复选框后，单击【确定】按钮。

02 单击【数据】选项卡中的【数据验证】按钮，在打开的【数据验证】对话框的【设置】选项卡中将【允许】设置为【序列】，然后单击【来源】文本框右侧的 ↑，选择A2:A3区域后按Enter键，返回【数据验证】对话框，单击【确定】按钮，如图 3-162所示。

图 3-161 二级下拉菜单　　　　　　图 3-162 设置数据验证

03 选中B7:B10区域后，再次单击【数据】选项卡中的【数据验证】按钮，打开【数据验证】对话框，将【允许】设置为【序列】，在【来源】文本框中输入"=INDIRECT("后单击A7单元格，结果如图 3-163所示。

04 按F4键将单元格引用方式转换为相对引用，然后输入右括号")"。

05 在【数据验证】对话框中单击【确定】按钮，在打开的提示对话框中单击【是】按钮。

06 选择【出错警告】选项卡，取消【输入无效数据时显示出错警告】复选框的选中状态，单击【确定】按钮，如图 3-164所示。

07 在打开的Excel提示对话框中单击【是】按钮，完成二级下拉菜单的设置。此时，在

A7:A10 区域中单击任意单元格右侧的下拉按钮，可以在弹出的一级下拉菜单中选择省份，单击其后B列单元格右下角的下拉按钮，可以在弹出的二级下拉菜单中选择城市。

图 3-163 输入公式   图 3-164 【出错警告】选项卡

3. 管理名称

使用名称管理器，用户可以方便地查看、新建、编辑和删除名称。

▶ 查看已有名称。以例 3-22 为例，完成该案例的操作后，单击【公式】选项卡【定义的名称】组中的【名称管理器】按钮(或按Ctrl+F3快捷键)，可以打开图3-165所示的【名称管理器】对话框，在该对话框中可以看到该例创建的 2 个名称"江苏省"和"浙江省"，以及每个名称值对应的城市。

▶ 修改已有名称的命名和引用位置。在【名称管理器】对话框中选中需要修改的名称后，单击【编辑】按钮，打开【编辑名称】对话框，对名称进行重命名或修改引用区域和公式，如图3-166所示。完成修改后单击【确定】按钮返回【名称管理器】对话框，再单击【关闭】按钮即可。

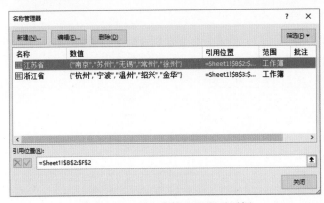

图 3-165 【名称管理器】对话框   图 3-166 【编辑名称】选项卡

▶ 筛选和删除错误名称。当名称出现错误而无法正常使用时，在【名称管理器】对话框中单击【筛选】下拉按钮，在弹出的下拉列表中选择【有错误的名称】选项，可以筛选出有错误的名称，选中该名称后单击【删除】按钮，可以将有错误的名称删除。

- 在单元格中粘贴名称列表。如果在定义名称时用到的公式字符较多，在【名称管理器】对话框中将无法完整显示，需要查看详细信息时，可以将定义名称的引用位置或公式全部在单元格中显示出来。具体操作方法是：在工作表中选中用于粘贴名称的目标单元格，按F3键或单击【公式】选项卡【定义的名称】组中的【用于公式】下拉按钮，在弹出的列表中选择【粘贴名称】选项，在打开的【粘贴名称】对话框中单击【粘贴列表】按钮。
- 查看名称的命名范围。将工作表的显示比例缩小到40%以下时，可以在定义为名称的单元格区域中显示名称的命名范围的边界和名称。边界和名称有助于观察工作表中的命名范围，打印工作表时，这些内容不会被打印输出。

4. 使用名称的注意事项

在定义和使用名称时，用户应注意以下一些事项。

- 在不同工作簿中复制工作表时，名称会随着工作表一同被复制。当复制的工作表中包含名称时，应注意可能由此产生的名称混乱问题。
- 在不同工作簿建立工作表副本时，源工作表中的所有名称将被原样复制。
- 在同一个工作簿中建立副本工作表时，原有的工作簿级名称和工作表级名称都将被复制，产生同名的工作表级名称。
- 当删除某个工作表时，该工作表中的工作表级名称会被全部删除，而引用该工作表内容的工作簿级名称将被保留，但【引用位置】编辑框中的公式会出现错误值#REF!。
- 在【名称管理器】对话框中删除名称后，工作表中所有调用该名称的公式将返回错误值#NAME？。

3.6.5　公式与函数的使用限制

在使用Excel的公式和函数时，有一些使用限制需要注意。

1. 计算精度限制

Excel计算精度为15位数字(含小数，即从左侧第1个不为0的数字开始算起)，输入长数字时，超过15位数字部分将自动变为0。

在输入身份证号码、银行卡号等超过15位的长数字时，需要先设置单元格为文本格式后再输入，或先输入半角单引号"'"，以文本形式存储数字。

2. 公式字符限制

Excel中限制公式最大长度为8192个字符。在实际应用中，如果公式长度达到数百个字符，就已经相当复杂，对于后期的修改、编辑都会带来影响，也不便于其他用户快速理解公式的含义。用户可以借助排序、筛选、辅助列等手段，降低公式长度和Excel计算量。

3. 函数参数限制

Excel中的内置函数最多可以包含255个参数，当使用单元格引用作为函数参数且超过参数个数限制时，可以将多个引用区域加上一对括号形成合并区域，作为一个参数使用，从而解决参数个数限制问题。例如，以下两个公式：

```
=SUM(A2:B3,C3:E5,F6:G8,H3)
=SUM((A2:B3,C3:E5,F6:G8,H3))
```

第1个公式中使用了4个参数，而第2个公式利用"合并区域"引用方式，被Excel视为使用了1个参数。

4. 函数嵌套层数限制

Excel函数嵌套是指在一个Excel公式中使用多个函数来进行复杂的计算或操作。在Excel中，可以将一个函数作为另一个函数的参数，这样可以在一个单元格中嵌套使用多个函数。

Excel中函数嵌套层数最大为64层。

3.6.6　公式结果不正确的原因

当Excel公式的结果不正确时，可能会有多种原因。下面是一些可能导致Excel公式结果错误的常见问题和潜在原因。

▶ 有文本数据参与运算。文本数据无法参与运算，文本数据看似为数据，但参与公式计算就会返回错误值。

▶ 空白单元格不为空。当引用的数据源中是由公式返回的空值，或者包含特殊符号"，"或自定义单元格格式为";;;"的值时，都会造成公式结果返回错误值，因为它们并不是真正的空单元格。

▶ 实际值与显示值不同。实际工作中为了输入方便或为了让数据显示特殊的外观效果，通常会设置单元格格式，从而改变数据的显示方式，但实际数据并未改变。公式返回值以实际值为准，所以造成公式计算错误。

　　想要正确地使用公式，首先需要理解所使用函数的参数规则，之后才能根据当前使用情况合理设置参数。在实际工作中使用公式难免会出现错误值，有时原因在数据源，有时原因在公式本身。当出现错误值时，用户可以先从数据中排查原因，然后在【公式】选项卡的【公式审核】组中单击【错误检查】按钮，打开【错误检查】对话框，查看系统是否给出了错误提示。此外，用户还可以把公式提交给ChatGPT，通过提问的方式让人工智能来检查公式是否存在错误，以及如何修改公式。

3.6.7　使用 ChatGPT 自动生成公式

Excel为用户提供了丰富的公式与函数。在日常工作中，很多情况下用户可能并不知道在实际情况下该使用Excel中的哪个公式，或者对Excel中相关公式的语法和使用场景不太了解。此时，通过在ChatGPT中描述清楚公式的使用需求和结果，就可以利用ChatGPT自动完成相关函数的选择，并生成公式。

例如，在图3-167所示的费用统计表中，需要比较收支是否超出预算。用户可以向ChatGPT

提出需求描述：生成公式，在Excel工作表的C列使用公式比对B列和A列数据，如果B列数据大于A列数据，则显示"超支"，否则显示"未超支"。

稍等片刻后，ChatGPT将自动生成公式，以及公式的解释和使用方法，如图3-168所示。在表格的C列使用ChatGPT生成的公式可得到所要的统计结果。

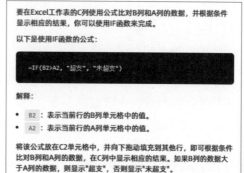

图 3-167　费用统计表　　　　　　图 3-168　使用 ChatGPT 生成计算公式

又如，在图3-169左图所示的员工考勤记录表中需要根据G列指定的姓名在H列统计对应员工在C列的打卡次数。

要解决这个问题，可以在ChatGPT中详细描述需求：在一个Excel表中，A列为姓名，C列为打卡次数，G列为统计姓名，H列用于统计打卡次数。在H列中根据G列中的姓名统计A列中相同姓名及C列的打卡次数。例如，G2单元格中提供了姓名"张伟"，在A2:A11区域中找到10个相同的姓名记录，将C2:C11区域中的数字汇总至H2单元格。该如何生成公式？

稍等片刻后，ChatGPT将根据以上描述选择合适的函数并生成相应的公式，如图3-169右图所示。复制ChatGPT生成的公式，将其应用于H列即可得到所需的结果。

图 3-169　使用 ChatGPT 生成公式解决考勤统计问题

再如，在图3-170左图所示的员工统计表中，需要查询指定部门且指定学历的姓名列表。

要解决这个问题，可以在ChatGPT中详细描述需求：在Excel数据表的H列根据F2单元格中输入的部门名称和G2单元格中输入的学历，查询指定部门(B2:B16区域)且指定学历(D2:D16区域)的姓名(A2:A16区域)。例如，F2 单元格数据为"企划部"，G2 单元格数据为"硕士"，查找B列和D列中符合"企划部"与"硕士"相同的数据，然后将与其行相对应的A列中的数据写在H列。该如何生成公式？

稍等片刻后，ChatGPT将根据以上描述选择合适的函数并生成相应的公式，如图3-170右图所示。

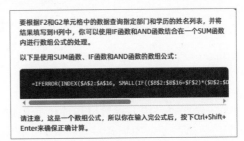

图 3-170　使用 ChatGPT 生成公式解决员工信息查询问题

复制ChatGPT生成的公式，将其粘贴至H2 单元格并向下填充，即可在H列得到想要的统计结果。

ChatGPT的出现大大降低了普通用户学习、使用Excel公式和函数的门槛。要使用公式和函数解决问题，用户不再需要去记忆复杂的函数名称和参数，也不需要大费周章地学习公式的具体应用案例，只需要向ChatGPT正确地描述问题，然后使用人工智能生成的公式即可。

提示

公式和函数在Excel中应用广泛，Excel中的计算、条件判断、字符串处理、数据筛选和过滤，以及数据分析和数据验证都会用到公式和函数。由于篇幅有限，本章无法将所有使用ChatGPT生成Excel公式和函数的案例逐一展示，用户可以通过学习本章中的案例，结合自己实际的应用或者其他专门介绍Excel公式与函数书籍中的示例，举一反三地去学习如何向ChatGPT正确、高效提出问题，从而使其生成正确公式。

3.7　分析与可视化数据

Excel作为一款功能强大的工具，不仅能够帮助用户轻松完成各种从简单到复杂的数据分析任务，还能够以图表、图形和其他可视化元素的形式形象地反映数据的差异、构成比例或变化趋势，从而帮助用户更好地呈现和分析数据。

3.7.1　使用数据表简单分析数据

在Excel中利用数据表进行简单数据分析是一种常见且有效的方法。

将数据整理和保存在一个结构化的表格中形成数据表(如图3-171所示)后，用户可以利用Excel提供的排序、筛选、分类汇总、合并计算等功能，对数据进行分析、处理并生成报告。

	A	B	C	D	E	F	G	H
1	序号	品目号	设备名称	规格型号	单位	单价（元）	数量	金额（元）
2	S0001	X200	水槽	教师用	个	¥15.0	23	¥345.0
3	S0002	X272	生物显微镜	200倍	台	¥138.0	1	¥138.0
4	S0009	X404	岩石化石标本实验盒	教师用	盒	¥11.0	12	¥132.0
5	S0011	X219	小学热学实验盒	学生用	盒	¥8.5	12	¥102.0
6	S0012	X252	小学光学实验盒	学生用	盒	¥8.0	12	¥95.6
7	S0010	X246	磁铁性质实验盒	学生用	盒	¥7.2	12	¥86.4
8	S0007	X239	电流实验盒	学生用	盒	¥6.8	12	¥81.6
9	S0008	X238	静电实验盒	学生用	盒	¥6.3	12	¥75.6
10	S0003	X106	学生电源	1.5A	台	¥65.0	1	¥65.0
11	S0006	X261	昆虫盒	学生用	盒	¥3.2	16	¥50.4
12	S0005	X281	太阳高度测量器	学生用	个	¥3.5	12	¥41.4
13	S0004	X283	风力风向计	教学型	个	¥26.8	1	¥26.8

图 3-171　规范的数据表

1. 认识数据表

Excel数据表是由多行数据构成的有组织的信息集合，它通常由位于顶部的一行字段标题，以及多行数值或文本作为数据行。

图3-171所示展示了一个规范的Excel数据表实例。该数据表的第1行是字段标题，下面包含若干数据。数据表中的列称为字段，行称为记录。数据表一般具备以下几个特点。

- ▶ 在表格的第一行(即"表头")为其对应的一列数据输入描述性文字。
- ▶ 如果输入的内容过长，可以使用"自动换行"功能避免列宽增加。
- ▶ 表格的每一列需输入相同类型的数据。
- ▶ 为数据表的每一列应用相同的单元格格式。

2. 创建数据表

创建图3-171所示数据表的步骤如下。

01 在表格的第1行的各个单元格中输入描述性文字，如"序号""品目号""设备名称""规格型号""单位""单价(元)""数量""金额(元)"等。

02 设置相应的单元格格式，使需要输入的数据能够以正确的形式表示。

03 在每一列中输入相同类型的信息。

3. 删除重复值

在创建数据表的过程中，用户可以利用Excel的"删除重复值"功能，快速删除单列或多列数据中的重复值。

1) 删除单列重复数据

图3-172所示为京东商城搜索关键词统计表的一部分，目前需要从中提取一份没有重复"关键词"的数据表。

【例3-23】删除"京东商城搜索关键词统计表"中"关键词"列的重复数据。

01 单击"关键词"列数据区域中的任意单元格，在【数据】选项卡的【数据工具】组中单击【删除重复值】按钮。

02 在打开的【删除重复值】对话框中选中【关键词】复选框，并取消其他复选框的选中状态，然后单击【确定】按钮，如图3-173所示。

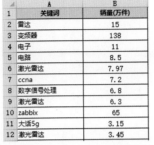

图 3-172　搜索关键词数据统计表

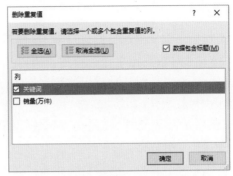

图 3-173　【删除重复值】对话框

03 此时，Excel 将弹出提示框，提示用户已完成重复值的删除，单击【确定】按钮即可。

2) 删除多列重复数据

图 3-174 所示为一份商品的销售记录表，其中包含上千条记录。现在需要在该表中快速获取有哪些特色分类(商品特色分类)参与了销售。

【例 3-24】依据"销售商"和"商品特色分类"列中的数据查找并删除其余列中的重复值。

01 选中数据表中的任意单元格后，单击【数据】选项卡【数据工具】组中的【删除重复值】按钮。

02 打开【删除重复值】对话框，取消【商品名称】【商品风格】【销售季节】【分类名称】4 个复选框的选中状态后，单击【确定】按钮，如图 3-175 所示。

图 3-174　商品销售记录

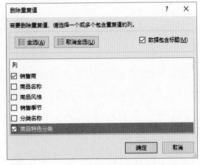

图 3-175　选择需要删除重复值的列

03 此时，Excel 将自动删除数据表中的重复数据。在弹出的提示对话框中单击【确定】按钮即可。

💡 **提示**

【删除重复值】命令在判定重复值时不区分字母大小写，但是区分数字格式。同一数值的数字格式不同，也会被判断为不同的数据。

3.7.2　排序、筛选和分类汇总数据

完成数据表的创建后，对数据表中的数据执行排序、筛选和分类汇总是数据分析中的常用操作。

1. 排序数据

数据排序是指按一定规则对数据进行整理、排列，这样可以为数据的进一步处理做好准备。Excel提供了多种方法对数据清单进行排序，可以按升序、降序的方式排序，也可以按用户自定义的方式排序。下面将介绍几种常用的数据排序方法。

1) 按升(降)序快速排序

图3-176左图所示为某公司1~5月员工销售业绩统计表。该表由于未经排序，看上去杂乱无章，不利于查找和分析数据。

为了能够快速查看所有员工的销售额排名情况，可以利用排序功能快速查看，无论表格中有多少条记录，都可以迅速从大到小或从小到大排列。具体操作步骤如下。

01 选中C列任意单元格后，单击【数据】选项卡【排序和筛选】组中的【降序】按钮，“一月份”列(C列)中的数据将按从高到低排列，如图3-176右图所示。

02 如果单击【排序和筛选】选项组中的【升序】按钮 A↓Z，数据将按从低到高排列。

	A	B	C	D	E	F	G	H
1	部门	姓名	一月份	二月份	三月份	四月份	五月份	汇总
2	直营部	张晓晨	120	150	180	200	220	870
3	直营部	李宇航	100	130	110	120	140	600
4	直营部	王雨萱	90	80	70	80	90	410
5	直营部	赵天宇	200	190	180	170	160	900
6	电商部	刘佳琪	150	160	170	180	190	850
7	电商部	陈宇轩	80	90	100	110	120	500
8	电商部	周美丽	120	130	140	150	160	700
9	电商部	孙浩然	110	100	90	80	70	450
10	大客户部	吴雅婷	140	150	160	170	180	800
11	大客户部	郑瑞杰	170	180	190	200	210	950
12	直营部	钱梦洁	80	70	60	70	80	360
13	直营部	孔宇峰	110	120	130	140	150	650
14	电商部	胡思娜	100	90	80	90	100	460
15	电商部	曹立阳	150	160	170	180	190	850
16	电商部	杨晨曦	120	110	100	110	120	560
17	大客户部	崔继光	130	140	150	160	170	750
18	大客户部	史文静	180	190	200	210	220	1000
19	直营部	姜鑫鑫	90	80	70	80	90	410
20	电商部	唐翔宇	100	110	120	130	140	600
21	大客户部	许蕾婷	130	140	150	160	170	750

C2 200

	A	B	C	D	E	F	G	H
1	部门	姓名	一月份	二月份	三月份	四月份	五月份	汇总
2	直营部	赵天宇	200	190	180	170	160	900
3	大客户部	史文静	180	190	200	210	220	1000
4	大客户部	郑瑞杰	170	180	190	200	210	950
5	电商部	刘佳琪	150	160	170	180	190	850
6	电商部	曹立阳	150	160	170	180	190	850
7	大客户部	吴雅婷	140	150	160	170	180	800
8	大客户部	崔继光	130	140	150	160	170	750
9	大客户部	许蕾婷	130	140	150	160	170	750
10	直营部	张晓晨	120	150	180	200	220	870
11	电商部	周美丽	120	130	140	150	160	700
12	电商部	杨晨曦	120	110	100	110	120	560
13	电商部	孙浩然	110	100	90	80	70	450
14	直营部	孔宇峰	110	120	130	140	150	650
15	直营部	李宇航	100	130	110	120	140	600
16	电商部	胡思娜	100	90	80	90	100	460
17	电商部	唐翔宇	100	110	120	130	140	600
18	直营部	王雨萱	90	80	70	80	90	410
19	直营部	姜鑫鑫	90	80	70	80	90	410
20	电商部	陈宇轩	80	90	100	110	120	500
21	直营部	钱梦洁	80	70	60	70	80	360

图 3-176　按从高到低排序一月份销售数据

2) 按双关键字条件排序

图3-177所示为某单位各部门员工的工资统计表的一部分数据。

现在需要查看表格中相同部门员工薪酬的高低情况，可以设置按双关键字条件排序表格，设置【所属部门】为主要关键字、【应发合计】为次要关键字。具体操作如下。

01 选中数据表中的任意单元格后，单击【数据】选项卡【排序和筛选】组中的【排序】按钮，打开【排序】对话框。

02 在【排序】对话框中设置主要关键字【所属部门】的排序条件后，单击【添加条件】按钮添加次要关键字，设置次要关键字的排序依据为【单元格值】、次序为【降序】，然后单击【确定】按钮，如图3-178所示。

03 此时数据表中的数据将首先按部门排序，再将每个部门的应发合计按照降序排序。

	A	B	C	D	E	F	G	H
1	员工姓名	所属部门	基本工资	工龄工资	福利补贴	提成奖金	加班工资	应发合计
2	赵天宇	销售部	5000	500	1000	2000	300	8800
3	史文静	研发部	6000	600	1500	2500	400	11000
4	郑瑞杰	人资源部	5500	550	1200	2200	350	9800
5	刘佳琪	财务部	4500	450	900	1800	250	7900
6	曹立阳	采购部	4800	480	1000	1900	280	8460
7	吴雅婷	技术部	5500	550	1200	2200	350	9800
8	崔继光	运营部	5200	520	1100	2100	320	9240
9	许蕾婷	运营部	4800	480	1000	1900	280	8460
10	张晓晨	运营部	5000	500	1000	2000	300	8800
11	周美丽	研发部	6000	600	1500	2500	400	11000
12	杨晨曦	人资源部	5500	550	1200	2200	350	9800
13	孙浩然	财务部	4500	450	900	1800	250	7900

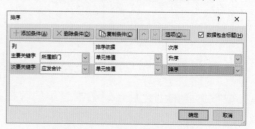

图 3-177　某单位各部门员工工资统计表

图 3-178　【排序】对话框

3) 按笔画条件排列数据

在默认情况下，Excel对汉字的排列方式是按照拼音首字母排序的，以中文姓名为例，字母顺序即按姓名第一个字的拼音首字母在26个英文字母中出现的顺序进行排列，如果同姓，则继续比较姓名中的第二个字，以此类推。图3-179所示是一份员工加班时间统计表，可以通过设置排序，按笔画顺序(横、竖、撇、捺、折)排列表格【姓名】列中的数据。具体操作步骤如下。

01 选中数据表中的任意单元格，单击【数据】选项卡中的【排序】按钮，打开【排序】对话框。

02 在【排序】对话框中选择【主要关键字】为【姓名】，选择【次序】为【升序】，然后单击【选项】按钮。

03 打开【排序选项】对话框，选中【笔画排序】单选按钮，单击【确定】按钮。

04 返回【排序】对话框后再次单击【确定】按钮，表格中的【姓名】列数据将按笔画排列，如图3-180所示。

图 3-179　员工加班时间统计表　　　　图 3-180　设置按笔画排序

4) 排序数据表指定区域

图3-181所示为某公司费用发生流水账数据。现在需要对表格中8月产生的【发生额】数据进行排序。具体操作步骤如下。

01 选中A2:F13区域，单击【数据】选项卡中的【排序】按钮，打开【排序】对话框。

02 在【排序】对话框中取消选中【数据包含标题】复选框。设置【主要关键字】为F列、【次序】为【升序】，单击【确定】按钮，如图3-182所示。

03 此时，表格中8月的记录将自动以【发生额】由低到高进行排序。

图 3-181　某公司费用发生流水账　　　　图 3-182　设置排序参数

5) 按行排列数据

图3-183所示为某单位各部门上半年办公支出费用统计表，其中A列是部门名称；第1行中

的数字用于表示月份。现在需要依次按月份来对表格进行排序。具体操作步骤如下。

01 选中B1:G6区域，单击【数据】选项卡中的【排序】按钮，打开【排序】对话框。

02 在【排序】对话框中单击【选项】按钮，打开【排序选项】对话框，选中【按行排序】单选按钮，单击【确定】按钮，如图3-184所示。

03 返回【排序】对话框，设置【主要关键字】为【行1】，【排序依据】为【单元格值】，【次序】为【降序】，单击【确定】按钮后，表格将按行排序数据。

	A	B	C	D	E	F	G	H
1	部门	1月	2月	3月	4月	5月	6月	总计
2	财务部	5000	6000	5500	4800	5200	5800	32300
3	营销部	4000	4300	4500	4200	4700	4800	26500
4	企划部	3000	3200	3100	3300	3500	3800	19900
5	后勤部	2000	2300	2500	2200	2400	2700	14100
6	技术部	6000	6500	6300	6200	6700	6900	38600
7	总计	20000	22300	21900	20700	22500	24000	131400

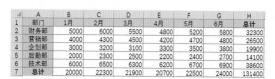

图3-183　办公支出费用统计表

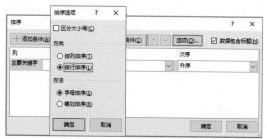

图3-184　设置按行排序数据

2. 筛选数据

筛选是一种用于查找数据清单(数据表)中数据的快速方法。经过筛选后的数据清单只显示包含指定条件的数据行，以供用户浏览、分析之用。

Excel提供筛选和高级筛选两种筛选数据表的方法，使用“筛选”功能可以按简单的条件筛选数据表；使用“高级筛选”功能可以设置复杂的筛选条件筛选数据表。下面将通过案例介绍“筛选”与“高级筛选”功能的几种常见应用。

1) 筛选大于/小于指定值的记录

图3-185所示为某公司各部门费用支出表。现在需要将费用支出额在1500元以上的记录单独筛选出来。这里可以使用“筛选”功能来获取筛选结果。具体操作步骤如下。

01 选中数据表中的任意单元格，单击【数据】选项卡【排序和筛选】组中的【筛选】按钮，为表格列添加自动筛选按钮。

02 单击【支出金额】列标右侧的筛选按钮，在弹出的下拉列表中选择【数字筛选】|【大于】选项，如图3-186所示。

	A	B	C	D	E
1	部门名称	办公用品类别	支出金额	支出时间	支取人
2	财务部	文具	300	2023/1/5	张晓梅
3	财务部	电子设备	2000	2023/2/15	王宇航
4	财务部	家具	1500	2023/3/10	李小龙
5	财务部	耗材	500	2023/4/20	刘婷婷
6	营销部	文具	400	2023/1/7	陈鹏飞
7	营销部	电子设备	2500	2023/2/18	王芳华
8	营销部	家具	1800	2023/3/12	张阳阳
9	营销部	耗材	800	2023/4/25	李婷婷
10	企划部	文具	200	2023/1/10	张东明
11	企划部	电子设备	1800	2023/2/20	王欣然
12	企划部	家具	1200	2023/3/15	李小倩
13	企划部	耗材	300	2023/4/30	刘伟国
14	后勤部	文具	150	2023/1/12	王鹤翔
15	后勤部	电子设备	2200	2023/2/22	张晓飞
16	后勤部	家具	1000	2023/3/18	李丹丹
17	后勤部	耗材	400	2023/5/2	刘阳华

图3-185　某公司各部门费用支出表

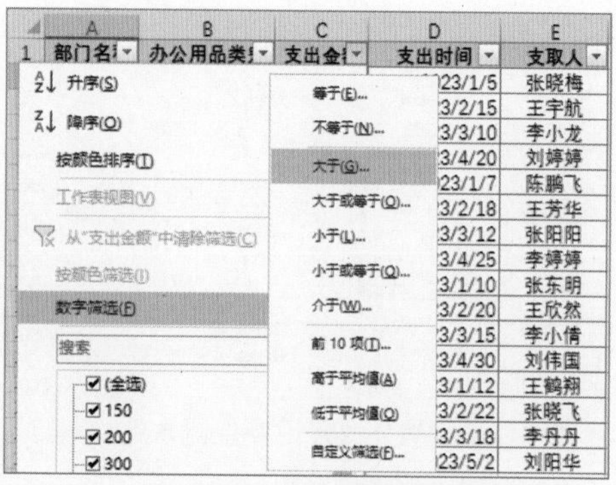

图3-186　设置筛选条件

03 打开【自定义自动筛选方式】对话框，在【支出金额】输入框中输入1500，单击【确定】按钮，如图3-187所示。

04 此时Excel将会筛选支出金额在1500元以上的记录，结果如图3-188所示。

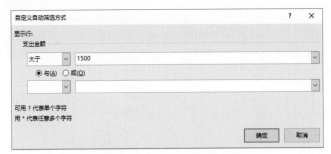

图 3-187　自定义自动筛选方式　　　　　　　　图 3-188　筛选结果

2) 筛选排名前 *n* 位的记录

图3-189所示统计了某驾校一次考试中学员的成绩。现在需要将表格中"倒车入库"项目考试成绩前3名的记录筛选出来。使用"前10项"功能可以将总分排名前3的记录筛选出来。具体操作步骤如下。

01 选中数据表中的任意单元格，单击【数据】选项卡中的【筛选】按钮，为表格列添加自动筛选按钮，然后单击【倒车入库】列标右侧的筛选按钮，在弹出的列表中选择【数字筛选】|【前10项】选项。

02 打开【自动筛选前10个】对话框，设置自动筛选条件为【最大】【3】【项】，单击【确定】按钮，即可筛选出数据表中【倒车入库】成绩在前3名的记录，如图3-190所示。

	A	B	C	D	E	F
1	姓名	倒车入库	侧方停车	坡道停车/起步	直角转弯	曲线行驶
2	张晓梅	95	90	85	92	88
3	王宇航	88	92	89	93	90
4	李小龙	90	85	91	87	94
5	刘婷婷	93	88	92	86	91
6	陈鹏飞	89	87	90	95	87
7	王芳华	92	91	84	90	92
8	张阳阳	86	89	93	88	89
9	李婷婷	91	86	88	89	95
10	张东明	87	93	85	91	90
11	王欣然	94	90	89	87	93
12	李小倩	88	92	90	94	88
13	刘伟国	85	88	94	90	91
14	王鹤翔	96	87	89	92	86
15	张晓飞	89	94	92	86	93
16	李丹丹	91	92	85	95	88

图 3-189　驾校考试成绩　　　　　图 3-190　筛选【倒车入库】成绩排名前 3 的学员

3) 筛选包含指定文本的记录

图3-191所示为某淘宝网店近期出货数据，需要筛选出商品名称中有"衣"字的销售记录。这里可以使用搜索筛选器自动筛选出符合要求的记录。具体操作步骤如下。

01 选中数据表中的任意单元格，单击【数据】选项卡中的【筛选】按钮，为表格列添加自动筛选按钮，单击【商品名称】列标右侧的筛选按钮，在弹出的列表中输入"衣"，如图3-192所示。

02 单击【确定】按钮后，即可看到Excel筛选商品名称记录的结果。

	A	B	C	D	E
1	单号	商品名称	类别	库存	最近出库时间
2	TB-12345678	连衣裙	上衣	50	2023/8/1
3	TB-23456789	高跟鞋	鞋子	30	2023/8/3
4	TB-34567890	半身裙	下装	20	2023/8/2
5	TB-45678901	女式夹克	外套	10	2023/8/5
6	TB-56789012	上衣	上衣	40	2023/8/4
7	TB-67890123	裤子	下装	15	2023/8/1
8	TB-78901234	短外套	外套	25	2023/8/3
9	TB-89012345	女式衬衫	上衣	35	2023/8/2
10	TB-90123456	毛衣	上衣	45	2023/8/2
11	TB-01234567	牛仔裤	下装	55	2023/8/4
12	TB-12345012	内衣	内衣	5	2023/8/1
13	TB-23456123	羽绒服	外套	15	2023/8/3
14	TB-34567234	长裙	下装	40	2023/8/5
15	TB-45678345	短裙	下装	30	2023/8/5
16	TB-56789456	皮衣	外套	20	2023/8/4

图 3-191 某淘宝网店出货数据

图 3-192 筛选指定关键字记录

4) 排除某个指定文本的筛选

仍以图3-191所示的数据表为例，如果要筛选出除了"上衣"类型记录以外的其他记录，可以使用"不包含"功能，在筛选时自动剔除包含指定文本的记录。具体操作步骤如下。

01 单击【数据】选项卡中的【筛选】按钮，为表格列添加自动筛选按钮后，单击【类别】列标右侧的筛选按钮，在弹出的列表中选择【文本筛选】|【不包含】选项。

02 打开【自定义自动筛选方式】对话框，设置自定义自动筛选方式，设置不包含文本为"上衣"，然后单击【确定】按钮，如图3-193所示。

03 此时将筛选出类别中排除"上衣"类的记录，结果如图3-194所示。

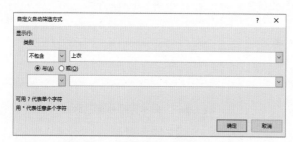

图 3-193 设置不参与筛选的文本

	A	B	C	D	E
1	单号	商品名称	类别	库存	最近出库时
3	TB-23456789	高跟鞋	鞋子	30	2023/8/3
4	TB-34567890	半身裙	下装	20	2023/8/2
5	TB-45678901	女式夹克	外套	10	2023/8/5
7	TB-67890123	裤子	下装	15	2023/8/1
8	TB-78901234	短外套	外套	25	2023/8/3
11	TB-01234567	牛仔裤	下装	55	2023/8/4
12	TB-12345012	内衣	内衣	5	2023/8/1
13	TB-23456123	羽绒服	外套	15	2023/8/3
14	TB-34567234	长裙	下装	40	2023/8/5
15	TB-45678345	短裙	下装	30	2023/8/5
16	TB-56789456	皮衣	外套	20	2023/8/4

图 3-194 筛选结果

5) 筛选指定日期之前的记录

图3-195所示为某百货商场2023年8月各店铺服装类商品的出货记录。现在需要将8月8日之前的所有销售记录筛选出来。这里可以在"筛选"功能中设置某个日期"之前"的记录。具体操作步骤如下。

01 选中数据表中的任意单元格，单击【数据】选项卡中的【筛选】按钮，为表格列添加自动筛选按钮，然后单击【销售日期】列标右侧的筛选按钮，在弹出的列表中选择【日期筛选】|【之前】选项。

02 打开【自定义自动筛选方式】对话框，设置自定义自动筛选方式，设置日期为2023年8月8日，然后单击【确定】按钮，如图3-196所示。

03 此时Excel将自动筛选出指定日期(2023年8月8日)之前的记录。

	A	B	C	D	E	F	G	H
1	销售单号	店铺名称	货号	色号	商品名称	品牌价	销售数量	销售日期
2	AB12345	B座4-01	H001	红色	休闲裤	199	10	2023/8/1
3	BC23456	C座2-03	T002	黑色	短袖T恤	99	20	2023/8/12
4	CD34567	A座1-02	J003	蓝色	牛仔裤	249	15	2023/8/11
5	DE45678	D座5-04	H001	灰色	休闲裤	199	5	2023/8/4
6	EF56789	E座3-01	T002	白色	短袖T恤	99	8	2023/8/5
7	FG67890	A座2-05	J003	黑色	牛仔裤	249	12	2023/8/6
8	GH78901	C座1-03	H001	蓝色	休闲裤	199	18	2023/8/7
9	HI89012	F座6-02	T002	红色	短袖T恤	99	6	2023/8/8
10	IJ90123	E座4-06	J003	灰色	牛仔裤	249	10	2023/8/9
11	JK01234	B座3-01	H001	白色	休闲裤	199	14	2023/8/10
12	KL12345	D座2-04	T002	蓝色	短袖T恤	99	9	2023/8/5
13	LM23456	F座1-03	J003	黑色	牛仔裤	249	7	2023/8/6
14	MN34567	A座6-05	H001	红色	休闲裤	199	11	2023/8/13
15	NO45678	C座3-02	T002	灰色	短袖T恤	99	13	2023/8/11
16	OP56789	D座1-06	J003	白色	牛仔裤	249	16	2023/8/8

图 3-195　某百货商场服装类商品出货记录

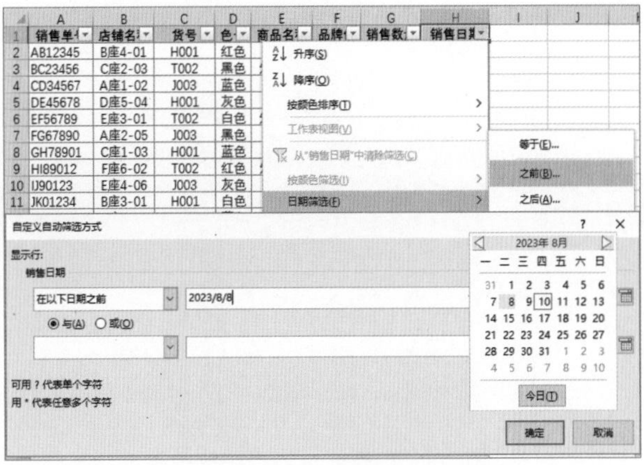

图 3-196　设置筛选日期

6) 筛选指定月份内的记录

图3-197左图所示为某图书馆借书记录数据。现在需要根据借出日期筛选出本月(假设当前月份为2023年8月)所有的图书借出记录。这里可以使用自动筛选功能，在【借出日期】列设置筛选项为【本月】。具体操作步骤如下。

01 选中数据表中的任意单元格，单击【数据】选项卡中的【筛选】按钮，为表格列添加自动筛选按钮，然后单击【借出日期】列标右侧的筛选按钮▾，在弹出的列表中选择【日期筛选】|【本月】选项。

02 此时将筛选出本月(8月)的图书借出记录，如图3-197右图所示。

	A	B	C	D	E
1	图书编号	图书名称	借出日期	是否归还	归还日期
2	1001234	高等数学	2023年8月5日	是	2023/8/15
3	1002345	英语口语	2023年2月12日	是	2023/2/22
4	1003456	程序设计	2023年3月18日	是	2023/3/28
5	1004567	经济学原理	2023年4月7日	是	2023/4/14
6	1005678	计算机网络	2023年5月16日	否	-
7	1006789	数据结构	2023年6月21日	否	-
8	1007890	历史文化	2023年7月10日	是	2023/7/17
9	1008901	心理学导论	2023年8月3日	是	2023/8/10
10	1009012	文学选集	2023年1月18日	是	2023/1/28
11	1001012	统计学基础	2023年2月25日	否	-
12	1003212	政治经济学	2023年3月27日	是	2023/4/3
13	1003412	近代社会学	2023年4月14日	否	-
14	1005677	地理导论	2023年8月7日	否	-
15	1006787	化学实验指南	2023年6月9日	是	2023/6/19
16	1009876	物理实验导引	2023年7月15日	否	-

	A	B	C	D	E
1	图书编	图书名称	借出日期	是否归	归还日
2	1001234	高等数学	2023年8月5日	是	2023/8/15
9	1008901	心理学导论	2023年8月3日	是	2023/8/10
14	1005677	地理导论	2023年8月7日	否	-
17					
18					

图 3-197　筛选 8 月借出的图书记录

7) 筛选同时满足多个条件的记录

图3-198所示为某工厂工人技能培训考核成绩表。现在需要筛选出【合格情况】为"合格"且【车间】为"A车间"的记录。这里可以使用"与"条件筛选，实现将同时满足多个条件的记录筛选出来。具体操作步骤如下。

01 选中数据表中的任意单元格，单击【数据】选项卡中的【高级】按钮，打开【高级筛选】对话框。

02 在【高级筛选】对话框中设置【列表区域】为整个数据表区域、【条件区域】为H1:I2区域，选中【将筛选结果复制到其他位置】单选按钮，单击【复制到】输入框右侧的⬆按钮，如图3-199所示。

03 选中A19单元格后按Enter键，返回【高级筛选】对话框，单击【确定】按钮即可筛选出A

车间中考核“合格”的所有记录。

	A	B	C	D	E	F	G	H	I
1	车间	姓名	性别	总成绩	平均成绩	合格情况		车间	合格情况
2	A车间	张伟	男	680	85	合格		A车间	合格
3	A车间	王芳	男	590	73.75	合格			
4	B车间	李娜	女	720	90	合格			
5	B车间	刘强	男	510	63.75	不合格			
6	C车间	陈秀英	女	670	83.75	合格			
7	C车间	杨勇	男	480	60	不合格			
8	A车间	张秀英	男	700	87.5	合格			
9	A车间	王刚	男	520	65	不合格			
10	A车间	李秀英	男	690	86.25	合格			
11	A车间	王勇	男	610	76.25	合格			
12	B车间	杨秀英	男	670	83.75	合格			
13	C车间	张静	男	550	68.75	合格			
14	A车间	李军	男	480	60	不合格			
15	A车间	王霞	男	590	73.75	合格			
16	A车间	张平	男	720	90	合格			

图 3-198　技能培训考核成绩表

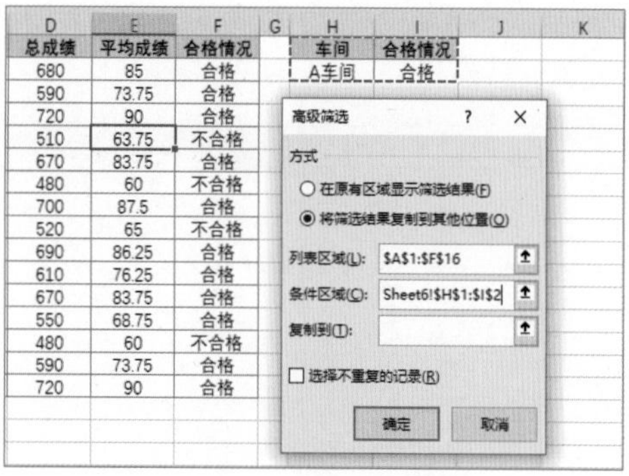

图 3-199　设置筛选条件

8) 取消数据表的筛选结果

如果要取消对某一列数据的筛选，可以单击该列标右侧的筛选按钮，在弹出的列表中选中【(全选)】复选框，或者选择【从“字段名(此处为类别)”中清除筛选】选项，如图3-200所示。

如果要取消数据列表中的所有筛选，可以单击【数据】选项卡中的【清除】按钮。

再次单击【数据】选项卡中的【筛选】按钮，或者按Ctrl+Shift+L快捷键，可以退出筛选状态。

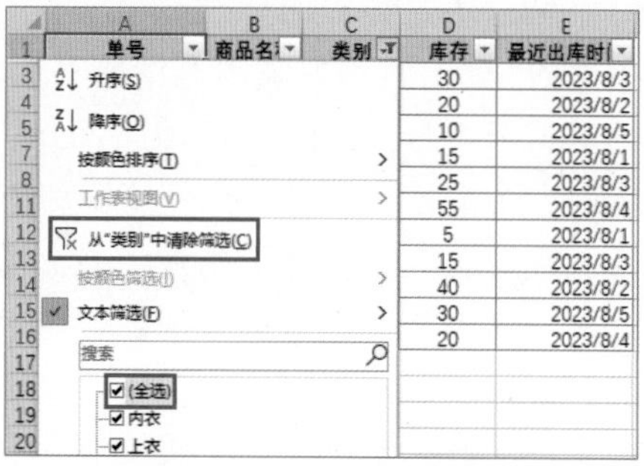

图 3-200　取消数据筛选

3. 分类汇总数据

分类汇总数据，即在按某一条件对数据进行分类的同时，对同一类别中的数据进行统计运算。例如计算同一类数据的总和、平均值、最大值等。由于通过分类汇总可以得到分散记录的合计数据，因此分类汇总是数据分析时(特别是大数据分析)的常用功能。

下面将通过案例介绍分类汇总功能的一些常见应用。

1) 按类别分类汇总数据

图3-201所示为某书店一天之内销售图书的数据记录。现在需要通过创建分类汇总，统计出各个图书分类的总销量。这里可以通过数据排序和创建分类汇总来对各个类别进行统计。具体操作步骤如下。

01 选中【图书分类】列中的任意单元格，单击【数据】选项卡中的【降序】按钮，将【图书分类】列数据降序排列，如图3-202所示。

	A	B	C	D	E	F
1	图书编码	销售日期	图书分类	出版社	作者	总销量
2	12345QH	2023/1/15	科幻小说	清华大学出版社	赵雨萱	100
3	23456QH	2023/2/18	历史类	人民邮电出版社	陈晓彤	80
4	34567QH	2023/3/25	小说类	机械工业出版社	李梓涵	120
5	45678QH	2023/4/10	文学类	清华大学出版社	王婧怡	90
6	56789QH	2023/5/2	科幻小说	人民邮电出版社	张雨薇	150
7	67890QH	2023/6/8	历史类	机械工业出版社	刘心怡	70
8	78901QH	2023/7/11	小说类	清华大学出版社	杨诗涵	110
9	89012QH	2023/8/14	文学类	人民邮电出版社	黄雅婷	85
10	90123QH	2023/9/21	科幻小说	清华大学出版社	周晓宇	130
11	01234QH	2023/10/3	历史类	机械工业出版社	徐子涵	95
12	23456QH	2023/11/9	小说类	人民邮电出版社	宋思嘉	140
13	34567QH	2023/12/12	科幻小说	机械工业出版社	许小雨	75

图 3-201　图书销售数据

	A	B	C	D	E	F
1	图书编码	销售日期	图书分类	出版社	作者	总销量
2	34567QH	2023/3/25	小说类	机械工业出版社	李梓涵	120
3	78901QH	2023/7/11	小说类	清华大学出版社	杨诗涵	110
4	23456QH	2023/11/9	小说类	人民邮电出版社	宋思嘉	140
5	45678QH	2023/4/10	文学类	清华大学出版社	王婧怡	90
6	89012QH	2023/8/14	文学类	人民邮电出版社	黄雅婷	85
7	23456QH	2023/2/18	历史类	人民邮电出版社	陈晓彤	80
8	67890QH	2023/6/8	历史类	机械工业出版社	刘心怡	70
9	01234QH	2023/10/3	历史类	机械工业出版社	徐子涵	95
10	12345QH	2023/1/15	科幻小说	清华大学出版社	赵雨萱	100
11	56789QH	2023/5/2	科幻小说	人民邮电出版社	张雨薇	150
12	90123QH	2023/9/21	科幻小说	清华大学出版社	周晓宇	130
13	34567QH	2023/12/12	科幻小说	机械工业出版社	许小雨	75

图 3-202　按图书分类排序

02 单击【数据】选项卡【分类显示】组中的【分类汇总】按钮，打开【分类汇总】对话框，设置【分类字段】为【图书分类】，选中【总销量】复选框，单击【确定】按钮，如图 3-203 所示。

03 此时 Excel 将按图书分类统计出总销量，结果如图 3-204 所示。

图 3-203 【分类汇总】对话框

图 3-204 按图书分类统计出总销量

2) 更改汇总计算的函数

图 3-205 所示为参考上面介绍的方法，对员工销售业绩统计表进行分类汇总的结果。Excel 默认以求和方式汇总数据，现在需要将汇总方式改为"最大值"，以查看各部门 1~5 月销售业绩的最高值是多少。

01 单击【数据】选项卡中的【分类汇总】按钮，打开【分类汇总】对话框，将【汇总方式】设置为【最大值】，单击【确定】按钮，如图 3-206 左图所示。

02 此时 Excel 将按部门汇总各月份销售业绩的最大值，如图 3-206 右图所示。

图 3-205 员工销售业绩统计数据

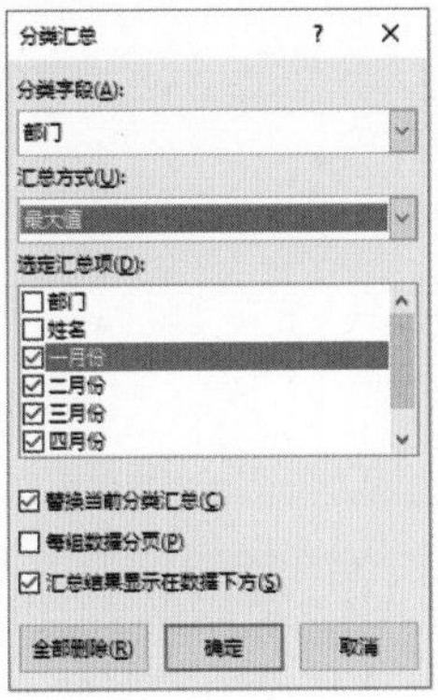

图 3-206 更改汇总方式

3) 创建多种统计的分类汇总

多种统计结果的分类汇总是指在分类汇总结果中同时显示多种统计结果，例如同时显示求和值、最大值、平均值等。仍以图3-206所示的数据表为例，如果需要显示每个部门1~5月业绩的汇总、平均值、最大值和最小值，则需要创建多种统计的分类汇总，具体操作方法如下。

01 单击分类汇总后数据表中的任意单元格，再次单击【数据】选项卡中的【分类汇总】按钮，打开【分类汇总】对话框

02 在【分类汇总】对话框中设置【分类字段】为【部门】，【汇总方式】为【求和】，在【选定汇总项】列表框中依次选中【一月份】【二月份】【三月份】【四月份】【五月份】5个复选框，然后取消【替换当前分类汇总】复选框的选中状态，并单击【确定】按钮，如图3-207左图所示。

03 重复以上操作，分别设置对【部门】进行【平均值】【最小值】的分类汇总，完成后的结果如图3-207右图所示。

图 3-207　设置多种统计分类汇总

如果用户想将分类汇总后的数据列表按汇总项打印，只需在【分类汇总】对话框中选中【每组数据分页】复选框即可。

4) 取消和替换当前分类汇总

如果需要取消已经设置好的分类汇总，只需在打开【分类汇总】对话框后，单击【全部删除】按钮即可。如果需要替换当前的分类汇总，则需在【分类汇总】对话框中选中【替换当前分类汇总】复选框。

3.7.3　使用数据透视表分析数据

数据透视表是一种可用于对数据进行汇总和分析的强大工具。它能够快速对数据进行重排、汇总和展示，以便用户更好地理解和分析数据。

1. 认识数据透视表

数据透视表是一种从Excel数据表、关系数据库文件或OLAP多维数据集中的特殊字段中总结信息的分析工具，它能够对大量数据快速汇总并建立交叉列表的交互式动态表格，帮助用户分析和组织数据。例如，计算平均数或标准差、建立关联表、计算百分比、建立新的数据子集等。

以图3-208所示的数据表为例，表格中包括年份、客户名称、销售代表、产品名称、销售

数量和销售额等，时间跨度为2022年至2023年。利用数据透视表，只需要执行几步操作就可以将表格数据变成一张有价值的报表。

【例3-25】在Excel中根据图3-208所示的数据表创建数据透视表。

01 选中数据表中的任意单元格，单击【插入】选项卡中的【推荐的数据透视表】按钮。

02 打开【推荐的数据透视表】对话框，在该对话框中列出了按不同计数项和求和项的多种不同统计视角的推荐选项，根据数据源的复杂程度不同，推荐数据透视表的数目也不相同，用户可以在【推荐的数据透视表】对话框左侧列表中选择不同的推荐项，在右侧查看相应的数据透视表预览，如图3-209所示。

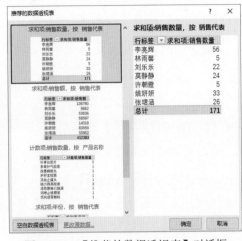

	A	B	C	D	E	F
1	年份	客户名称	销售代表	产品名称	销售数量	销售额
2	2022	鼎盛诊所	李亮辉	护肝宝胶囊	14	36781
3	2022	和谐医院	林雨馨	活血止痛丸	5	9862
4	2022	和谐医院	莫静静	维生素C片	18	52973
5	2022	和谐医院	刘乐乐	维生素C片	7	14509
6	2022	佳美诊所	李亮辉	清热解毒口服液	12	28468
7	2022	鼎盛诊所	张珺涵	维生素C片	9	6321
8	2022	和谐医院	姚妍妍	脑力提高胶囊	16	43759
9	2022	佳美诊所	许朝霞	补肾壮阳片	3	9236
10	2022	佳美诊所	李亮辉	消食健胃颗粒	10	19857
11	2023	协和诊所	李亮辉	参茸补气胶囊	11	27493
12	2023	鼎盛诊所	莫静静	伤风感冒颗粒	6	5624

图 3-208　销售数据表　　　　　　　图 3-209　【推荐的数据透视表】对话框

03 如果希望统计每个销售代表卖出商品的数量，以及商品的总销量，在【推荐的数据透视表】对话框中选择【求和项:销售数量，按销售代表】选项后，单击【确定】按钮即可创建图3-210所示的数据透视表。

数据透视表分为【行区域】【列区域】【值区域】【筛选区】4部分。

▶ 行区域：该区域中的字段将作为数据透视表的行标签。

▶ 列区域：该区域中的字段将作为数据透视表的列标签。

▶ 值区域：该区域用于显示数据透视表汇总的数据。

▶ 筛选区：该区域中的字段将作为数据透视表的筛选页。

在创建数据透视表时，Excel将打开【数据透视表字段】窗格，其中【数据透视表字段】列表框中反映了数据透视表的结构，用户利用它可以轻而易举地向数据透视表内添加、删除、移动字段，设置字段格式，或者对数据透视表中的字段进行排序和筛选，如图3-211所示。

例如，在【数据透视表字段】列表框中选中一个字段后，单击其右侧的倒三角按钮，在弹出的列表中可以设置对字段的筛选；或者选择【升序】和【降序】选项，对字段进行排序处理，如图3-212所示。

筛选区　　列区域

	A	B	C	D
1	客户名称	(全部)		
2				
3	求和项:销售数量	列标签		
4	行标签	2022	2023	总计
5	李亮辉	36	20	56
6	林雨馨	5		5
7	刘乐乐	7	15	22
8	莫静静	18	6	24
9	许朝霞	3	2	5
10	姚妍妍	16	17	33
11	张珺涵	9	17	26
12	总计	94	77	171

行区域　　　　值区域

图 3-210　数据透视表

图 3-211 【数据透视表字段】窗格

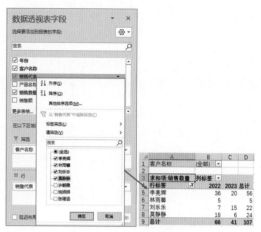
图 3-212 对字段排序

拖动某个字段至【筛选】【列】【行】【值】区域，可以在数据透视表的相应区域显示该字段。如果用户希望在数据透视表中不显示某个字段，只需要在【数据透视表字段】列表框中取消该字段复选框的选中状态即可。

2. 快速分类汇总海量数据

在实际工作中经常会接触到包含成千上万条数据的工作表，这时如果仅用Excel函数或公式进行处理，无论是处理的速度还是更新结果的速度都会遭遇瓶颈，严重时还可能引起Excel卡顿，甚至导致Excel软件崩溃。使用数据透视表可以突破这些瓶颈，轻松满足对海量数据进行各种处理和统计的需求。

以图3-213所示的某企业所有分店、产品、渠道分类的销售明细记录表为例，其中包含了大量的记录。现在需要根据数据表中的明细记录，按照分店和渠道分类两个维度对销售金额进行分类汇总。

【例3-26】使用数据透视表实现对大量数据的快速分类汇总。

01 选中数据表中的任意单元格，单击【插入】选项卡中的【数据透视表】按钮。

02 打开【创建数据透视表】对话框后，选择数据源区域以及数据透视表的放置位置，如图3-214所示，单击【确定】按钮。

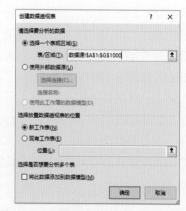

	A	B	C	D	E	F	G
1	序号	日期	分店	产品	分类	金额	店员
2	1	2023/1/1	花园分店	炫彩口红	批发订单	105	小芳
3	2	2023/1/1	明珠分店	精致眼影	代理分销	289	小明
4	3	2023/1/1	金鼎分店	清新洗面奶	代理分销	452	小红
5	4	2023/1/1	金鼎分店	亮丽指甲油	代理分销	642	小李
6	5	2023/1/1	花园分店	炫彩口红	代理分销	827	小华
7	6	2023/1/1	花园分店	精致眼影	代理业务	964	小亮
8	7	2023/1/1	花园分店	清新洗面奶	代理业务	116	小亮
9	8	2023/1/1	花园分店	亮丽指甲油	代理业务	372	小张
10	9	2023/1/1	花园分店	炫彩口红	代理业务	541	小丽
11	10	2023/1/1	明珠分店	精致眼影	批发订单	728	小军
12	11	2023/1/1	明珠分店	清新洗面奶	批发订单	855	小梅

图 3-213 企业销售明细数据

图 3-214 设置数据源和数据透视表位置

03 打开【数据透视表字段】窗格，选中【分店】【分类】【金额】字段后，将【分店】字段拖动至【行】列表框，将【分类】字段拖动至【列】列表框，将【金额】字段拖动至【值】列表框，如图 3-215 所示。

04 为了将 A4 单元格的"行标签"显示为具有实际意义的字段名称，单击【设计】选项卡中的【报表布局】下拉按钮，在弹出的列表中选择【以表格形式显示】选项。设置数据透视表布局为"表格形式"。

05 经过简单的操作后，可以从大量数据中轻松得到想要的分类汇总结果，如图 3-216 所示。

图 3-215　创建数据透视表

图 3-216　快速分类汇总数据结果

数据透视表不但可以按照条件对海量数据进行快速分类汇总，而且可以根据用户需求快速调整报表布局和统计分析维度。

如果要求按照产品和渠道分类两个维度对上例中的销售金额进行分类汇总，仅需要调整数据透视表的字段布局，将数据透视表行区域中的"分店"换成"产品"，即可将工作表中的数据透视表结果同步更新，如图 3-217 左图所示。

如果要添加新的要求，对全年销售记录按照渠道分类、分店、产品 3 个维度进行分类汇总，仅需要调整数据透视表的字段布局，在数据透视表【行】列表框中放置【分类】和【分店】字段，在数据透视表【列】列表框中放置【产品】字段，即可将工作表中的数据透视表结果同步更新，如图 3-217 右图所示。

图 3-217　调整数据透视表

由此可见，对于复杂的多维度分类汇总需求，使用数据透视表可以快速实现操作要求。

提示

数据透视表不仅能够轻松实现按条件对海量数据进行分类汇总，还可以自定义分组将数据分类分组汇总。

3. 按季度/月份汇总全年数据

在使用Excel时，经常需要按照时间周期对数据进行分组和统计分析，但是数据源中仅有日期字段，没有月份、季度等字段。此时可以使用数据透视表来处理。

仍以【例3-26】介绍过的销售明细记录表为例。将数据表按照季度和月份分类汇总的具体操作步骤如下。

01 先根据数据源创建数据透视表，在【数据透视表字段】窗格中选中【日期】字段后，将其拖动至数据透视表【行】列表框，然后在数据透视表的日期所在位置右击，在弹出的快捷菜单中选择【组合】命令，如图3-218左图所示。

02 打开【组合】对话框，在【步长】选项组中同时选中【月】和【季度】选项，单击【确定】按钮。此时，数据透视表自动将日期按照月份和季度分组显示，如图3-218右图所示。

图3-218 将数据透视表按月份和季度分组

03 如果需要对销售金额进行分类汇总，将【金额】字段拖动至数据透视表的【值】列表框，即可快速实现同时按照季度和月份对金额进行分类汇总，结果如图3-219所示。

04 由于默认生成的数据透视表采用的报表布局是压缩形式，季度和月份两个字段都被压缩在A列显示，要想让季度和月份两个字段分别在不同的列上显示，可以单击【设计】选项卡中的【报表布局】下拉按钮，在弹出的列表中选择【以表格形式显示】选项，调整数据透视表的报表布局为"表格形式"。

05 如此，在数据透视表中，季度字段将放置在A列显示，月份字段将放置在B列显示。此时数据透视表中B列的月份数据的字段名称为"日期"，选中B3单元格，在编辑栏中将其修改为"月"。修改完成后，字段名称将被命名为"月"，结果如图3-220所示。

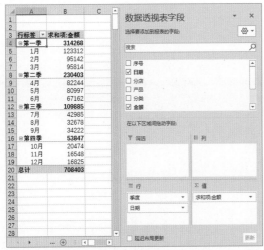

图 3-219　按季度和月份汇总金额

图 3-220　重命名字段名称

这样就完成了全年数据按季度、月份分类汇总。在使用了分组功能的数据透视表中，同样可以根据需要调整或添加数据透视表字段，数据透视表的结果会自动更新。如果此时再添加新的要求，需要在按照季度和月份两个维度的基础上，再添加分店维度对数据分类汇总，仅需要将【分店】字段拖动至数据透视表的【列】列表框中即可。

综上所述，只要灵活运用数据透视表的"分组"功能，并合理调整字段布局，即可实现多个维度的数据统计分析。

4. 制作动态数据透视表

上面介绍的案例中，数据源是固定不变的，而在实际工作中经常会遇到数据源的数据发生增减变动的情况，此时就需要设置数据透视表跟随数据源的变动自动更新。

仍以【例 3-26】介绍过的销售明细记录表为例。当在工作中遇到对经常变动的数据源进行处理及统计时，普通数据透视表仅能对最初引用的数据源区域内的数据更新结果，当新增数据超出原有数据源范围时，数据透视表的结果将不再准确。这时用户可以使用以下两种等效方法之一来让数据透视表返回正确结果。

▶ 方法 1：手动调整数据透视表的数据源范围。

▶ 方法 2：设置动态引用数据源，创建数据透视表。

1) 手动调整数据透视表的数据源范围

在【例 3-26】的销售明细记录表中手动调整数据透视表数据源范围的方法如下。

01 当销售记录不断增加时，由于数据源放置在当前工作簿中，因此单击【数据透视表分析】选项卡中的【更改数据源】按钮，然后在打开的【更改数据透视表数据源】对话框中单击【表/区域】输入框右侧的 按钮，如图 3-221 所示。

02 根据改动的数据源范围修改引用区域后按 Enter 键，返回【更改数据透视表数据源】对话框，单击【确定】按钮。

03 在修改数据透视表的数据源后，为了保证数据透视表结果能够同步更新，单击【数据透视表分析】选项卡中的【刷新】下拉按钮，在弹出的列表中选择【刷新】或【全部刷新】选项刷新数据透视表，如图 3-222 所示。

图 3-221　更改数据透视表数据源　　　　图 3-222　刷新数据透视表

由于【例 3-26】案例中仅有一个数据透视表，可以选择【刷新】选项刷新数据透视表；当工作簿中包含多个数据透视表时，可以选择【全部刷新】选项，将当前工作簿中所有数据透视表批量刷新。

2) 设置动态引用数据源

手动调整数据透视表数据源的方法适用于数据源范围偶尔变动的情况，当数据源范围经常发生变动时，可以采用设置动态引用区域创建动态数据透视表的方法，让数据透视表结果跟随数据源自动更新。以【例 3-26】案例中的销售明细记录表为例，设置动态引用数据源的具体方法如下。

01 选中数据表中的任意单元格后，按 Ctrl+T 快捷键，在打开的【创建表】对话框中单击【确定】按钮，创建超级表，如图 3-223 所示。

02 此时 Excel 会将创建的超级表自动命名为"表 1"，同时将数据区域隔行填充颜色并进入筛选状态。

03 选中数据透视表中的任意单元格，单击【数据透视表分析】选项卡中的【更改数据源】按钮，在打开的对话框的【表/区域】输入框中输入"表 1"，然后单击【确定】按钮即可，如图 3-224 所示。

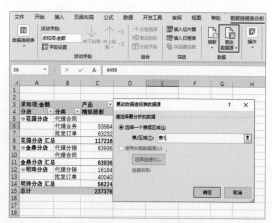

图 3-223　创建超级表　　　　图 3-224　更改数据源

完成以上设置后，得到的数据透视表可以根据数据源的范围变动而自动更新。如此便免去了手动调整数据透视表数据源的麻烦。

设置动态引用数据源时，用户应注意：当数据透视表的数据源从超级表转换为普通区域后，也就同时失去了自动更新数据透视表的功能。

5. 快速将总表拆分为多张分表

在工作中，有时需要将数据表按条件拆分为多张分表并分别放置在不同的工作表中，并且当总数据表更新时，所有分表也会同步更新数据。

此时，如果采用手动操作方法不但费时费力，而且操作非常烦琐、容易出错。用户可以借助数据透视表的报表筛选功能批量实现多表拆分。下面以【例3-26】中的销售明细记录表为例，介绍将总数据表拆分为多个分表的具体操作方法。

01 将要求的拆分条件所在字段(如"季度"字段)放置在数据透视表的筛选区域，如图 3-225 所示。

02 选中数据透视表中的任意单元格，单击【数据透视表分析】选项卡中的【选项】下拉按钮，在弹出的下拉列表中选择【显示报表筛选页】选项，如图 3-226 所示。

图 3-225　设置数据表筛选区域　　　　　图 3-226　显示报表筛选页

03 打开【显示报表筛选页】对话框，选中【季度】选项后，单击【确定】按钮，如图 3-227 所示。

04 此时数据透视表将自动拆分为多个工作表，分别放置第一季、第二季、第三季、第四季的分表数据，如图 3-228 所示。

图 3-227　【显示报表筛选页】对话框　　　图 3-228　拆分数据透视表

这些自动生成的分表与数据透视表总表共用一个数据缓存，当数据源变动时，所有分表会跟随总表同步更新。

6. 使用切片器交互更新数据

当数据透视表中的字段较多、数据报表较庞大时，用户还可以给数据透视表植入选择器，让数据透视表的展示结果可以与用户需求交互更新。

在Excel中，用户可以使用数据透视表中的切片器作为选择器，实现各种条件下的数据透视表快速筛选。以【例3-26】中的销售明细记录表为例，使用"切片器"功能实现交互筛选数据透视表数据的方法如下。

01 选中数据透视表中的任意单元格后，单击【数据透视表分析】选项卡【筛选】组中的【插入切片器】按钮，打开【插入切片器】对话框后选中【店员】复选框，单击【确定】按钮，如图3-229左图所示。

02 插入切片器后，只要在切片器中单击某个店员的名字，就可以查看该店员的销售数据，如图3-229右图所示。

图 3-229　在数据透视表中插入切片器

在数据透视表切片器中，用户可以采用按住鼠标左键拖动的方式(或按住Ctrl键连续单击)，选中多个切片器选项，如图3-230所示。

图 3-230　使用切片器查看销售数据

如果要清除所有筛选条件，单击切片器右上角的【清除筛选器】按钮▽即可。

在数据透视表中，用户可以根据需求插入多个切片器，当使用多个切片器同时筛选数据时，数据透视表会展示同时满足所有切片器中条件的数据结果。当不需要某些切片时，选中切片器并按Delete键即可将其删除。

3.7.4　使用图表和迷你图呈现数据

Excel提供了多种数据可视化工具，能够以图表、图形和其他可视化元素的形式形象地反映数据的差异、构成比例或变化趋势，从而帮助用户更好地呈现和分析数据。

1. 使用数据创建图表

在Excel中，图表常被用于可视化和分析数据。

图表能够将数据以图形形式直观地展示出来，使得数据更易于理解和分析。通过图表，用户可以快速把握数据的趋势、关系、差异等，从而更好地获取相关的信息并做出决策。通过图表还可以将多个数据系列进行比较，从而更容易发现数据之间的差异和关联。在会议、报告等演示场景中，通过图表，可以生动地展示数据的关键点和结论，提升沟通的效果和说服力。

图表的基础是数据，要创建图表，首先需要在工作表中准备好相应的数据。在Excel中，有3种常用的方法可以创建图表。

▶ 方法1：选中数据后，使用【插入】选项卡【图表】组中的命令控件快速创建图表。

【例3-27】图3-231所示为某部门1~5月计划与实际完成工作指标的数据，需要在Excel中使用这些数据创建一个图表呈现数据大小的比较。

01 选中数据区域。

02 单击【插入】选项卡【图表】组中的【插入柱形图或条形图】下拉按钮 📊，在弹出的列表中选择一种图表类型即可。

▶ 方法2：选中数据后，单击【图表】组右下角的对话框启动器 📊，打开【插入图表】对话框创建图表。

【例3-28】图3-232所示为某出版社新书开展打折促销活动以来1~8月的销量变化情况表。需要使用表格中的一部分数据创建一个可以反映一段时间以来数据变化的图表。

01 选中数据表中的D1:E9区域后，单击【插入】选项卡【图表】组中的对话框启动器 📊，打开【插入图表】对话框。

02 在【插入图表】对话框中选择【所有图表】选项卡，选中【漏斗图】选项，此时在对话框中将显示漏斗图的效果预览。单击【确定】按钮，将在工作表中创建相应的图表，如图3-232所示。

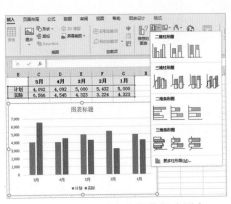

图3-231　使用命令控件创建图表

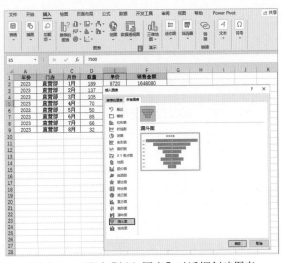

图3-232　通过【插入图表】对话框创建图表

▶ 方法3：选中数据后，按F11键或Alt+F1快捷键，可以快速创建图表(使用Alt+F1快捷键，创建的是嵌入式图表，而按F11键，创建的是图表工作表)。

Excel内置了多种类型的图表,常用的有柱形图、折线图、饼图、条形图、面积图、XY散点图、地图、股价图、曲面图、雷达图、树状图、旭日图、直方图、箱形图、瀑布图和漏斗图,不同的图表类型对于数据的表达各不相同。在创建图表时,用户可以按数据分析的目的来选择图表的类型。例如,当需要比较数据大小时,使用柱状图或条形图;需要反映部分占整体比例时,选择饼图或圆环图;需要显示随时间波动、趋势的变化时,选择折线图或面积图;需要展示数据二级分类,可以选择旭日图;需要呈现数据累积效果时,选择瀑布图;需要分析数据分布区域时,选择直方图。

2. 制作组合图表

在Excel中,用户不仅可以创建单一的图表类型,还可以创建组合图表,使数据的显示更加科学有序。下面将举例介绍常见的组合图表。

1) 柱形图与折线图的组合

图3-233左图所示为某批发市场2023年全年交易额的相关数据。需要将其中的交易额显示为柱形图、百分比增长率显示为折线图,通过柱形图的高低比较数据的大小,通过折线图的走向观察数据的增减趋势。

【例3-29】在工作表中使用柱形图与折线图形成的组合图表,同时呈现数据的高低比较和增减趋势。

01 选中数据表中的B1:D5区域后,单击【插入】选项卡中的【插入组合图】下拉按钮,在弹出的下拉列表中选择【簇状柱形图-次坐标轴上的折线图】选项。

02 此时将创建默认格式的簇状柱形图-次坐标轴上的折线图图表。为图表添加标题并重新设置样式后,其效果如图3-233右图所示。

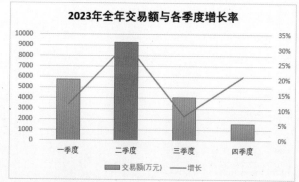

图3-233　创建柱形图与折线图的组合图表

2) 面积图与柱形图的组合

图3-234左图所示为某公司各产品定价与平均售价的比较数据。需要将定价显示为面积图、平均售价显示为柱形图,通过查看柱形图是否包含在面积图的内部,来判断平均售价是高于还是低于定价。

01 选中数据表中的B1:D6区域后，单击【插入】选项卡中的【插入组合图】下拉按钮，在弹出的下拉列表中选择【堆积面积图-簇状柱形图】选项。

02 此时将创建默认格式的堆积面积图-簇状柱形图图表，为该图表添加标题并重新设置样式后，效果如图3-234右图所示。

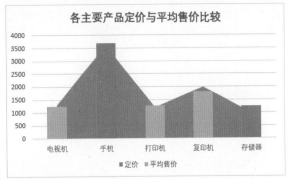

图 3-234　创建面积图与柱形图的组合图表

3. 调整与编辑图表

图表的主要作用是以直观可见的方式来描述和展现数据。由于数据的关系和特性总是多样的，一些情况下直接创建的图表并不能很直观地展现出用户所要表达的意图(或者Excel默认的图表样式掩盖、隐藏了数据中的一些特性)。遇到这种情况就需要通过编辑图表，让图表能够提供更有价值的信息。

1) 调整图表大小和位置

Excel中的图表通常包括标题区、绘图区和图例区3部分，并默认采用横向构成方式。在商务图表中，采用更多的却是纵向的构图方式。用户可以参考下面的操作，通过调整图表大小改变图表的构图。

01 选中图表后，将鼠标指针放置在图表四周的控制柄上拖动，调整图表的大小，如图3-235所示。

02 选中图表，在【格式】选项卡的【大小】组中，用户可以精确调整图表的大小参数。

03 将鼠标指针放置在图表的图表区中(或四周的边框线上)，按住鼠标左键拖动可以调整图表在工作表中的位置。

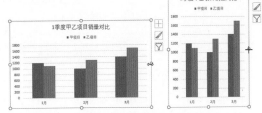

图 3-235　调整图表大小

2) 更改图表类型

创建图表后，如果需要更改图标的类型，不需要在Excel中重新选择单元格数据并创建图表，只需要单击【图表设计】选项卡中的【更改图表类型】按钮即可，具体操作方法如下。

01 选中图表后单击【图表设计】选项卡中的【更改图表类型】按钮，打开【更改图标类型】对话框，选择另一种图表类型，然后单击【确定】按钮，如图3-236左图所示。

02 此时，图表将自动更改为所选类型，如图3-236右图所示。

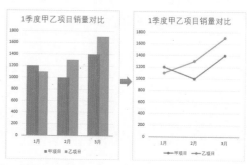

图 3-236　修改图表的类型

3) 调整图表数据系列

创建图表后，用户可以通过调整数据系列，使数据呈现结果符合数据分析的需要，更加准确。具体操作方法如下。

01 在数据表D1:E3区域中输入新的数据，选中图表后向右侧拖动图表数据区域右侧的控制柄，如图3-237左图所示。

02 当图表数据覆盖D1:E3区域后，图表中将自动添加新的数据系列，如图3-237右图所示。同样，如果在拖动图表数据区域时，将区域中的数据移出图表数据区域，与之相对应的数据系列也将从图表中消失。

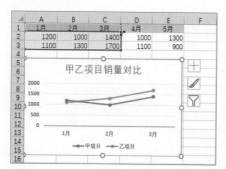
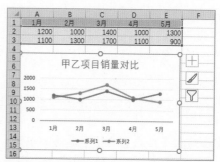

图 3-237　拖动数据区域在图表中添加数据系列

4) 设置图表数据标签

图表的数据标签是用来表示图表中各个数据点的具体数值或分类信息的标签。数据标签的作用是为了使观众能够快速、准确地理解图表中的数据内容，从而更好地进行数据分析和决策。

在Excel中创建图表后，默认图表中不显示数据标签。要为图表添加数据标签，用户可以在选中图表后，单击图表右侧的＋按钮，在弹出的列表中选中【数据标签】复选框，在图表中显示数据标签。单击【数据标签】复选框右侧的下拉按钮，在弹出的列表中用户可以选择数据标签的显示位置，如图3-238所示。

在图3-238所示的列表中选择【更多选项】选项，可以打开【设置数据标签格式】窗格，在该窗格中用户可以调整数据标签中显示的具体项目内容，如图3-239所示。

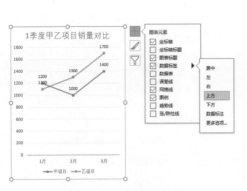

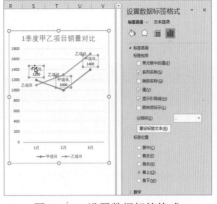

图 3-238　设置数据标签　　　　　　图 3-239　设置数据标签格式

5) 编辑图表坐标轴

图表坐标轴是用于显示和度量数据值的直线，它们构成了图表的基本框架。坐标轴通常分为水平轴(X轴)和垂直轴(Y轴)，它们在图表上创建了一个二维坐标系，使得数据能够被准确地表示和比较。

通过编辑图表的坐标轴，用户可以重新设置坐标轴的位置、最大值、最小值和单位。

▶ 重新设置坐标轴的刻度位置

在建立图表时，Excel会根据当前数据状况及选用的图表类型自动确认坐标轴的最大值和位置。有时默认值虽然能够呈现数据，但是影响了图表的表达要求。例如，在图3-240所示的图表中，坐标轴与数据系列出现了重叠，导致一部分坐标轴上的部门名称看不清楚。

这个问题可以通过设置坐标轴刻度位置来解决，具体操作步骤如下。

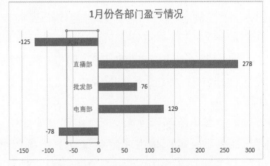

图 3-240　坐标轴与数据系列重叠

01 选中并双击图3-240中的垂直坐标轴，打开【设置坐标轴格式】窗格，展开【标签】选项组，将【标签位置】设置为【低】，如图3-241所示。

02 此时坐标轴将显示在图表中数据较低的一侧(左侧)，能够完整显示其中的内容，如图3-242所示。

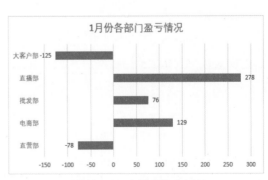

图 3-241　【设置坐标轴格式】窗格　　　图 3-242　调整后的坐标轴

▶ 设置坐标的最大值、最小值和单位

在【设置坐标轴格式】窗格中展开【坐标轴选项】选项组，用户可以对坐标轴的最大值、最小值和单位进行设置。合理设置坐标轴的最大值、最小值和单位，可以简化图表，让数据呈现更加合理，如图 3-243 所示。

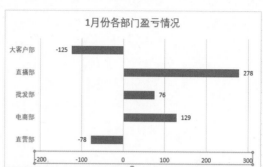

图 3-243 合理设置坐标轴刻度值

6) 设置图例位置与文字

在创建图表时，如果数据表中没有相关图例的文字，Excel将默认生成"系列1""系列2"等图例名称。用户可以在选中图表后，单击图表右侧的＋按钮，在弹出的列表中单击【图例】复选框右侧的下拉按钮，在弹出的下拉列表中设置图例在图表中的显示位置，如图 3-244 所示。

如果要更改图例文本，可以执行以下操作。

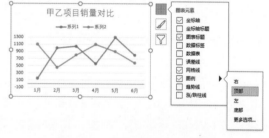

图 3-244 设置图例的显示位置

01 选中图表后，单击【图表设计】选项卡中的【选择数据】按钮，打开【选择数据源】对话框，在【图例项(系列)】列表中选择需要修改的图例后，单击【编辑】按钮，如图 3-245 所示。

02 打开【编辑数据系列】对话框，在【系列名称】输入框中输入新的系列名后，单击【确定】按钮。

03 使用同样的方法设置其他图例的名称后，单击【确定】按钮，图表中图例的效果如图 3-246 所示。

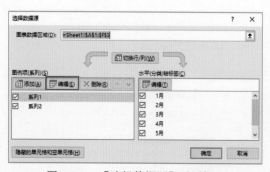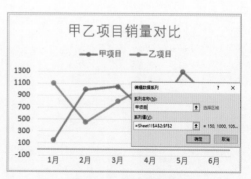

图 3-245 【选择数据源】对话框   图 3-246 更改图例文本

4. 美化图表效果

选择数据源创建图表后，Excel默认以一种最简易的格式呈现图表。为了让图表的外观效果看上去更加美观、更具辨识度，可以通过调整图表的布局和样式来美化图表。例如，隐藏和显示图表中的某些对象，设置图表中标题和图例文字的格式，为图表中的对象设置填充和线条，为图表应用Excel内置的样式等。

1) 合理设置图表元素

常见的图表有柱形图、饼图、折线图、条形图、组合图等，无论哪种类型的图表都是由最基础的元素构成的，例如图表标题、数据标签、数据系列、纵坐标轴、横坐标轴、网格线、图例等，如图3-247左图所示。

美化图表的第一步，就是要合理设置图表中的元素，将其中不需要的元素删除(如删除网格线、图例)，添加需要的元素(如添加数据标签)，合理设置其余元素的位置(如设置坐标轴的显示位置、最大值、最小值和单位)，如图3-247右图所示。

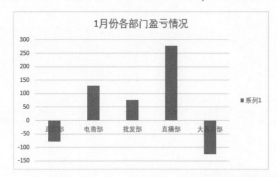
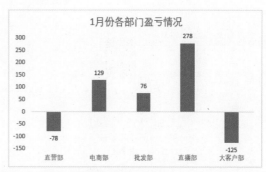

图 3-247　根据数据呈现需求，合理设置图表元素

2) 设置图表中的文字

图表中的文字与文档、表格中的文字一样，都是用来阐明图表分析目的的。为了让观众能一眼就看懂图表中的重要信息，一般需要设置图表的文字格式，例如为标题文字设置突出的格式，或者在图表中的重要数据的一旁使用文本框插入文本做注解，如图3-248所示。

3) 为重点数据添加修饰

用户可以调整图表中主要数据系列的颜色填充效果，将重要的信息用更鲜艳的颜色突出显示，如图3-249所示。

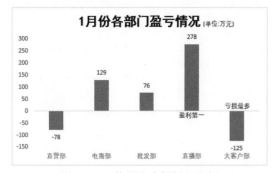
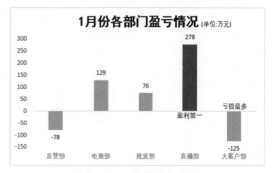

图 3-248　使用文本框插入注解　　　　　　图 3-249　修饰重点数据

4) 套用图表样式

如果用户不想在图表的元素、文本美化上花费太多的时间，也可以通过套用Excel程序内置的样式来美化图表。

选中工作表中的图表后，单击【图表设计】选项卡【图表样式】组中的【其他】按钮☑，在打开的库中选择一种样式，即可将其套用于图表，实现快速美化图表，如图3-250所示。在为图表套用样式时，如果之前对图表进行了格式设置，其格式都将会被覆盖。

5. 在表格中使用迷你图

Excel中的迷你图是一种简洁、小型的图表。其结构紧凑，通常在数据表格的一侧成组使用，能够帮助用户快速观察数据表中数据的变化趋势，如图3-251所示。

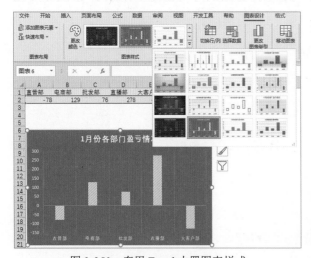

图 3-250　套用 Excel 内置图表样式

项目名称	2020年	2021年	2022年	2023年	迷你图
星空探索计划	78	96	199	89	
蓝海创新科技	34	131	96	32	
绿色未来可持续发展	56	91	132	88	
数字化智能城市	102	96	87	42	
健康生活品质提升	39	113	91	87	

图 3-251　迷你图

迷你图与图表的外观相似，但是在功能上有以下几点差异。

▶ 图表是嵌入工作表中的对象，能够显示多个数据系列，而迷你图只存在于单元格中，并且仅由一个数据系列构成。

▶ 在使用了迷你图的单元格内，仍然可以输入文字并设置填充色。

▶ 使用填充的方式可以快速创建一组迷你图。

▶ 迷你图没有图表标题、图例、网格线等图表元素。

迷你图包括折线、柱形和盈亏3种类型，其功能说明如表3-16所示。

表3-16　迷你图的3种类型

类　型	图　例	说　明	类　型	图　例	说　明
折线		展示数据趋势走向	盈亏		显示方向块，表示盈利和亏损
柱形		识别数据最高点和最低点			

1) 创建迷你图

创建迷你图的操作步骤如下。

01 选中要创建迷你图的单元格,单击【插入】选项卡【迷你图】组中的一种迷你图类型(例如【折线】),如图 3-252 左图所示。

02 打开【创建迷你图】对话框,单击【数据范围】输入框右侧的↑按钮,选择迷你图引用数据范围后按 Enter 键,单击【确定】按钮,如图 3-252 右图所示。

03 此时将在选中的单元格中创建迷你图。将鼠标光标移至迷你图单元格右下角的填充柄上,当光标变为十字状态后向下拖动,可在单元格区域内快速生成多个迷你图,如图 3-253 所示。

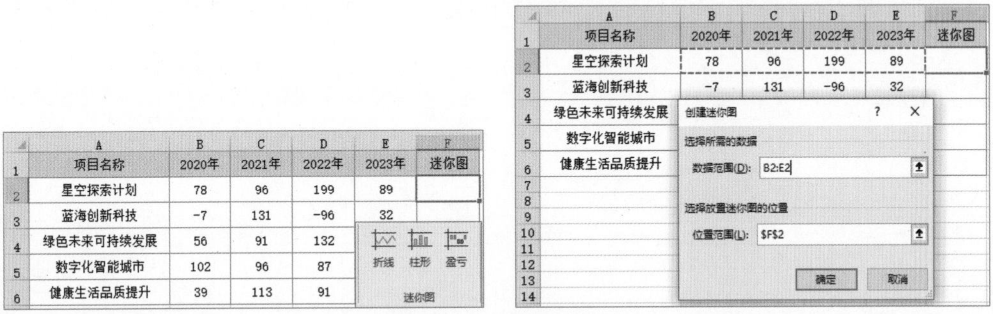

图 3-252　创建迷你图

提示

　　在创建迷你图时,单元格的高度比例影响迷你图的外观效果,可能会对数据呈现带来影响。

2) 组合迷你图

通过填充或同时选中多个单元格创建的迷你图称为成组迷你图。成组迷你图具有相同的特性,如果选中其中一个,处于同一组的迷你图会显示蓝色外框线,如图 3-253 所示。

如果对成组迷你图进行个性化设置,将影响当前组中的所有迷你图。此外,用户也可以执行以下操作,将多个或多组迷你图组合为新的成组迷你图。

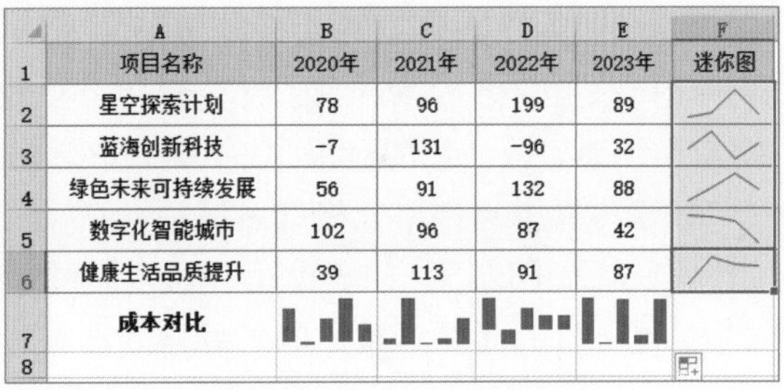

图 3-253　选中成组迷你图

01 选中已插入迷你图的单元格区域后,按住 Ctrl 键不放选中其他包含迷你图的单元格或区域。

02 选择【设计】选项卡,单击【组合】组中的【组合】按钮即可。

3) 更改迷你图

如果需要更改成组迷你图的类型,可以选中其中任意一个迷你图,然后单击【迷你图】选项卡【类型】组中的类型选项,如图 3-254 所示。

如果需要对成组迷你图中单个迷你图的类型进行更改,需要先选中成组迷你图,单击【迷你图】选项卡中的【取消组合】按钮,取消迷你图的组合状态,然后再使用上面介绍的方法更改单个迷你图的类型。

4) 清除迷你图

如果要清除单元格中的迷你图,可以使用以下几种等效方法。

- 方法1：选中迷你图所在的单元格后，单击【迷你图】选项卡【组合】组中的【清除】下拉按钮，在弹出的下拉列表中选择【清除所选的迷你图】或【清除所选的迷你图组】选项，如图3-255所示。
- 方法2：选中并右击迷你图所在的单元格，在弹出的快捷菜单中选择【迷你图】|【清除所选的迷你图】或【清除所选的迷你图组】命令。
- 方法3：选中迷你图所在的单元格区域，单击【开始】选项卡中的【清除】下拉按钮，在弹出的下拉列表中选择【全部清除】选项。

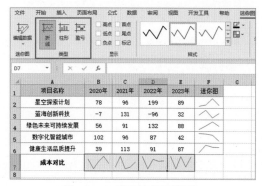

图 3-254　更改迷你图类型

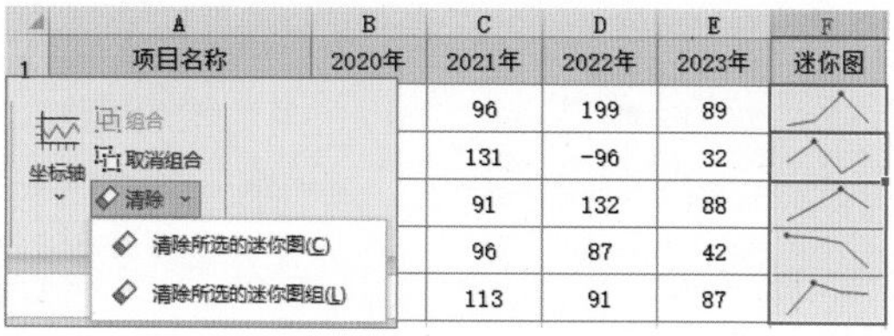

图 3-255　清除迷你图

3.7.5　使用条件格式展现数据

Excel的条件格式功能能够针对单元格的内容进行判断，为符合条件的单元格应用格式。例如，在某个数据区域设置条件格式对重复数据用黄色背景进行突出标记，当用户输入或修改数据时，Excel将会自动对整个区域的数据进行检测，判断数据是否重复，如图3-256所示。

在工作表中选中单元格或区域后，在【开始】选项卡的【样式】组中单击【条件格式】下拉按钮，在弹出的下拉列表中用户可以通过选择【突出显示单元格规则】【最前/最后规则】【数据条】【色阶】【图标集】等条件格式选项设置条件格式，如图3-257所示。

	A	B	C	D	E
1	时间	姓名	加班开始时间	加班结束时间	加班时长
2	2023/3/1	李亮辉	19:00	19:32	0 小时 32 分"
3	2023/3/2	林雨馨	19:00	20:07	1 小时 7 分"
4	2023/3/3	莫静静	19:00	21:12	2 小时 12 分"
5	2023/3/4	刘乐乐	19:00	19:12	0 小时 12 分"
6	2023/3/5	杨晓亮	19:00	22:11	3 小时 11 分"
7	2023/3/6	李亮辉	19:00	19:48	0 小时 48 分"
8	2023/3/7	姚妍妍	19:00	20:45	1 小时 45 分"
9	2023/3/8	许朝霞	19:00	19:13	0 小时 13 分"
10	2023/3/9	王亚茹	19:00	19:29	0 小时 29 分"
11	2023/3/10	李亮辉	19:00	19:34	0 小时 34 分"
12	2023/3/13	李亮辉	19:00	22:09	3 小时 9 分"

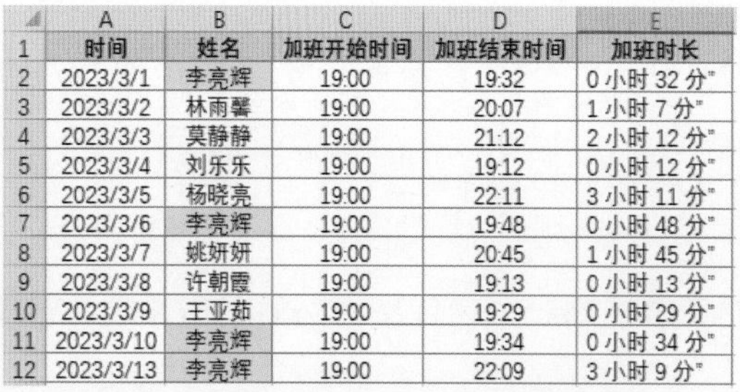

图 3-256　使用条件格式标注重复数据

图 3-257　条件格式选项

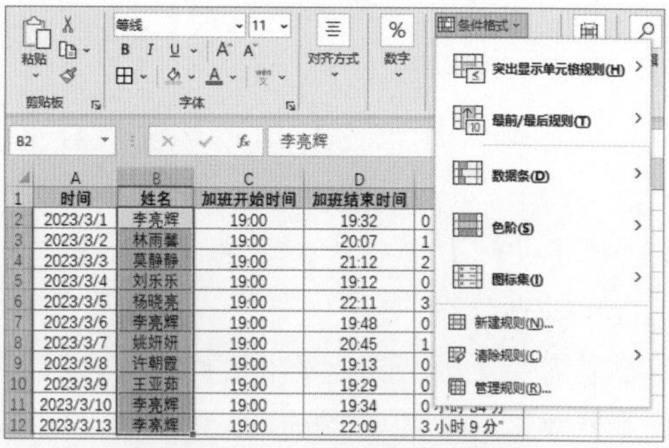

选择一种条件格式选项后，在弹出的子列表中提供了多个与该选项相关的内置规则。用户可以根据条件格式的设置需求，选择合适的规则。例如，选择【突出显示单元格规则】选项，在弹出的子列表中可以选择【大于】【小于】【介于】【等于】【文本包含】【发生日期】【重

复值】等选项。选择不同的选项，可以为单元格或区域设置不同的规则。下面将通过案例来介绍一些设置条件格式的具体应用。

1. 使用数据条展示数据差异

图 3-258 所示为某销售公司各销售中心利润及其营收占比数据表中的一部分数据。在该表中使用数据条来展示不同部门的营收比，可以使数据的呈现更加直观。具体操作步骤如下。

01 选中 D2:D7 区域后，单击【开始】选项卡【样式】组中的【条件格式】下拉按钮，在弹出的列表中选择【数据条】选项，在样式列表中选择蓝色数据条样式，如图 3-259 所示。此时在 D2:D7 区域中的数据条长度默认根据所选区域的最大值和最小值来显示，可以将其最大值调整为 1，即百分之百。

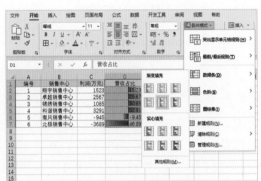

图 3-258　公司营收数据　　　　　图 3-259　为数据应用数据条

02 再次单击【开始】选项卡中的【条件格式】下拉按钮，在弹出的列表中选择【管理规则】选项，打开【条件格式规则管理器】对话框，选中数据条规则，然后单击【编辑规则】按钮，如图 3-260 所示。

03 打开【编辑格式规则】对话框，单击【最大值】下的【类型】下拉按钮，将最大值设置为【数字】，【值】设置为 1，然后单击【负值和坐标轴】按钮，如图 3-261 所示。

图 3-260　【条件格式规则管理器】对话框　　　　图 3-261　编辑格式规则

04 打开【负值和坐标轴设置】对话框，在【坐标轴设置】区域中选中【单元格中点值】单选按钮，然后单击【确定】按钮，如图3-262所示。

05 返回【编辑格式规则】对话框，连续单击【确定】按钮，将得到如图3-263所示的数据条效果。

图 3-262　【负值和坐标轴设置】对话框

图 3-263　数据条效果

2. 使用色阶绘制热图效果

图3-264左图所示为一次农业实验得到的数据。使用色阶可以通过深浅不一、不同颜色的色块直观地反映表格中数据的大小，形成"热图"效果。具体操作方法是，选中B3:G12区域，单击【开始】选项卡中的【条件格式】下拉按钮，在弹出的下拉列表中选择【色阶】|【红-白色阶】选项，如图3-264右图所示。

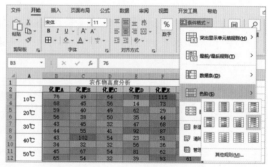

图 3-264　使用色阶反映实验数据大小

3. 使用图标集展示业绩差异

图3-265所示为某公司员工1~3月销售业绩的一部分数据。根据图中数据值的大小，可以使用图标集在单元格中显示特定的图标。在业绩数字大于或等于150的数据前显示✔；低于150，高于或等于100的数据前显示⏸；低于100的数据前显示✖。具体操作方法如下。

01 选中D2:F10区域后，单击【开始】选项卡中的【条件格式】下拉按钮，在弹出的列表中选择【新建规则】选项。

02 打开【新建格式规则】对话框，在【选择规则类型】列表框中选择【基于各自值设置所有单元格的格式】选项，在【编辑规则说明】区域中参考图3-266进行设置，然后单击【确定】按钮。

图 3-265　公司销售业绩数据　　　　　　图 3-266　新建格式规则

03 此时，Excel 将自动在 D2:F10 区域中添加三种符号的图标集，标记出员工 1~3 月销售业绩的差异，如图 3-267 所示。

4. 突出满足条件的数据

图 3-268 所示为某库房库存数据的一部分。现在需要使用"条件格式"功能，将库存小于50 的数据特殊显示。

图 3-267　标记员工销售业绩差异　　　　　　图 3-268　库房库存数据

01 选中 C2 单元格后按 Ctrl+Shift+↓ 快捷键，选中 C 列中的所有数据。

02 单击【开始】选项卡中的【条件格式】下拉按钮，在弹出的列表中选中【突出显示单元格规则】|【小于】选项，如图 3-269 所示。

03 打开【小于】对话框，在数值框中删除原有数值，输入数值 50，将【设置为】设置为【黄填充色深黄色文本】，单击【确定】按钮。

04 此时，表格中"库存量"小于 50 的数据将以特殊格式显示，如图 3-270 所示。

图 3-269　突出显示单元格规则　　　　　　图 3-270　标记库存量小于 50 的数据

5. 标记排名靠前的数据

图3-271所示为某公司一次技能考核的成绩统计表。现在需要使用"条件格式"功能快速标记出技能考核成绩的前3名。

01 选中E2单元格后按Ctrl+Shift+↓快捷键,选中E列中的所有数据。单击【开始】选项卡中的【条件格式】下拉按钮,在弹出的列表中选择【项目选取规则】|【前10项】选项。

02 打开【前10项】对话框,在该对话框的输入框中输入3,将【设置为】设置为【浅红填充色深红色文本】,然后单击【确定】按钮,如图3-272所示。

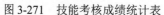

图 3-271　技能考核成绩统计表　　　　图 3-272　【前 10 项】对话框

03 此时,将以浅红填充色深红色文本标记出表格E列数据最大的3个数字。

6. 自动识别周末加班日期

图3-273所示的表格中统计了某公司员工的加班日期,需要使用"条件格式"功能将双休日加班的记录以特殊格式显示。

01 选中A2单元格后按Ctrl+Shift+↓快捷键,选中A列中的所有数据。单击【开始】选项卡中的【条件格式】下拉按钮,在弹出的列表中选择【新建规则】选项。

02 打开【新建格式规则】对话框,在【选择规则类型】列表框中选中【使用公式确定要设置格式的单元格】选项,然后在【为符合此公式的值设置格式】输入框中输入以下公式(如图3-274所示):

```
=WEEKDAY(A2,2)>5
```

图 3-273　员工加班日期　　　　　图 3-274　为符合公式值设置格式

03 单击【格式】按钮,打开【设置单元格格式】对话框,选择【填充】选项卡,设置填充颜色(黄色)后,单击【确定】按钮。

04 返回【新建格式规则】对话框，单击【确定】按钮，即可标记出表格中的周末日期，效果如图 3-275 所示。

	A	B	C	D	E
1	加班日期	姓名	加班开始时间	加班结束时间	
2	2023/3/12	李 亮辉	19:00	19:32	
3	2023/3/13	林 雨馨	19:00	20:07	
4	2023/3/14	莫 静静	19:00	21:12	
5	2023/3/15	刘 乐乐	19:00	19:12	
6	2023/3/16	杨 晓亮	19:00	22:11	
7	2023/3/17	张 珺涵	19:00	19:48	
8	2023/3/18	姚 妍妍	19:00	20:45	
9	2023/3/19	许 朝霞	19:00	19:13	
10	2023/3/20	王 亚茹	19:00	19:29	
11	2023/3/21	杜 芳芳	19:00	19:34	

图 3-275　标记数据中的周末日期

3.8　实战演练

本章详细介绍了 Excel 在办公中的常用功能。下面的实战演练部分将综合运用学过的知识，制作人事信息数据表和销售数据统计表(扫描右侧的二维码可查看具体操作步骤)。

3.8.1　分析人事数据

人事信息数据表是每个公司都必须要建立的基本表格。在公司的日常运作中，基本上每一项人事工作都与此表有所关联。本例将以图 3-276 所示的"人事信息数据表"为基础，帮助用户系统性回顾本章前面所学的知识，练习在 Excel 中设计数据表、录入表格数据、使用公式与函数、对数据进行可视化处理并进行简单分析。

	工号	姓名	部门	性别	身份证号码	年龄	学历	职位	入职时间	离职时间	工龄	离职原因	联系方式
							人事信息数据表						
3	BH-0001	蔡晓雪	人力资源部	女	530111198001066325	44	本科	网络编辑	2015/2/13		8		15207350509
4	BH-0002	陈子琪	财务部	男	450121197011055756	53	本科	主办会计	2013/9/26		10		15293163882
5	BH-0003	邓海燕	数据分析部	男	432325197808110016	45	本科	网管	2012/11/7		11		15710323283
6	BH-0004	方宇航	财务部	男	45012119781027573X	45	本科	会计	2016/8/19		7		18933944913
7	BH-0005	高雅婷	供应链部	男	452129198602022073	37	大专	网络编辑	2018/3/10		5		13268221982
8	BH-0006	韩林峰	运营部	男	450121199203055733	31	硕士	主管	2011/12/30	2022/1/12	12	家庭原因	18122202223
9	BH-0007	黄雨菲	财务部	男	450121197608050392	47	硕士	HR经理	2014/6/21		9		18529491319
10	BH-0008	蒋晨曦	生产部	男	450111197205163349	51	本科	HR专员	2017/5/4		6		18589262728
11	BH-0009	昆明旭	技术支持部	男	450121199402220359	29	本科	产品经理	2019/10/15		4		18933919413
12	BH-0010	李欣怡	设计部	男	450703197506121217	48	本科	产品经理	2013/4/28		10		13021038848
13	BH-0011	林翰林	采购部	女	450121196311276046	60	大专	行政专员	2016/10/9		7		18122202223
14	BH-0012	茅昭仪	市场推广部	女	310110199706110059	26	大专	市场专员	2018/7/11		5		19928411319
15	BH-0013	倪阳妮	品质管理部	女	310110199410150049	29	硕士	总监	2012/3/25	2022/1/2	11	薪酬原因	19195559995
16	BH-0014	彭雨涛	市场推广部	男	310110199410150049	29	本科	行政文员	2019/1/8	2019/12/2	4	转换行业	18768376239
17	BH-0015	齐洪涛	数据分析部	男	310110198004040859	55	大专	网管	2014/8/31		9		19366888889
18	BH-0016	沈清秋	市场推广部	女	310110198311135154	40	大专	市场专员	2017/11/22		6		19195551118
19	BH-0017	田林雨	供应链部	女	310109197712122821	46	大专	市场专员	2015/6/3		8		18933911319
20	BH-0018	王桂香	供应链部	男	31011019860416545x	37	大专	市场专员	2013/1/16		11		15322226988
21	BH-0019	夏安妮	市场推广部	男	310110198609061522	37	硕士	行政副总	2016/4/17	2023/2/21	7	出国留学	15197115714
22	BH-0020	徐迎春	研究与开发部	男	310110198112081536	42	本科	HR专员	2018/11/28		5		13250320568

图 3-276　人事信息数据表

3.8.2　统计销售数据

在工作中制作销售数据统计表，是为了对销售情况进行全面的分析和评估。本例将通过制作图3-277所示的“销售数据统计表”，练习使用Excel统计与分析数据，指导用户用数据帮助企业实时了解销售情况、发现商品销售趋势，为管理层提供基于数据的决策支持，以及评估销售人员绩效并监控市场竞争态势。

2023年8月销售记录

日期	单号	商品名称	类别	数量	单价	金额	折扣	出货金额	销售员
8月1日	DH-0001	星光长袍（长款，宽松舒适的设计）	长袍	19	287	5453	1	5453	高雅婷
8月2日	DH-0002	绣花旗袍（光滑、亮丽的丝绸面料）	旗袍	38	395	15010	0.95	14259.5	韩林峰
8月3日	DH-0003	金蕾丝连衣裙（金色的花朵装饰的蕾丝面料）	连衣裙	57	512	29184	0.75	21888	黄雨菲
8月4日	DH-0004	碧波长裙（轻盈的薄纱或雪纺面料）	长裙	16	693	11088	0.95	10533.6	蒋晨曦
8月5日	DH-0005	翡翠盈袖（盈袖设计，袖子宽大飘逸）	盈袖	25	876	21900	0.75	16425	黄雨菲
8月6日	DH-0006	翡翠盈袖（盈袖设计，袖子宽大飘逸）	盈袖	43	429	18447	0.95	17524.65	黄雨菲
8月7日	DH-0007	绣花旗袍（光滑、亮丽的丝绸面料）	旗袍	79	624	49296	0.75	36972	高雅婷
8月8日	DH-0008	金蕾丝连衣裙（金色的花朵装饰的蕾丝面料）	连衣裙	10	759	7590	1	7590	蒋晨曦
8月9日	DH-0009	金蕾丝连衣裙（金色的花朵装饰的蕾丝面料）	连衣裙	34	831	28254	0.75	21190.5	蒋晨曦
8月10日	DH-0010	金蕾丝连衣裙（金色的花朵装饰的蕾丝面料）	连衣裙	52	415	21580	0.75	16185	高雅婷
8月11日	DH-0011	碧波长裙（轻盈的薄纱或雪纺面料）	长裙	81	682	55242	0.75	41431.5	高雅婷
8月12日	DH-0012	翡翠盈袖（盈袖设计，袖子宽大飘逸）	盈袖	14	539	7546	1	7546	黄雨菲
8月13日	DH-0013	翡翠盈袖（盈袖设计，袖子宽大飘逸）	盈袖	28	761	21308	0.75	15981	蒋晨曦
8月14日	DH-0014	星光长袍（长款，宽松舒适的设计）	长袍	65	874	56810	0.75	42607.5	高雅婷
8月15日	DH-0015	星光长袍（长款，宽松舒适的设计）	长袍	93	563	52359	0.75	39269.25	蒋晨曦
8月16日	DH-0016	绣花旗袍（光滑、亮丽的丝绸面料）	旗袍	12	926	11112	0.95	10556.4	高雅婷
8月17日	DH-0017	绣花旗袍（光滑、亮丽的丝绸面料）	旗袍	46	347	15962	0.95	15163.9	黄雨菲

销售数据统计表 | 调查结果数据表 | 1-9月销售数据表 | 2018~2022年商品销...

图3-277　销售数据统计表

第 4 章
PowerPoint 幻灯片设计与制作

| 本章导读 |

PowerPoint 是 Office 软件中用于制作 PPT 幻灯片的组件，使用 PowerPoint 可以制作出集文字、图形、图像、动画、声音，以及视频等多媒体元素为一体的表达效果。在工作汇报、演讲、公开竞聘、产品发布等场合中，PPT 可以辅助演讲者将数据和观点以直观、高效的方式呈现在观众眼前。

本章将从梳理内容开始，逐步介绍使用 PowerPoint 设计并制作 PPT 幻灯片的方法与技巧，包括设计 PPT 中的幻灯片版式，为 PPT 制作各种动画效果，设置 PPT 母版，优化 PPT 功能等。

4.1 梳理 PPT 内容

PowerPoint是制作PPT的工具。PPT的主要功能是辅助演讲者进行内容表达，但如果面对的是一份逻辑混乱、结构不清的PPT，即使演讲者对演讲内容多么熟悉，糟糕的视觉体验也会让观众感到沮丧。因此，制作PPT的第一步并不是打开PowerPoint，而是提前对PPT内容、素材、逻辑、信息、结构的一系列梳理与准备。

4.1.1 确定目标

做任何工作都需要有目标，构思PPT内容的第一件事，就是要确定PPT的制作目标。这个目标决定着PPT的类型可能是给别人看的"阅读型"PPT，也可能是用来演说的"演讲型"PPT，还决定了PPT的观点与主题的设定。

1. 明确PPT的类型是阅读型还是演讲型

阅读型PPT是对一个项目、一些策划等内容的呈现。这类PPT的制作是根据文案、策划书等进行的。阅读型PPT的特点就是读者不需要他人的解释便能自己看懂，所以其一个页面上往往会呈现出大量的信息，如图4-1左图所示。

演讲型PPT就是我们平时演讲时所用到的PPT。在投影仪上使用演讲型PPT时，整个舞台上的核心是演讲人，而非PPT，因此不能把演讲稿的文字放在PPT上让观众去读，这样会导致观众偏于阅读，而不会重视演讲人的存在，如图4-1右图所示。

图4-1 阅读型PPT(左图)和演讲型PPT(右图)

阅读型PPT和演讲型PPT，这两者之间最明显的区别就是一个字多，一个字少。

2. 确定PPT目标时需要思考的问题

由于PPT的主题、结构、题材、排版、配色，以及视频和音频都与目标息息相关，因此在制作PPT时，需要认真思考以下几个问题。

 ▶ 观众能通过PPT了解什么？
 ▶ 我们需要通过PPT展现什么观点？
 ▶ 观众会通过PPT记住些什么？
 ▶ 观众看完PPT后会做什么？

只有得到这些问题的答案后，才能帮助我们找到PPT的目标。

3. 将目标分层次(阶段)并提炼出观点

PPT的制作目标可以是分层次的，也可以是分阶段的，如下所示。

 ▶ 本月业绩良好：制作PPT的目标是争取奖励。
 ▶ 本月业绩良好：制作PPT的目标是请大家来提出建议，从而进一步改进工作。
 ▶ 本月业绩良好：制作PPT的目标是获得更多的支持。

在确定了目标的层次或阶段之后，可以制作一份草图或思维导图，将目标中的主要观点提炼出来，以便后期使用。

4.1.2　分析观众

在确定了PPT的制作目标后，需要根据目标分析观众，确定他们的身份是上司、同事、下属还是客户。从观众的认知水平构思PPT的内容，才能做到用PPT吸引他们的眼球、打动他们的心灵。

1. 确定观众的类型

分析观众之前首先要确定观众的类型。在实际工作中，不同身份的观众所处的角度和思维方式都具有很明显的差异，所关心的内容也会有所不同。例如：

 ▶ 对象为上司或者客户，可能更偏向关心结果、收益或特色、亮点等；
 ▶ 对象为同事，可能更关心该PPT与其自身有什么关系(如果有关系，最好在内容中单独列出来)；
 ▶ 对象为下属，可能更关心需要做什么，以及有什么样的要求和标准。

一次成功的PPT演示一定是呈现观众想看的内容，而不是一味地站在演讲者的角度呈现想讲的内容。所以，在构思PPT时需要站在观众的角度，这样观众才会觉得PPT所讲述的目标与自己有关系而不至于在观看PPT演示时打瞌睡。

2. 预判观众的立场

确定观众的类型后，需要对观众的立场做一个预判，判断其对PPT所要展现的目标是支持、中立还是反对。例如：

 ▶ 如果观众支持PPT所表述的立场，可以在内容中多鼓励他们，并感谢其对立场的支持，请求给予更多的支持；
 ▶ 如果观众对PPT所表述的内容持中立态度，可以在内容中多使用数据、逻辑和事实来打动他们，使其偏向支持PPT所制定的目标。
 ▶ 如果观众反对PPT所表述的立场,则可以在内容中通过对他们的观点的理解争取其好感,然后阐述并说明为什么要在PPT中坚持自己的立场，引导观众使其态度发生改变。

3. 寻找观众注意力的"痛点"

面对不同的观众，引发其关注的"痛点"是完全不同的。例如：

▶ 有些观众容易被感性的图片或逻辑严密的图表所吸引；

▶ 有些观众容易被代表权威的专家发言或特定人群的亲身体验影响；

▶ 还有些观众关注数据和容易被忽略的细节和常识。

只有把握住观众所关注的"痛点"，才能通过分析、了解吸引他们的素材和主题，从而使PPT能够真正吸引观众。

4. 分析观众的喜好

不同认知水平的观众，其知识背景、人生经历和经验都不相同。在分析观众时，我们还应考虑其喜欢的PPT风格。例如，如果观众喜欢看数据，我们就可以在内容中加入图表或表格，用直观的数据去影响他们。

4.1.3　设计主题

PPT的主题决定了PPT内容制作的大致方向。以制作一份推广策划方案或一份产品介绍为例，为PPT设计不同的主题就好比确定产品的卖点：如果制作市场的推广方案，那么制作这份PPT的主题方向就是向领导清晰地传达我们的推广计划和思路；而如果要制作的是某个产品的介绍，那么我们的主题方向就是要向消费者清晰地传达该产品的特点，以及消费者使用它能得到什么好处。

1. 什么是好的主题

一个好的主题不是回答"通过演示得到什么"，而是通过PPT回答"观众想在演示中了解到什么"，或者说需要在PPT中表达什么样的观点才能吸引观众。例如：

▶ 在销售策划PPT中，应该让观众意识到"我们的产品是水果，别人的产品是蔬菜"，其主题可能是"如何帮助你的产品扩大销售"；

▶ 在项目提案PPT中，主题应该让观众认识到风险和机遇，其主题可能是"为公司业绩寻找下一个增长点"。

为了寻找适合演讲内容的PPT主题，我们可以多思考以下几个问题。

▶ 观众的真正需求是什么？

▶ 为什么我们能满足观众的需求？

▶ 为什么是我们而不是其他人？

▶ 什么才是真正有价值的建议？

这样的问题问得越多，找到目标的沟通切入点就越明确。

2. 将主题突出在PPT封面页上

好的PPT主题应该体现在封面页上，如图4-2所示。

在实际演示中，如果没有封面页的引导，观众的思路在演讲一开始就容易发散，无法理解演讲者所要谈的是什么话题和观点。

因此，对主题的改进最能立竿见影的就是使用一个好的封面标题，而好的标题应该具备以下几个特点。

▶ 能够点出演示的主题。

▶ 能够吸引观众的眼球。

▶ 能够在PPT中制造出兴奋点。

下面举几个例子。

▶ 突出关键数字的标题：在标题中使用数字可以让观众清晰地看到兴趣点，如图4-3所示。

图4-2　在封面页突出PPT主题　　　　图4-3　在页面标题中突出关键数字

▶ 未知揭秘的标题：在标题中加入奥秘、秘密、揭秘等词语，引起观众的好奇心，如图4-4所示。

▶ 直指利益型的标题：使用简单、直接的文字表达出演示内容能给观众带来什么利益，如图4-5所示。

图4-4　有悬念的标题　　　　图4-5　能够直指观众切身利益的标题

▶ 故事型标题：故事型标题适合成功者传授经验时使用，一般写法是从A到B，如图4-6所示。

▶ 如何型标题：使用如何型标题能够很好地向观众传递有价值的利益点，从而吸引观众的注意力，如图4-7所示。

图4-6　故事型标题　　　　图4-7　如何型标题

▶ 疑问型标题：使用疑问式的表达能够引起观众的好奇心，如果能再有一些打破常理的内容，标题就会更加吸引人，如图4-8所示。

3. 为主题设置副标题

将主题内容作为标题放置在PPT的封面页上之后，如果只有一个标题，有时可能会让观众无法完全了解演讲者想要表达的意图，需要用副标题对PPT的内容加以解释，如图4-9所示。

图4-8　疑问型标题　　　　　　　图4-9　页面中的副标题

副标题在页面中能够为标题提供细节描述，使整个页面不缺乏信息量。不过，既然是副标题，在排版时就应相对弱化，不能在封面中喧宾夺主，影响主标题内容的展现。

在PPT的整体结构构思完成之后，将构思的主标题和副标题总结到目录页上，这样就可以将目录页看成是整个PPT内容结构的简明大纲。

4.1.4　提炼内容

PPT的本质是一个辅助演讲(阅读)的工具，在工作中，重点始终是演讲者的表述(呈现)。因此，在制作PPT时，其文案内容需要提炼、精简，使表达的信息可以快速地传达，让观众一目了然。

1. 明确表达重点

内容提炼的第一步是在读懂文案之后，根据想要表达的主题逻辑，画出重点文字。例如，在图4-10所示的文本中，根据读出的内容我们可以提炼出无桩共享、轻松骑行、超过2亿用户、场景营销等关键字。

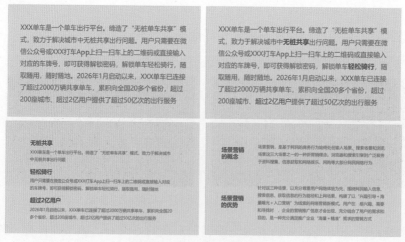

图4-10　在文案中画出重点

2. 整理内容结构

围绕从文案内容中提取的关键字，可以将连续的段落重新划分为多个段落，并概括段落大意、简化内容。例如，将图 4-10 右图进一步梳理，结果如图 4-11 所示。

图 4-11　根据关键字梳理内容结构

3. 提取支撑信息

有了关键字和段落，就可以根据 PPT 的类型，在内容中分门别类地找出能够支撑 PPT 主题的重点。此时，在阅读型 PPT 中，由于 PPT 的内容主要是给别人看的，文案内容不能过于精简，否则观众无法看懂 PPT 的基本观点，如图 4-12 所示。

图 4-12　阅读型 PPT 内容不能过于精简

在演讲型 PPT 中，由于 PPT 的作用是辅助演讲，就可以在形式上设计得简洁一些，文字能少则少，如图 4-13 所示。

图 4-13　演讲型 PPT 内容设计尽量简洁

在实际工作中，基于内容之间的逻辑关系，在提炼 PPT 内容时，我们可以使用以下 3 种方法来归纳文案的类型。

▶ 内容拆解法：如图4-10~图4-12所示，将PPT文案内容按照某种模型(或重点)结构进行内容提炼、拆解后，再整理呈现，从而便于别人理解内容的含义。

▶ 共性归纳法：基于对PPT文案内容的某些共同特征，进行归纳总结，从而对信息进行分类，这样可以让页面内容更具结构性。例如，在整理图4-14所示的PPT文案时，通过对内容的分析，我们可以从内容性质方面将内容归纳为多个类别，以便对信息的进一步了解，如图4-15所示。同时，我们也可以站在不同的维度从内容的结果出发，将文案归纳为多个类别，如图4-16所示。通过提取内容中的支撑信息，可以将内容重新提炼，结果如图4-17所示。

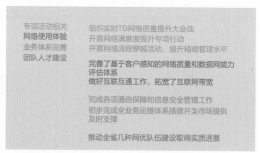

图4-14　原始文案　　　　　　　　　　图4-15　按性质归纳内容

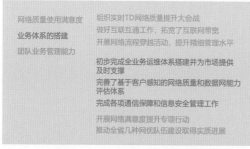

图4-16　按内容维度归纳信息　　　　　　图4-17　进一步提炼内容

▶ 事件流程法：基于信息发生的先后顺序，对内容进行梳理。简单来说，在制作PPT时，如果内容牵扯到传播规划，我们可以基于活动前、活动中和活动后的流程，对页面信息进行组织。例如，在整理图4-18左图所示的PPT文案时，我们可以基于写作的不同阶段，对内容进行分类、提炼，划分为写作前、写作中以及写作后，如图4-18右图所示。

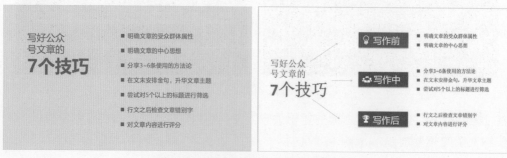

图4-18　按照事件发生的顺序提炼信息

4.1.5　构思框架

在明确了PPT的目标、观众和主题三大问题后，接下来我们要做的就是为整个内容构建一个逻辑框架，以便在框架的基础上填充需要表达的内容。

1. 什么是PPT中的逻辑

在许多用户对PPT的认知中，以为PPT做得好看就可以了，于是他们热衷收藏各种漂亮的模板，在需要做PPT时，直接套用模板，却忽视了PPT的本质——"更精准的表达"，而实现精准表达的关键就是"逻辑"。

没有逻辑的PPT，只是文字与图片的堆砌，类似于"相册"，只会让观众不知所云。在PPT的制作过程中，可以将逻辑简单理解成一种顺序，一种观众可以理解的顺序。

2. PPT中有哪些逻辑

PPT主要由三部分组成，分别是素材、逻辑和排版。其中，逻辑包括主线逻辑和单页幻灯片的页面逻辑，它是整个PPT的灵魂，是PPT不可或缺的一部分。

▶ 主线逻辑：PPT的主线逻辑在PPT的目录页上可以看到，它是整个PPT的框架。不同内容和功能的PPT，其主线逻辑都是不一样的，需要根据PPT的主题通过整理线索、设计结构来逐步构思。

▶ 页面逻辑：单页幻灯片的页面逻辑，就是PPT正文页中的内容，在单页PPT里，主要有表4-1所示的6种常见的逻辑关系。

表4-1　PPT中常见的6种页面逻辑关系

逻辑关系	说　明	逻辑关系	说　明
并列关系	并列关系指的是页面中两个元素之间是平等的，处于同一逻辑层级，没有先后和主次之分。它是PPT中最常见的一种逻辑关系	包含关系	包含关系也称为总分关系，其指的是不同级别项目之间的一种"一对多"的归属关系，也就是类似页面中大标题下有好几个小标题的结构
递进关系	递进关系指的是各项目之间在时间或者逻辑上有先后的关系。在递进关系中，一般用数字、时间、线条、箭头等元素来展示内容。在设计页面时，通常会使用向右指向的箭头或阶梯式的结构来表示逐层递增的效果	等级关系	在等级关系中，各个项目处于同一逻辑结构，相互并列，但由于它们在其他方面有高低之别，因此在位置上有上下之分。等级关系最常见的形式是PPT模板中的金字塔和组织架构图，此类逻辑关系一般从上往下等级依次递减
循环关系	循环关系指的是页面中各元素之间互相影响，最后形成闭环的一个状态。循环关系在PPT中最常见的应用就是通过使用环状结构来表达逻辑关系	对比关系	对比关系也称为主次关系，它是同一层级的两组或者多组项目相互比较，从而形成的逻辑关系

3. 整理框架线索

在构思PPT框架时，首先要做的就是整理出一条属于PPT的线索，用一条主线将PPT中所有的页面和素材，按符合演讲(或演示)的逻辑串联在一起，形成主线逻辑。

我们也可以把这个过程通俗地称为"讲故事"，具体步骤如下。

01 根据目标和主题收集许多素材，如图4-19所示。分析目标和主题，找到一条主线，如图4-20所示。利用主线将素材串联起来，形成逻辑，如图4-21所示。

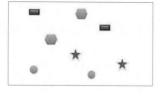

图4-19　收集素材

图4-20　找到主线

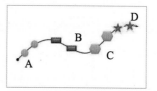

图4-21　根据主线串联素材

02 有时，根据主线逻辑构思框架时会发现素材不足，如图4-22所示。此时，可以尝试改变主线串联方式，如图4-23所示。或者，在主线之外构思暗线，如图4-24所示。

图4-22　素材不足

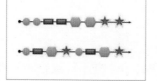

图4-23　改变主线串联方式

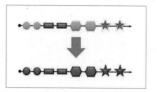

图4-24　构思暗线

03 一个完整的PPT框架构思如图4-25所示。

此外，好的构思可以反复借鉴。如果一次演讲还需要与观众进行互动，则需要安排好PPT的演示时间和与观众交流的时间。

在整理线索的过程中，时间线、空间线或结构线都可以成为线索。

▶ 使用时间线作为线索。以图4-26所示的页面为例，如果使用时间线作为线索，可以采用过去、现在、未来，创业、发展、腾飞，历史、现状、远景，项目的关键里程碑等几种方式。

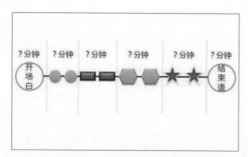

图4-25　完整的PPT框架构思

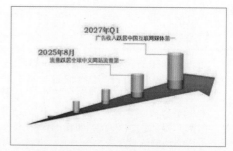

图4-26　使用时间线作为线索

▶ 使用空间线作为线索。如果以空间线作为线索，可以采用不同的业务区域，本地、全国、世界范围的递进等几种方式。此外，广义的空间可以包括一切有空间感的线索，不仅仅局限于地理的概念，如生产流水线、建筑导航图等。

▶ 使用结构线作为线索。如果使用结构线作为线索，可以将PPT的内容分解为一系列的单元，根据需要互换顺序和裁剪，如优秀团队、主流产品、企业文化、未来规划。此外，结构线也可以采取其他的分类方式来作为线索，如按业务范围分类、按客户类型分类、按产品型号分类。

总之，只要善于思考，就一定能为PPT找到合适的线索。

4. 用结构图规划PPT框架

在为PPT设计结构时，我们需要通过一种直观的方式了解结构，但在PowerPoint默认的普通视图、浏览器视图或阅读视图中，无法做到这一点。为了能够在设计PPT结构的过程中，将我们的思维逐步清晰地表现出来，就应抛弃在PowerPoint中利用视图浏览PPT结构的习惯，使用结构图的方式来设计与表现PPT，如使用图4-27所示的"总—分—总"结构模型规划PPT框架。

(1) 用整理好的内容构建一个大的框架，粗略输入内容。

(2) 对每一页的内容进行提取和排版设计。

(3) 调整整体的逻辑和风格。

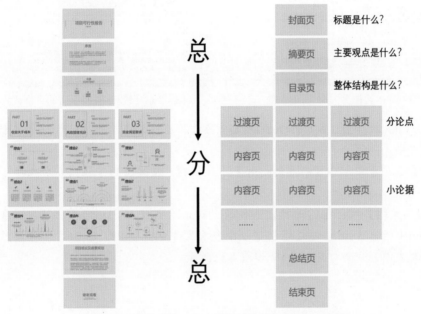

图4-27　使用"总—分—总"结构模型规划PPT框架

4.2　使用 Word 文档快速制作 PPT

完成图4-27所示的PPT框架设计后，用户可以将PPT框架和内容整理在Word文档中，然后使用写好的Word文档快速生成一份内容逻辑清晰、质量过关的PPT文件。

【例4-1】使用Word编写PPT文档内容，然后在PowerPoint中通过Word文档中的大纲创建PPT，并利用主题、设计器和SmartArt图形初步修饰PPT效果。

01 打开Word文档，参考图4-27规划的PPT框架完成PPT文本内容的组织与撰写后，选择【视图】选项卡，在【视图】组中选择【大纲】选项，切换至大纲视图模式，如图4-28所示。

02 选择【大纲显示】选项卡，按住Ctrl键将文档中需要单独在一个幻灯片页面中显示的标题设置为1级大纲级别，将其余内容设置为2级和3级大纲级别，如图4-29所示。

03 按F12键，打开【另存为】对话框，将制作好的Word大纲文件保存。

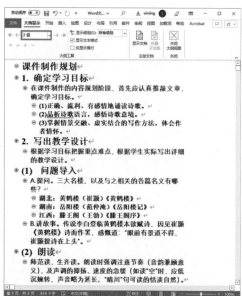

图4-28　切换至大纲视图模式　　　　　图4-29　设置标题和正文的大纲级别

04 启动PowerPoint软件后，按Ctrl+N快捷键，在打开的界面中单击【空白演示文稿】图标，新建一个PPT文档。

05 在【开始】选项卡中单击【新建幻灯片】下拉按钮，在弹出的下拉列表中选择【幻灯片(从大纲)】选项，如图4-30所示。

06 打开【插入大纲】对话框，选择前面保存的Word大纲文档，然后单击【插入】按钮，即可在PowerPoint中根据Word大纲文档创建一个包含文本的简单PPT文档(该文档按照Word文档中大纲级别1的文本划分幻灯片页面)，如图4-31所示。

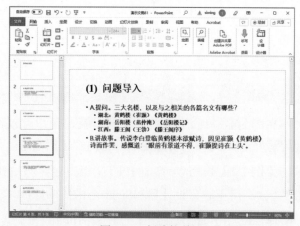

图4-30　从Word大纲创建幻灯片　　　　图4-31　创建简单PPT

07 在PowerPoint中选择【设计】选项卡，单击【主题】组右侧的【其他】按钮，在弹出的下拉列表中选择一个软件自带的主题样式，将主题应用于PPT，如图4-32所示。

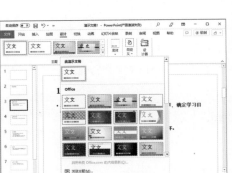

图4-32　将PowerPoint预设主题应用于PPT

08 用户也可在图4-32左图所示的下拉列表中选择【浏览主题】选项，打开【选择主题或主题文档】对话框，选择一个制作好的主题文档，然后单击【应用】按钮将该主题应用于PPT中，如图4-33所示。

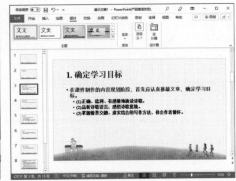

图4-33　将自定义主题文件应用于PPT

09 将主题应用于PPT后，可以在【开始】选项卡的【设计器】组中激活【设计器】按钮，打开【设计器】窗口，调整当前选中页面的设计效果，如图4-34所示。

10 将鼠标指针置于需要设计版式的文本框中，右击鼠标，从弹出的菜单中选择【转换为SmartArt】命令，然后在弹出的子菜单中选择一种合适的SmartArt图形样式，如图4-35所示，将文本转换为SmartArt图形。

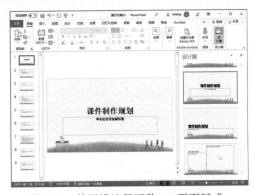

图4-34　使用设计器调整PPT页面版式　　图4-35　将文本转换为SmartArt图形

11 拖动SmartArt图形四周的控制柄，调整图形的大小，在【SmartArt设计】选项卡的【SmartArt样式】组中可以设置图形的配色和样式，如图4-36左图所示。

12 在【版式】组中单击【更多】按钮，在弹出的下拉列表中可以调整SmartArt图形的样式效果，如图4-36右图所示。

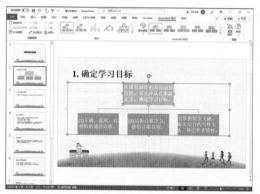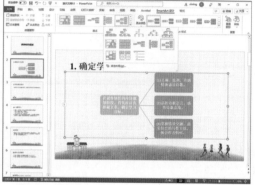

图4-36　调整SmartArt图形效果

13 最后，按F12键，打开【另存为】对话框，将PPT文档保存。一份逻辑清晰，版式和效果过关的PPT就制作完成了。

在Word大纲视图中，文档各级标题和文本与PPT内容的对应关系如表4-2所示。

表4-2　文档各级标题和文本对应PPT内容说明

Word 大纲视图标题	PPT 内容
1级大纲	幻灯片目录页内容、章节页标题、内容页标题
2级大纲	幻灯片内容副标题
3级大纲(正文文本)	幻灯片内容页正文

4.3　设计 PPT 幻灯片

PPT由幻灯片构成，设计幻灯片就是对PPT中的多种元素进行合理规划和安排，从中找到表现创建和呈现内容的最佳方式。

幻灯片设计也一直是我们设计PPT时最重要，也最能体现设计制作水平的地方。在制作PPT时，任何元素都不能在页面中随意摆放，每个元素都应当与幻灯片中的另一个元素建立某种视觉联系，其核心目的都是提升PPT页面的可读性。在这个过程中，如果能利用一些技巧，则可以将信息更准确地传达给观众。

4.3.1　调整 PPT 中的幻灯片

使用Word完成PPT的创建后，用户可以在PowerPoint中根据绘制的框架结构图，通过添加、移动、复制和删除幻灯片，组织并管理PPT的框架结构。

1. 添加和删除幻灯片

启动PowerPoint并按Ctrl+N快捷键创建一个PPT文档后，用户可以采用以下三种等效的方法之一在PPT中添加幻灯片。

- ▶ 通过【幻灯片】组插入：选择【开始】选项卡，在【幻灯片】组中单击【新建幻灯片】按钮，在弹出的列表中选择一种版式，即可将其作为当前幻灯片插入PPT，如图4-37左图所示。
- ▶ 通过右键菜单插入：在幻灯片预览窗格中，选择并右击一张幻灯片，从弹出的快捷菜单中选择【新建幻灯片】命令，即可在选择的幻灯片之后添加一张新的幻灯片，如图4-37右图所示。

图4-37　在PPT中添加幻灯片的两种方式

- ▶ 通过键盘操作插入：在幻灯片预览窗格中，选择一张幻灯片，然后按Enter键，或按Ctrl+M快捷键，即可快速添加一张新幻灯片(该幻灯片版式为母版默认版式)。

要在PPT中删除多余幻灯片，可以采用以下两种等效方法之一。

- ▶ 在PowerPoint幻灯片预览窗格中选择并右击要删除的幻灯片，从弹出的如图4-37右图所示的快捷菜单中选择【删除幻灯片】命令即可。
- ▶ 在幻灯片预览窗格中选中要删除的幻灯片后，按Delete键即可。

2. 移动和复制幻灯片

通常情况下，一份完整的PPT由多张幻灯片组成，在PowerPoint工作界面的幻灯片预览窗格中，用户可以根据需要移动幻灯片的位置，或复制幻灯片。

- ▶ 移动幻灯片：在预览窗格中，选中并拖动幻灯片即可移动该幻灯片在PPT中的位置。
- ▶ 复制幻灯片：在预览窗格中，选中需要复制的幻灯片后按Ctrl+C快捷键执行"复制"命令，然后选中另一张幻灯片后按Ctrl+V快捷键执行"粘贴"命令，复制的幻灯片将被复制到后选中的幻灯片下方。

3. 改变幻灯片的版式

在PowerPoint中创建PPT并添加幻灯片后，软件默认在幻灯片中显示图4-38所示的"标题幻灯片"版式和"标题和内容"版式。

"标题幻灯片"版式　　　　　　　　　　　　"标题和内容"版式

图4-38　PowerPoint默认版式

将鼠标指针置于版式提供的占位符中，用户可以使用占位符自带的格式在幻灯片中输入标题文本。单击占位符中的  按钮，用户可以在幻灯片中快速插入表格、图表、SmartArt图形、3D模型、图片、图像集、视频或图标。

在预览窗格中右击幻灯片，在弹出的快捷菜单中选择【版式】子菜单中的选项，用户可以改变幻灯片的版式，如图4-39所示。

图4-39　【版式】子菜单

除图4-39所示的"标题幻灯片"和"标题和内容"版式外，PowerPoint还内置了"节标题""两栏内容""比较""仅标题""空白""内容与标题""图片与标题""标题和竖排文字""竖排标题与文本"等版式。其中，"空白"版式在PPT制作过程中使用最为频繁，该版式不包含任何占位符，只保留白色的幻灯片背景。

4. 利用节管理幻灯片

在PowerPoint中，通过设置节可以对PPT中的多张幻灯片进行管理。

在PowerPoint预览窗格中右击一张幻灯片，在弹出的快捷菜单中选择【新增节】命令，然后在打开的【重命名节】对话框中输入节名称(如图4-40左图所示)，单击【重命名】按钮后，即可将该幻灯片以下(包括该幻灯片)的所有幻灯片设置在一个节中，如图4-40右图所示。

使用同样的方法可以在PPT中创建多个节。单击节标题左侧的三角按钮，可以将节中包含的幻灯片折叠，如图4-41所示。选中并拖动折叠后的节标题，可以调整节在PPT中的位置。单击状态栏中的【幻灯片浏览】按钮 ⊞，在显示的幻灯片浏览视图中用户可以通过节全面、清晰地查看PPT幻灯片之间的逻辑关系，如图4-42所示。

图 4-40　创建节

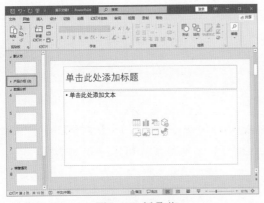

图 4-41　折叠节

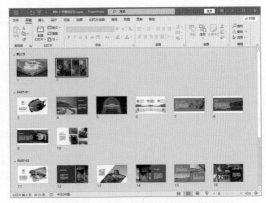

图 4-42　在幻灯片浏览视图中查看节

此外，用户还可以通过设置节在 PPT 中制作"节缩放定位"效果。

【例4-2】在一个制作好的 PPT 中新增"节"，并为节设置"节缩放定位"效果。

01 在幻灯片预览窗格中右击第 1 张过渡页缩略图，从弹出的菜单中选择【新增节】命令，在打开的【重命名节】对话框中输入节名称后，单击【重命名】按钮，在 PPT 中设置节。

02 在 PowerPoint 预览窗口中选中 PPT 目录页，在【插入】选项卡的【链接】组中单击【缩放定位】下拉按钮，从弹出的列表中选择【节缩放定位】选项，打开【插入节缩放定位】对话框，选中步骤 **01** 设置的节，然后单击【插入】按钮，如图 4-43 所示，在目录页中插入节缩放定位。

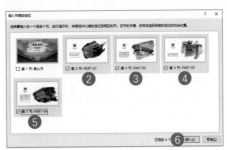

图 4-43　在 PPT 目录页中插入节缩放定位

03 在目录页中调整所有节缩略图的位置和大小，如图 4-44 左图所示。按住 Ctrl 键选中页面中的所有缩略图，右击鼠标，从弹出的菜单中选择【设置形状格式】命令，在打开的窗格中将【柔化边缘】的【大小】参数设置为100磅，如图4-44右图所示，即可将缩略图隐藏。

图4-44 调整缩略图位置并隐藏

04 按F5键放映PPT，单击目录中的文本标题(节标题)，用户可以根据演讲的需要放映PPT中的节，并且在节中所有幻灯片播放完毕后返回目录幻灯片(可扫描右侧二维码观看本例中节缩放定位的播放效果)。

4.3.2 使用文本框排版文字

PPT中主要使用文本框装载文字。在PowerPoint功能区选择【插入】|【文本】|【文本框】|【绘制横排文本框】选项(如图4-45所示)，然后在幻灯片中拖动鼠标可以绘制文本框。

图4-45 功能区中的【绘制横排文本框】选项

文本框用于承载PPT的核心内容。在幻灯片中，用户可以通过将鼠标指针置于文本框内输入文本内容，通过功能区【开始】选项卡的【字体】和【段落】组设置文本框内文本的字体和段落格式。选中文本框后，将鼠标置于文本框四周的边框线上，按住左键拖动，可以调整文本框在幻灯片中的位置，拖动文本框四周的控制柄则可以调整文本框的大小，如图4-46所示。

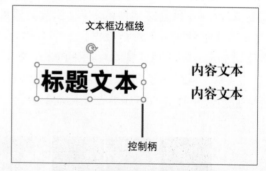

图4-46 在幻灯片中调整文本框

在幻灯片页面设计中，决定整体效果的关键因素是幻灯片的页面版式。虽然在页面的版式框架方面，很多用户都能应用布局来组织内容。但在实际工作中，不同内容对于相同内容页的设计效果要求是千差万别的。用户需要注意以下几个方面。

1. 标题和正文字号的选择

在设计内容页时，为了能够体现出层次感，通常我们会为标题设置较大的字号，为正文设置相对小一些的字号，如图4-47所示。但是，很少有人关注标题和正文的字号到底应该设置为多大，很多人可能会随意设置，但在PPT页面设计中，有一个大致恒定的比例，即标题字号是正文字号的1.5倍，如图4-48所示。

图4-47　标题文字比正文文字大

图4-48　正文和标题文字的大小比例

将图4-48所示的比例应用到幻灯片后，效果将如图4-49所示。

2. 标题文字的间距

内容页中文字间距的控制可以帮助用户快速理解信息，所以用户需注意文字的间距，如图4-50所示。

图4-49　将标题正文比例应用到幻灯片

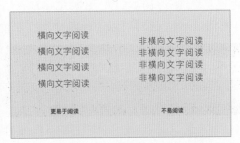

图4-50　PPT页面中的文字间距

在幻灯片中选中文本框，单击PowerPoint功能区【开始】选项卡【字体】组右下角的按钮，在打开的【字体】对话框中选择【字符间距】选项卡，通过设置【间距】类型和【度量值】参数，可以调整文本框中文字的间距，如图4-51所示。

选中文本框后，单击【开始】选项卡【段落】组右下角的按钮，在打开的【段落】对话框中通过设置【行距】类型和【设置值】参数，可以调整文本框中多行文字中每行文字的间距，如图4-52所示。

图4-51　设置文字间距

图4-52　设置行间距

在设计页面时，可以对文字的标题进行间距调整，让它变得更加易于阅读。如图4-53左图所示，在图中增加横向的字间距与段间距的关系，保持A＞B的宽度，效果将如图4-53右图所示。

图4-53 在页面中增加横向字间距与段间距

3. 主/副标题的间距

在幻灯片中，用户可以通过调整文本框的位置，使主/副标题的位置发生变化。

在内容页中，一级标题是主要的文字信息，要进行主观强化，二级标题需要弱化，主/副标题之间应保持图4-54左图所示A-B中间空出1倍的距离(不小于1/3的主标题高度，如图4-54右图所示)，这样可以使标题文字在页面中阅读起来更舒服。

图4-54 主/副标题的间距控制

4. 主/副标题的修饰

在幻灯片中，我们可以对主/副标题进行必要的修饰来强化对比效果，但每一个修饰都不能胡乱添加。常用的修饰方式有以下两种。

▶ 使用装饰线对主/副标题进行等分分割，也就是图4-55所示的A=B的关系。

▶ 使用装饰线对副标题进行等分分割，也就是图4-56所示的B=C＜A的关系。

图4-55 使用装饰线分割主/副标题　　　　图4-56 使用装饰线分割副标题

5. 中/英文排版关系

当内容页中使用中/英文辅助排版时，中文和英文如何进行排版，取决于用户如何看待英文的功能属性。此时，应注意以下两点。

▶ 当英文属性为装饰时，应适当调大字号并放在主标题的上方，如图4-57所示。

▶ 当英文属性为补充信息时，应适当调小字号并放在主标题的下方，如图4-58所示。

图4-57　英文作为装饰　　　　　　　　图4-58　英文作为补充信息

英文的功能属性决定了中英文混排的位置关系，但这种形式的组合并不局限于英文，重点是我们怎么给"英文"做定义。关于这一点，我们可通过图4-59所示的幻灯片来理解。

6. 标题与图形的组合

当用户需要对PPT的标题文字进行图案装饰时，应保持线段的宽度与文本笔画的粗细相同。装饰线太粗，很抢画面；装饰线太细，则达不到修饰的作用。例如，图4-60所示的装饰线太细，而图4-61所示的装饰线则太粗。在设计页面时，用户需要将装饰线的宽度与文本笔画的粗细设置为相同，也就是图4-62所示A=B的关系。

图4-59　英文和中文在页面中的排版　　　　　图4-60　装饰线太细

图4-61　装饰线太粗　　　　图4-62　将装饰线宽度与文本笔画的粗细设置为一致

7. 大段文本的排版

在内容页中，处理大段文本是很常见的版面设计。当页面上需要放置大段文本内容时，可能由于标点符号、英文单词、数字等元素的存在，导致页面边缘难以对齐，显得很乱。此时，最简单的方法就是对文字段落设置两端对齐，如图4-63左图所示。将这个方法应用到PPT内容页设计中，可以制作出如图4-63右图所示的页面效果。

图4-63　在幻灯片中排版大段文本

8. 元素之间的距离

在设计PPT内容页时，页内各元素的间距应小于页面左右边距。图4-64所示的页面在设计PPT时经常会遇到，这种内容页上往往需要放置多个元素。

在内容页的设计中，有一个恒定的规则，即B<A(其中A为页面左右的边距，B为元素之间的距离)，如图4-65所示。至于为什么元素间距要小于页边距，是因为这样会让页面上的内容在视觉上产生关联性。否则，页面看起来就会很分散。

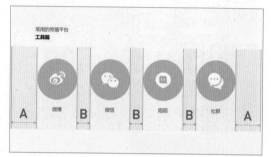

图4-64　幻灯片中的元素　　　　　　　　图4-65　元素排版规则

4.3.3　使用形状修饰页面

在PowerPoint中，单击功能区【插入】选项卡【插图】组中的【形状】下拉按钮，在弹出的列表中用户可以选择在幻灯片中插入各种类型的形状，如图4-66所示。

在PPT中，形状对幻灯片的修饰作用主要体现在聚焦眼球、衬托文字、弥补页面空缺，以及表达逻辑流程等方面。

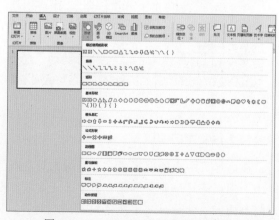

图4-66　PowerPoint中提供的内置形状

1. 聚焦眼球，衬托文字

一般情况下，观众在观看PPT时，总希望一眼就能抓住重点，这也是PPT中形状的作用之一，使人们在看到PPT的第一眼就能把目光快速聚焦到文字上，如图4-67所示幻灯片中的形状。

图4-67　使用形状衬托页面中的文字

【例4-3】通过在PPT中制作图4-67所示幻灯片页面，掌握PowerPoint中形状的基本操作，包括插入形状、设置形状格式、调整形状图层顺序、编辑形状顶点、组合形状、旋转形状，以及使用布尔运算剪裁形状的方法。

01 制作图4-67左图所示的幻灯片页面。单击【插入】选项卡【插图】组中的【形状】下拉按钮，在下拉列表中选择【矩形】选项□，然后在幻灯片中按住鼠标左键拖动绘制矩形形状，如图4-68所示。

02 右击绘制的矩形形状，从弹出的快捷菜单中选择【置于底层】命令。

03 再次右击绘制的矩形形状，从弹出的快捷菜单中选择【设置形状格式】命令，在打开的窗格的【填充】卷展栏中选中【无填充】单选按钮，在【线条】卷展栏中选中【渐变线】单选按钮，将【宽度】设置为18磅，并设置【渐变光圈】参数，如图4-69所示。

图4-68　绘制矩形形状　　　　　图4-69　设置形状填充和线条

04 再次单击【插图】组中的【形状】下拉按钮，从弹出的下拉列表中选择【矩形】选项□，在幻灯片中再绘制一个矩形形状。

05 右击步骤**04**绘制的矩形形状，从弹出的快捷菜单中选择【设置形状格式】命令，在打开的窗格中选中【幻灯片背景填充】单选按钮，如图4-70所示。

06 在【设置形状格式】窗格的【线条】卷展栏中选中【无线条】单选按钮。

07 选择【开始】选项卡，单击【编辑】组中的【选择】下拉按钮，从弹出的下拉列表中选择【选择窗格】选项，在打开的【选择】窗格中将"矩形2"调至"矩形1"之上，并将所有的文本框调至矩形对象之上(如图4-71所示)，完成开口线框形状及配套文字的制作。

图4-70　设置形状使用幻灯片背景填充

图4-71　调整元素图层顺序

08▶ 制作图4-67中图所示的幻灯片页面。打开PPT后，选择【插入】选项卡，单击【插图】组中的【形状】下拉按钮，从弹出的下拉列表中选择【椭圆】选项○，按住Shift键在幻灯片中绘制一个圆形形状。

09▶ 右击绘制的圆形形状，在弹出的快捷菜单中选择【设置形状格式】命令，在打开的窗格中设置形状为【无填充】、【宽度】为30磅，使其效果如图4-72所示。

10▶ 再次右击圆形形状，在弹出的快捷菜单中选择【编辑顶点】命令，进入顶点编辑模式，右击形状右侧的顶点，在弹出的快捷菜单中选择【开放路径】命令，如图4-73所示。

图4-72　绘制圆

图4-73　设置为开放路径

11▶ 右击设置为开放路径后产生的新顶点，在弹出的快捷菜单中选择【删除顶点】命令，然后单击幻灯片空白处即可得到图4-74所示的四分之三圆。

图4-74　通过删除顶点绘制四分之三圆

12▶ 再绘制两个较小的圆形形状(无线框)并将其放在四分之三圆的两个开口处，然后选中幻灯片中所有的圆，右击鼠标，在弹出的快捷菜单中选择【组合】|【组合】命令(快捷键：Ctrl+G)

组合形状，如图 4-75 所示。

13 将鼠标指针放置在组合形状顶部的旋转控制柄上，按住鼠标左键拖动，将组合形状旋转一定角度，如图 4-76 所示。

图 4-75 组合形状 　　　　　　　图 4-76 旋转形状

14 制作图 4-67 右图所示的幻灯片页面。打开 PPT 后，选择【插入】选项卡，单击【插图】组中的【形状】下拉按钮，从弹出的下拉列表中选择相应的选项，在幻灯片页面中插入 1 个矩形(□)图形和 2 个直角三角形(◺)形状，然后选中其中一个直角三角形形状，单击【形状格式】选项卡【排列】组中的【旋转】下拉按钮，从弹出的下拉列表中选择【其他旋转选项】选项，如图 4-77 左图所示。

15 在打开的【设置形状格式】窗格的【旋转】文本框中输入 180°，然后调整旋转后形状的位置，如图 4-77 右图所示。

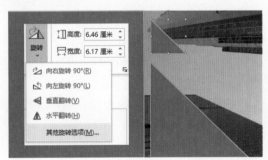

图 4-77 自定义形状旋转角度

16 先选中幻灯片中的矩形形状，再选中直角三角形形状，在【形状格式】选项卡的【插入形状】组中单击【合并形状】下拉按钮，从弹出的下拉列表中选择【剪除】选项，得到图 4-78 所示的形状。

17 使用同样的方法处理幻灯片中的另一个直角三角形形状，然后选中得到的多边形形状，在【设置图片格式】窗格中选中【图片或纹理填充】复选框，为形状设置图 4-79 所示的图片填充。

图 4-78 合并形状(剪除) 　　　　　　图 4-79 设置形状填充图片

18 在多边形图形右侧的端点绘制一个填充颜色为白色的圆形形状，按住Ctrl键选中页面中所有的形状，然后按Ctrl+G快捷键将形状组合。

19 最后，在幻灯片中添加其他文本和图形元素，完成页面内容的制作。

2.弥补页面空缺

在设计PPT封面页时，通过添加形状可以实现简单、美观的设计效果。例如，在图4-80左图所示的页面中添加形状，在原来页面的基础上，添加了几个形状，弥补了页面的空缺，瞬间整个页面就变得有设计感，如图4-80右图所示。

图4-80　使用圆形弥补页面空缺

【例4-4】通过在幻灯片中制作图4-80右图所示的形状，掌握在PowerPoint中排列与对齐多个形状的方法。

01 打开PPT后，选择【插入】选项卡，单击【插图】组中的【形状】下拉按钮，从弹出的下拉列表中选择【椭圆】选项，在幻灯片中插入一个圆形形状，在【形状格式】选项卡的【大小】组中将【宽度】和【高度】都设置为5.04厘米，如图4-81所示。

02 连续多次按Ctrl+D快捷键，将创建的圆形形状复制多份，并为每个复制的形状设置高度和宽度，使每个形状的高度和宽度比上一个增加0.08厘米，如图4-82所示。

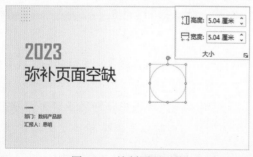
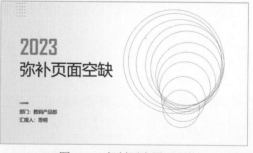

图4-81　绘制圆形形状　　　　　　　　图4-82　复制更多圆形形状

03 选中幻灯片中所有的圆形形状，单击【形状格式】选项卡【排列】组中的【对齐】下拉按钮，从弹出的下拉列表中先选中【对齐所选对象】选项，再分别选择【水平居中】和【垂直居中】选项，将所有的圆形形状对齐，如图4-83所示。

04 按Ctrl+G快捷键将所有的同心圆形状组合。

05 选中组合后的同心圆形状，在【设置形状格式】窗格的【线条】卷展栏中选中【渐变线】单选按钮，调整【类型】和【渐变光圈】，制作图4-84所示的渐变线形状效果。

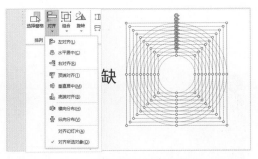

图4-83　对齐形状

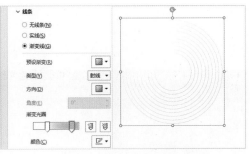

图4-84　设置形状渐变线效果

06 使用同样的方法，制作更多的同心圆形状并将其放置在幻灯片中合适的位置。

07 最后，在幻灯片中绘制一个宽度和高度都为18厘米的圆形形状，为其设置无填充，边框线条为【渐变线】的形状效果。将制作的渐变线圆形形状复制多份并放置在幻灯片中合适的位置。

3. 表达逻辑流程

当我们需要用PPT展示有节点的逻辑关系时，最适合的展示方法就是使用流程图。流程图可以用来表示一种递进关系，不管是时间轴、发展阶段，或者是执行步骤，都可以用流程图来表示。在PowerPoint中，我们可以将流程图中的每个步骤都用形状装载起来，如图4-85所示。

图4-85　使用形状表达逻辑流程

【例4-5】通过在幻灯片中使用形状制作如图4-85左图所示曲线经过山脉的时间轴，掌握绘制自由曲线形状的方法。

01 打开PPT后，选择【插入】选项卡，单击【插图】组中的【形状】下拉按钮，在弹出的下拉列表中选择【任意多边形：自由曲线】选项，沿着幻灯片中图片的边缘绘制一条自由曲线。

02 右击绘制的自由曲线，从弹出的快捷菜单中选择【设置形状格式】命令，在打开的【设置形状格式】窗格中将【颜色】设置为白色，【宽度】设置为3磅，如图4-86所示。

03 再次单击【插图】组中的【形状】下拉按钮，在弹出的下拉列表中选择【直线】选项，在幻灯片中绘制一条直线。

04 在【设置形状格式】窗格的【线条】卷展栏中选中【渐变线】单选按钮，将【角度】设置为270°，【宽度】设置为0.38磅。

05 先选中【渐变光圈】左侧的颜色控制块，将【透明度】设置为100%,再选中右侧的颜色控制块，将【透明度】设置为0%，如图4-87所示。

图4-86 设置自由曲线的格式

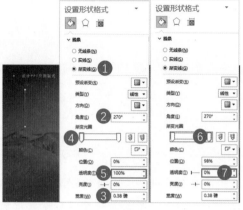
图4-87 设置渐变色直线

06 使用同样的方法，在直线形状底部绘制一个圆形的形状并将其与直线组合。最后，将组合后的形状放置在幻灯片中合适的位置，为幻灯片添加文字内容。

4.3.4 使用图片增强视觉效果

图片是PPT中不可或缺的重要元素，合理地处理PPT中插入的图片不仅能够形象地向观众传达信息，起到辅助文字说明的作用，而且还具有美化页面的效果，提升页面的视觉层次感，从而更好地吸引观众的注意力。

在PowerPoint中，用户可以通过单击【插入】选项卡【图像】组中的【图片】下拉按钮，选择在幻灯片中插入此设备(当前电脑中)保存的图片文件、软件内置的图像集，或者来自网络的联机图片，如图4-88所示。

在幻灯片中插入图片后，用户可以通过裁剪、缩放和设置蒙版增强页面的视觉效果。

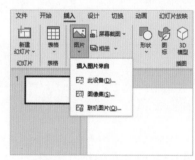
图4-88 【图片】下拉列表

1. 将图片裁剪为任意形状

当我们在PPT中需要将图片和文本混合排版时，很多图片直接应用到PPT中是不太合适的，如果在PowerPoint中通过添加形状、表格、文本框来适当"裁剪"图片，就可以让PPT的效果立刻化腐朽为神奇。

1) 利用形状裁剪图片

在幻灯片中选中一幅图片后，在【格式】选项卡的【大小】组中单击【裁剪】下拉按钮，在弹出的下拉列表中选择【裁剪为形状】选项，在弹出的子列表中用户可以选择一种形状用于裁剪图形，如图4-89左图所示。

以选择【平行四边形】形状为例，幻灯片中图形的裁剪效果如图4-89右图所示。

此外，通过形状还可以将图片裁剪成各类设计感很强的效果并应用于PPT，如图4-90所示。

图4-89　将图片裁剪为形状(平行四边形)

图4-90　将裁剪后的图片应用于PPT页面中

【例4-6】利用绘制的形状裁剪PPT中的图片。

01 选择【插入】选项卡，在【图像】组中单击【图片】按钮，在幻灯片中插入一幅图片，如图4-91所示。

02 在【插图】组中单击【形状】下拉按钮，在弹出的下拉列表中选择【直角三角形】选项，在幻灯片中绘制如图4-92所示的直角三角形形状。

03 选中绘制的直角三角形，按Ctrl+D快捷键，将该形状复制一份，然后拖动复制的形状四周的控制点调整其大小和位置，使其效果如图4-93所示。

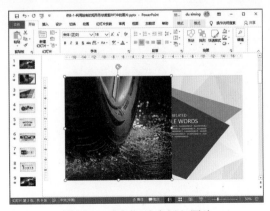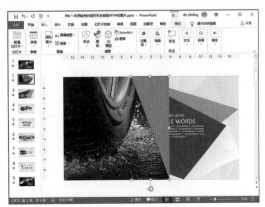

图4-91　在幻灯片中插入图片　　　　图4-92　绘制直角三角形形状

04 按住Ctrl键，先选中幻灯片中的图片，再选中形状。选择【绘图工具】|【格式】选项卡，在【插入形状】组中单击【合并形状】下拉按钮，在弹出的下拉列表中选择【剪除】选项，如图4-94所示。此时，幻灯片中图片和形状重叠的部分将被剪除，效果如图4-90左图所示。

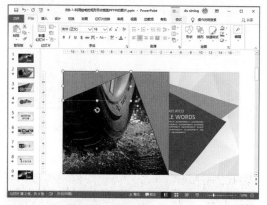

图4-93　复制并调整形状

图4-94　合并形状(剪除)

2) 利用文本框裁剪图片

在PPT中使用文本框，不仅可以将图片裁剪成固定的形状，还可以将图片裁剪成文本形状或制作出文本镂空效果。

【例4-7】在PowerPoint中利用文本框分割图片，增强幻灯片页面的视觉效果。

01 选择【插入】选项卡，在【文本】组中单击【文本框】下拉按钮，在弹出的下拉列表中选择【绘制横排文本框】选项，在幻灯片中插入一个横排文本框。

02 按Ctrl+D快捷键，将幻灯片中的文本框复制多份并调整至合适的位置，然后按住Ctrl键选中所有文本框，右击鼠标，在弹出的快捷菜单中选择【组合】|【组合】命令。

03 右击组合后的文本框，在弹出的快捷菜单中选择【设置形状格式】命令，在打开的窗格中展开【填充】卷展栏，选中【图片或纹理填充】单选按钮，并单击【插入】按钮，如图4-95所示。

04 打开【插入图片】对话框，单击【来自文件】按钮，在弹出的【插入图片】对话框中选择图片文件后单击【打开】按钮。此时，页面中图片的效果将如图4-96所示。

图4-95　设置文本框填充格式

图4-96　文本框分割图片效果

【例4-8】通过裁剪文本框，将PPT中的图片裁剪成文本形状。

01 在PPT中插入一幅图片后，单击【插入】选项卡【文本】组中的【文本框】按钮，在图片之上插入一个文本框。在文本框中输入文本，并在【开始】选项卡的【字体】组中设置文本的字体和字号。

02 右击文本框，在弹出的快捷菜单中选择【设置形状格式】命令，打开【设置形状格式】窗格，在【填充和线条】选项卡中将文本框的【填充】设置为【无填充】，【线条】设置为【无线条】，如图4-97所示。

03 将鼠标指针移至文本框四周的边框上，当指针变为四向箭头时，按住鼠标指针拖动，调整文本框在图片上的位置。

04 按Esc键，取消文本框的选中状态。先选中PPT中的图片，然后按住Ctrl键再选中文本框。选择【绘图工具】|【格式】选项卡，在【插入形状】组中单击【合并形状】下拉按钮，从弹出的下拉列表中选择【相交】选项。此时，图片被裁剪成如图4-98所示的文本形状。

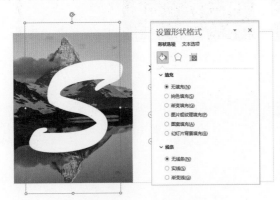

图4-97 设置文本框无填充和无线条

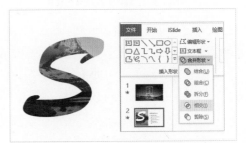

图4-98 图片裁剪成文本形状

3) 利用表格裁剪图片

在PowerPoint中，利用表格隐藏图片部分区域中的内容，也可实现裁剪效果。

【例4-9】利用PPT中的表格，将图片裁剪成规则的形状。

01 在幻灯片中插入一幅图片后，在【插入】选项卡的【表格】组中单击【表格】下拉按钮，在弹出的下拉列表中拖动鼠标，绘制一个6行6列的表格。

02 拖动表格四周的控制柄，调整表格的大小，使其和图片一样大，如图4-99所示。

03 右击表格，在弹出的快捷菜单中选择【设置形状格式】命令，在打开的【设置形状格式】窗格中选中【纯色填充】单选按钮，设置表格的填充颜色(黑色)和透明度，如图4-100所示。

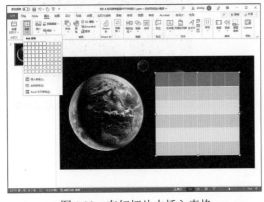

图4-99 在幻灯片中插入表格

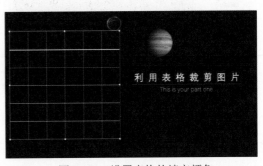

图4-100 设置表格的填充颜色

04 保持表格的选中状态，选择【表设计】选项卡，单击【表格样式】组中的【边框】下拉按钮，从弹出的下拉列表中选择【无框线】选项，如图4-101所示。

05 将鼠标指针插入表格的单元格中，在【设置形状格式】窗格中设置单元格的背景颜色和透明度，可以制作出如图4-102所示的图片裁剪效果。

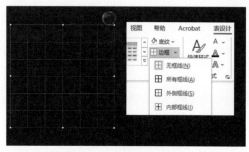

图4-101　设置表格无框线

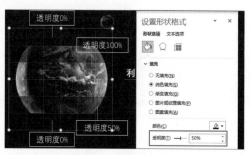

图4-102　图片裁剪效果

4) 利用【裁剪】按钮裁剪图片

除了上面介绍的方法以外，在PowerPoint中选中一幅图片后，选择【图片格式】选项卡，单击【大小】组中的【裁剪】按钮，用户可以使用图片四周出现的裁剪框，对图片进行裁剪(扫描右侧的二维码可观看操作示范)。

2. 将图片随心所欲地缩放

在PPT中插入图片素材后，经常需要根据内容对图片进行缩放处理，制作各种具有缩放效果的图片页面。通常情况下，在PowerPoint中选择一幅图片后，按住鼠标左键拖动图片四周的控制柄，即可对图片执行缩放操作(如果在缩放图片时按住Shift键，可以按照长和宽的比例缩放图片)，将图片根据PPT的设计需求进行调整，如图4-103所示。

图片缩放是一项基本操作。通常在制作PPT时，该操作会与其他设置互相配合使用。下面将举例进行介绍。

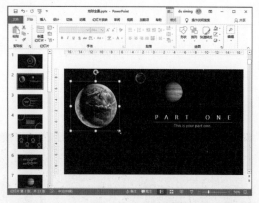

图4-103　拖动控制柄调整图片大小

【例4-10】在PowerPoint中制作局部放大图片效果。

01 在PPT中插入图片后，按Ctrl+D快捷键将图片复制一份，如图4-104所示。

02 单独选中复制的图片，选择【格式】选项卡，在【裁剪】组中单击【裁剪】下拉按钮，从

弹出的下拉列表中选择【裁剪为形状】|【椭圆】选项，将图片裁剪为椭圆形，如图 4-105 所示。

图 4-104　复制图片

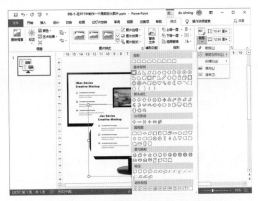

图 4-105　将图片裁剪为椭圆形

03 再次单击【裁剪】下拉按钮，在弹出的下拉列表中选择【纵横比】|【1∶1】选项，将椭圆的纵横比设置为 1∶1，如图 4-106 所示。

04 拖动图片四周的控制柄放大图片，将需要放大显示的位置置于圆形中，如图 4-107 所示。

图 4-106　修改图片裁剪的纵横比

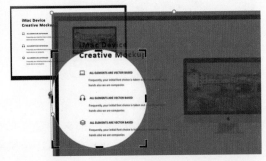

图 4-107　调整需要放大显示的图片区域

05 单击幻灯片的空白位置，完成对图片的裁剪，然后右击裁剪得到的圆形图片，在弹出的快捷菜单中选择【设置图片格式】命令，打开【设置图片格式】窗格，在【填充与线条】选项卡中为图片设置一个边框，如图 4-108 所示。

06 调整图片的位置，即可制作出图 4-109 所示的局部放大图片效果。

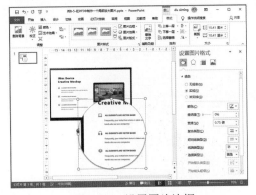

图 4-108　设置图片边框

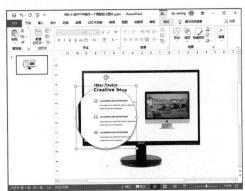

图 4-109　调整图片位置

3. 将图片设置为幻灯片蒙版

PPT中的蒙版实际上就是遮罩在图片上的一个图形。在许多商务PPT的设计中，在图片上使用蒙版，可以瞬间提升页面的视觉效果。

1) 使用纯色蒙版降噪处理图片

在页面中设置纯色蒙版，可以解决PPT中图片过于突出的问题。纯色蒙版可以降低图片的存在感，从而突出页面中其他重要的信息(如文本、图标和形状)。

【例4-11】为PPT中的过渡页设置单色蒙版效果。

`01` 在幻灯片中插入图片后，在图片上绘制一个与图片大小一样的矩形图形(覆盖图片)。

`02` 右击矩形图形，在弹出的快捷菜单中选择【设置形状格式】命令，在打开的【设置形状格式】窗格中展开【填充】卷展栏，设置相应的【透明度】参数，如图4-110所示。

`03` 设置蒙版并在其上插入文本，即可制作出如图4-111所示的单色蒙版页面效果。

图4-110　设置矩形图形的透明度

图4-111　在蒙版上插入文本

除图4-111所示覆盖整个页面的蒙版外，我们还可以为页面中的图片设置局部蒙版。局部蒙版实际上就是为图片的某一部分添加蒙版(具体设置方法与【例4-11】介绍的蒙版设置方法相同)，从而精确地降低PPT页面图片中某一个区域的存在感，强调主体内容。

【例4-12】使用局部蒙版在PPT中制作"画中画"效果。

`01` 在PPT中插入一幅图片后，在图片上绘制一个与图片大小一样的矩形图形，并在【设置形状格式】窗格中设置该图形的透明度为45%，填充颜色为黑色，无线条，如图4-112所示。

`02` 在页面中再绘制一个矩形图形，在【设置图片格式】窗格中选中【图片或纹理填充】单选按钮和【将图片平铺为纹理】复选框，并设置【偏移量X】参数，使矩形中填充的图片内容与页面相匹配，如图4-113所示。

图4-112　为图片设置纯色蒙版

图4-113　设置图片填充

03 为矩形形状设置阴影效果，并在页面中
添加文字，可以制作出如图4-114所示的"画
中画"效果。

2) 使用渐变蒙版塑造页面场景

所谓渐变蒙版，就是包括两种或两种以
上颜色的蒙版效果。参考【例4-12】介绍的
方法，使用形状在图片上设置蒙版层时，在【设
置形状格式】窗格中选中【渐变填充】单选

图4-114　"画中画"页面效果

按钮，然后分别设置【颜色】【透明度】【位置】【亮度】【渐变光圈】【类型】【方向】【角
度】等参数，即可在页面中制作出渐变蒙版效果。

【例4-13】利用渐变蒙版调整PPT幻灯片的视觉氛围。

01 在页面中绘制一个椭圆形状，然后右击该形状，在弹出的快捷菜单中选择【设置形状格式】
命令，打开【设置形状格式】窗格，选中【渐变填充】单选按钮，设置【透明度】为70%、【线
条】为【无线条】，如图4-115所示。

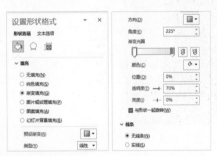

图4-115　设置椭圆形渐变填充层

02 在【设置形状格式】窗格中选中【渐变光圈】左侧的停止点，单击【颜色】下拉按钮，
在弹出的下拉列表中将颜色设置为白色，如图4-116左图所示。

03 单击【渐变光圈】右侧的停止点，单击【颜色】下拉按钮，在弹出的下拉列表中将颜色
设置为深红，如图4-116右图所示。

04 在【设置形状格式】窗格中单击【类型】下拉按钮，在弹出的下拉列表中选择【路径】选项。

05 在【设置形状格式】窗格中单击【效果】按钮，展开【柔化边缘】卷展栏，单击【预设】
下拉按钮，在弹出的列表中选择【50磅】预设选项，为椭圆形状设置柔化边缘效果，如图4-117
所示。

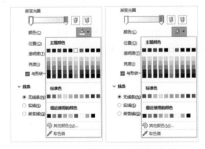

图4-116　设置渐变填充效果　　　　　图4-117　设置柔化边缘效果

06 最后，调整页面中椭圆形状的位置，完成蒙版的制作。

3) 使用造光蒙版制作光照氛围

造光蒙版主要用于在PPT中创建光线效果。

在纯色蒙版或渐变蒙版的基础上通过设置形状的柔化边缘效果，可以在PPT中制造出类似光线的蒙版遮罩效果。

【例4-14】利用造光蒙版在PPT中制作光线效果。

01 打开PPT后，在页面中创建一个梯形形状，然后右击该形状，从弹出的快捷菜单中选择【设置形状格式】命令，在打开的【设置形状格式】窗格中选中【渐变填充】单选按钮，设置【颜色】为白色、【方向】为【线性向上】，如图4-118所示。

02 在【设置形状格式】窗格中单击【效果】按钮 ，展开【柔化边缘】卷展栏，设置【大小】为35磅，如图4-119所示。

03 最后调整页面中梯形形状的大小和位置，完成蒙版的设置。

图4-118 设置渐变填充

图4-119 设置柔化边缘参数

4.3.5 使用表格与图表可视化数据

数据展示是制作PPT时最常见的需求之一。在职场中，大家经常用数据做总结、用数据做分享，图片和文本是撑起PPT门面的"大头"，数据同样也占很大的比重，尤其在商业类PPT中，没有数据的支撑，PPT就失去了灵魂。

在PowerPoint中，依托于PPT本身的文档内容呈现方式，最常用的数据展示方式就是使用表格和图表。

1. 使用表格展示数据

表格是以一定逻辑排列的单元格区域，用于显示数据、事物的分类及体现事物间关系等的表达形式，以便直观、快速地比较和引用分析。

使用PowerPoint制作PPT时，可以在幻灯片中执行"插入表格"命令在幻灯片中插入PowerPoint内置表格和Excel表格。

1) 在幻灯片中插入PowerPoint内置表格

选择幻灯片后，在【插入】选项卡的【表格】组中单击【表格】下拉按钮，在弹出的下拉菜单中选择【插入表格】命令，打开【插入表格】对话框，在其中设置表格的行数与列数，然后单击【确定】按钮，即可在幻灯片中插入PowerPoint内置表格，如图4-120所示。

在PPT中插入PowerPoint内置表格后，表格将自动套用PowerPoint预设的默认样式，将鼠标指针置于表格单元格内，即可输入表格数据。拖动表格四周的控制点，可以调整表格大小，将鼠标指针放置在表格四周的边线上，当指针变为十字状态，按住鼠标左键拖动可以调整表格在幻灯片中的位置，如图4-121所示。

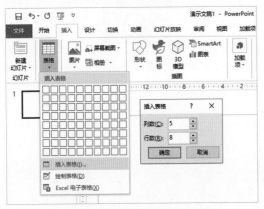

图4-120　在PPT中插入表格

图4-121　调整表格大小和位置

保持表格的选中状态，在【布局】选项卡的【对齐方式】组中单击【左对齐】按钮≡、【水平居中】按钮≡、【右对齐】按钮≡、【顶端对齐】按钮▤、【垂直居中】按钮▤、【底部对齐】按钮▤，可以设置表格中文本在表格单元格中的对齐方式，如图4-122所示。

选择【表设计】选项卡，在【表格样式】组中，可以将PowerPoint预设的表格样式应用于表格中，如图4-123所示。

图4-122　设置表格中数据的对齐方式

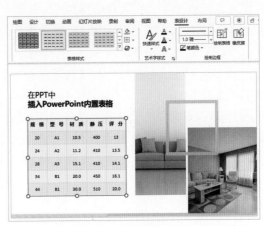

图4-123　设置表格样式

2) 在幻灯片中插入Excel表格

在PowerPoint中可以将Excel表格插入PPT中，利用Excel软件对表格数据进行计算、排序或筛选(PowerPoint内置的表格不具备这样的功能)，并可设置PPT中的表格与Excel表格数据同步更新。

【例4-15】通过在PPT中插入Excel表格，掌握PowerPoint中【插入】选项的使用方法。

01 选中幻灯片后，单击【插入】选项卡【表格】组中的【表格】下拉按钮，在弹出的下拉菜单中选择【Excel电子表格】命令。

02 此时在幻灯片中插入Excel表格，并在PowerPoint功能区位置显示Excel功能区，在表格中输入数据，如图4-124所示。

03 单击幻灯片的空白位置即可将表格应用于幻灯片中，重新恢复PowerPoint功能区（双击Excel表格，可以重新显示Excel功能区）。

图4-124　编辑Excel表格

【例4-16】通过在PPT中插入Excel文件，掌握在PowerPoint中插入对象的方法。

01 选择【插入】选项卡，在【文本】组中单击【对象】按钮。打开【插入对象】对话框，选中【由文件创建】单选按钮，单击【浏览】按钮，如图4-125所示。

02 打开【浏览】对话框，选中Excel文件后单击【确定】按钮，返回【插入对象】对话框，单击【确定】按钮，即可将Excel文件插入PPT中。

图4-125　【插入对象】对话框

【例4-17】在PPT中插入Excel表格，并设置Excel表格数据与PPT表格数据同步更新。

01 首先将Excel表格与PPT文件保存在同一个文件夹中，以免后期因为文件丢失导致数据更新失败。

02 打开Excel，选中需要插入PPT的数据后按Ctrl+C快捷键执行"复制"命令。

03 打开PPT，在【开始】选项卡的【剪贴板】组中单击【粘贴】下拉按钮，从弹出的列表中选择【选择性粘贴】选项，在打开的【选择性粘贴】对话框中选中【粘贴链接】单选按钮，然后单击【确定】按钮。

04 此时在Excel表格中复制的数据被粘贴到PPT页面中，如图4-126左图所示。

05 之后，如果在Excel中对数据进行更改，在PPT中表格数据将会同步更新。如果PPT中表格没有及时更新，可以右击表格，在弹出的快捷菜单中选择【更新链接】命令手动执行更新，如图4-126右图所示。

图4-126　在PPT中更新Excel表格数据

06 如果需要将PPT中的表格自动更新为Excel中的数据，需要先将PPT文档保存。

07 选择【文件】选项卡，在显示的窗口中选择【信息】选项卡，然后选择【编辑指向文件的链接】选项，如图4-127左图所示。

08 打开【链接】对话框，选中该对话框左下角的【自动更新】复选框，然后单击【关闭】按钮即可，如图4-127右图所示。

图4-127　设置PPT自动更新Excel中的数据

3) 统一表格单元格格式

单元格是表格中的重要元素，在表格中使用统一的单元格格式(包括文字、单元格大小和单元格颜色)，可以使表格从整体上看起来非常整齐。

【例4-18】通过为表格中的文本设置统一格式，掌握在PowerPoint中设置表格内文字行间距和字间距的方法。

01 打开PPT页面，选中页面中的表格，在【开始】选项卡的【字体】组中设置表格中所有文字的字体为【微软简中圆】，如图4-128所示。

02 选中表格中的所有单元格，在【布局】选项卡的【对齐方式】组中选中【水平居中】按钮三和【垂直居中】按钮目，设置文字在单元格中居中对齐，如图4-129所示。

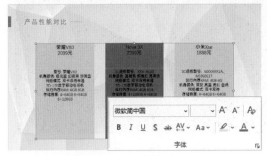

图4-128　设置文字字体格式　　　　图4-129　设置文字居中对齐

03 选中表格的第1行，在【开始】选项卡的【字体】组中将【字号】设置为20，选中表格的第2行，在【字体】组中将【字号】设置为14。

04 选中表格的第2行，在【开始】选项卡中单击【字体】组右下角的【字体】按钮，打开【字体】对话框，设置【间距】为【加宽】、【度量值】为0.3磅，然后单击【确定】按钮，如图4-130所示。

05 单击【段落】组右下角的【段落】按钮⌐，打开【段落】对话框，设置【行距】为【2倍行距】，然后单击【确定】按钮。

06 最后，选中表格中间的一列单元格，在【开始】选项卡的【字体】组中将文字颜色设置为白色，设置完成后页面中表格的效果如图4-131所示。

图4-130　设置字间距

图4-131　统一表格文字格式

4) 统一表格单元格大小

表格中单元格的大小由其宽度和高度控制。在PowerPoint中选中表格单元格区域后，在【布局】选项卡【单元格大小】组的【高度】和【宽度】文本框中输入参数(默认单位：厘米)，可以调整单元格的大小。

PPT中的表格通常包括行标题、列标题和数据等不同类型的单元格，如图4-132所示。为相同类型的单元格设置相同的高度与宽度，既可使表格外观看上去统一，又能让表格中数据与数据之间保持合适的距离，便于观众查看，如图4-133所示。

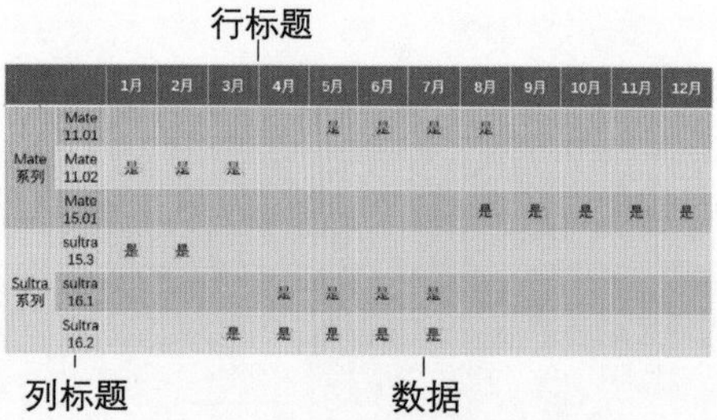

图4-132　表格单元格的类型

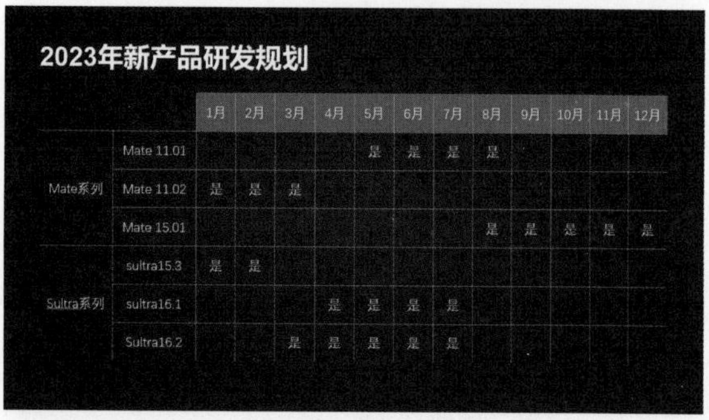

图4-133　统一相同类型单元格大小

2. 使用图表呈现数据

图表可以将表格中的数据转换为各种图形，从而生动地描述数据。在PPT中使用图表不仅可以提升整个PPT的视觉效果，也能让PPT所要表达的观点更加具有说服力。因为好的图表可以让观众清晰、直观地看到数据。

【例4-19】通过在PPT中制作用于呈现公司市场份额数据的饼图，掌握在PowerPoint插入图表并编辑图表元素的方法。

01 打开PPT后单击【插入】选项卡【插图】组中的【图表】按钮，打开【插入图表】对话框，选择【饼图】选项后单击【确定】按钮，如图4-134所示。

02 打开Excel窗口，输入图4-135所示的数据，创建饼图。

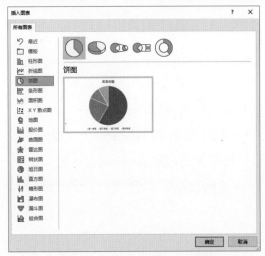

图4-134　【插入图表】对话框

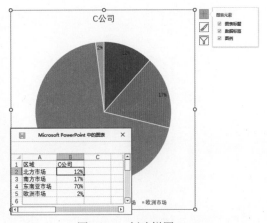

图4-135　创建饼图

03 选中饼图中添加的数据标签，在【开始】选项卡的【字体】组中将标签的颜色设置为白色。

04 右击饼图中的数据系列，从弹出的快捷菜单中选择【设置数据系列格式】命令，在打开的窗格中选择【系列选项】选项 📊，展开【系列选项】卷展栏，将【第一扇区起始角度】设置为256°，如图4-136所示。

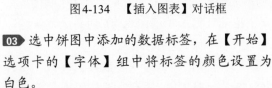

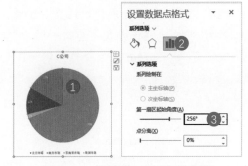

图4-136　设置第一扇区起始角度

【例4-20】通过在PPT中制作图表，掌握通过更改图表类型创建条形图，并设置图表数据系列颜色和编辑图表数据源的方法。

01 打开【例4-19】创建的饼图后，选择【图表设计】选项卡，单击【类型】组中的【更改图表类型】按钮，打开【更改图表类型】对话框，选择【簇状条形图】选项后单击【确定】按钮，如图4-137所示，将饼图更改为条形图。

02 更改图表的标题文本，拖动图表四周的控制柄调整图表的大小，选择【表格设计】选项卡，单击【数据】组中的【编辑数据】按钮，在打开的Excel窗口中输入图4-138所示的数据，修改条形图内容。

03 单击条形图右上角的"＋"按钮，在弹出的列表中取消选中【网格线】和【主要横坐标轴】复选框，选中【数据标签】复选框(如图4-139所示)，得到图4-140所示的图表。

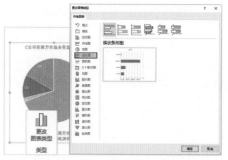

图4-137　将饼图更改为条形图

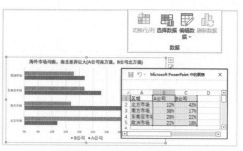

图4-138　编辑条形图数据

图4-139　更改图表元素

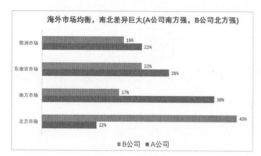

图4-140　条形图表

04 按Ctrl+D快捷键将图表复制一份，然后更改复制图表的标题，单击【图表设计】选项卡【数据】组中的【编辑数据】按钮，在打开的Excel窗口中拖动数据选择框，取消C列的选中状态，如图4-141所示。调整图表的数据显示区域，只在图表中显示A公司数据。

05 按Ctrl+D快捷键将图表再复制一份，更改复制图表的标题，单击【编辑数据】按钮，在打开的Excel窗口中拖动数据选择框，取消B列的选中状态，如图4-142所示。调整图表数据显示区域，只显示B公司数据。

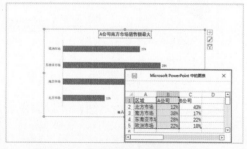

图4-141　调整图表的数据显示区域

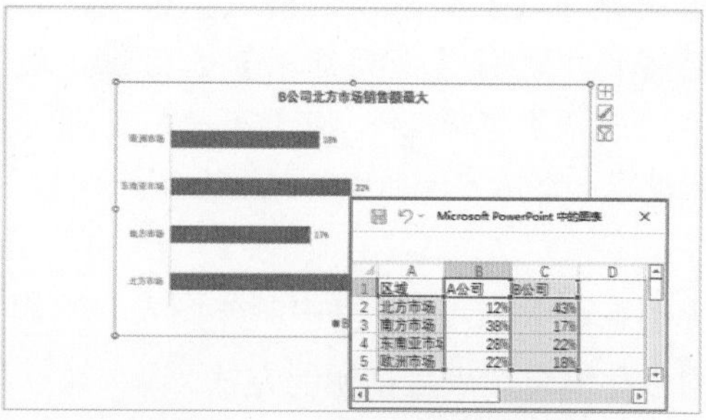

图4-142　制作B公司数据图表

06 选中B公司数据图表中的数据系列，在【格式】选项卡中单击【形状填充】下拉按钮，将颜色设置为橙色。最后，调整两个图表的大小和位置，结果如图4-143所示。

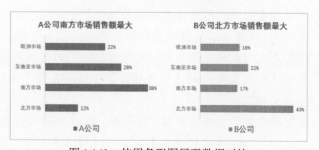

图4-143　使用条形图展现数据对比

4.3.6　利用 SmartArt 图形快速排版页面

　　SmartArt是PowerPoint内置的一款排版工具，它不仅可以快速生成目录、分段循环结构图、组织结构图，还能一键排版图片，如图4-144所示。同时，SmartArt还是一个隐藏的形状库，其中包含很多基本形状以外的特殊形状。

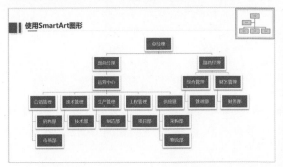 

图4-144　使用SmartArt排版PPT幻灯片

　　下面通过实例来介绍SmartArt图形的具体使用方法。

　　【例4-21】通过制作图4-144左图所示的公司组织结构图，掌握将文本框中的文本转换为SmartArt图形的方法。

01 打开PPT后在幻灯片中插入一个文本框并在其中输入文本，然后利用Tab键调整每段文本的缩进状态，让结构图中的底层结构文本向右移动，如图4-145所示。

02 选中文本框中的所有文本，然后右击鼠标，从弹出的快捷菜单中选择【转换为SmartArt】|【其他SmartArt图形】命令，如图4-146所示。

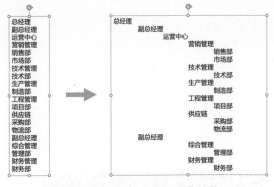 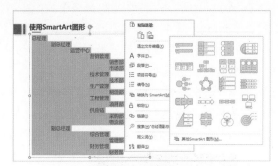

图4-145　调整文本框内容结构　　　　　　　图4-146　将文本框转换为SmartArt图形

03 打开【选择SmartArt图形】对话框，选择【层次结构】|【组织结构图】选项，然后单击【确定】按钮(如图4-147所示)，将文本转换为SmartArt图形。

04 单击SmartArt图形左侧的 ⟨ 按钮，在展开的窗格中按Ctrl+A快捷键选中所有文本，然后选择【格式】选项卡，在【形状样式】组中设置【形状填充】的颜色为深红，【形状轮廓】的【粗细】为6磅、【颜色】为白色，【形状效果】的【阴影】效果为【偏移：下】，使其效果如图4-148所示。最后，拖动SmartArt图形四周的控制柄调整图形的大小。

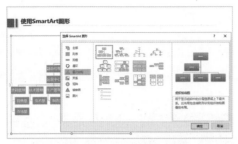

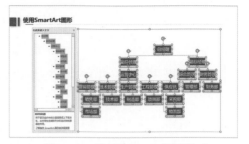

图4-147　选择SmartArt类型　　　　　图4-148　设置SmartArt图形格式

【例4-22】使用SmartArt图形在PPT中制作图4-144右图所示的目录页。

01 打开PPT后在文本框中输入目录页中的所有文本，然后选中文本框，在【开始】选项卡的【段落】组中单击【转换为SmartArt】下拉按钮，从弹出的下拉列表中选择【其他SmartArt图形】选项，如图4-149左图所示。

02 打开【选择SmartArt图形】对话框，选择【列表】|【垂直曲形列表】选项后单击【确定】按钮，在幻灯片中插入图4-149右图所示的SmartArt图形。

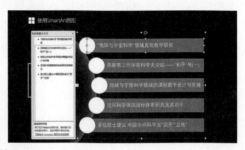

图4-149　将文本框转换为SmartArt图形

03 在SmartArt图形左侧的文本窗格中按Ctrl+A快捷键选中所有文本，选择【格式】选项卡，在【形状样式】组中将【形状填充】设置为【无填充】，将【形状轮廓】设置为【无轮廓】，然后选择【SmartArt设计】选项卡，单击【重置】组中的【转换】下拉按钮，从弹出的下拉列表中选择【转换为形状】选项，如图4-150所示。

04 删除页面中多余的形状，按住Ctrl键选中所有的圆形形状，在【形状格式】选项卡的【大小】组中设置形状的宽度和高度均为0.41厘米，在【设置形状格式】窗格中展开【发光】卷展栏，将【大小】设置为15磅，将【透明度】设置为60%，如图4-151所示。

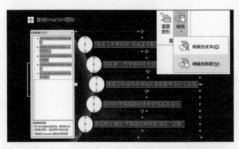

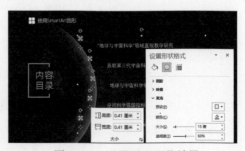

图4-150　将SmartArt图形转换为形状　　　图4-151　设置圆形形状效果

05 最后，调整页面中所有元素的位置，使目录页的排版达到最佳效果。

4.4 制作 PPT 动画

PPT动画分为对象动画和切换动画两种，前者可以控制页面的元素，后者则可以对整个页面起作用，使其在切换时产生特殊效果。

4.4.1 设置 PPT 页间切换动画

PPT切换动画是一张幻灯片从屏幕上消失的同时，另一张幻灯片如何显示在屏幕上的方式。PPT中幻灯片切换方式可以是简单地以一个幻灯片代替另一个幻灯片，也可以是幻灯片以特殊的效果出现在屏幕上。

在PowerPoint中选择【切换】选项卡，在【切换到此幻灯片】组中单击【其他】按钮，在弹出的列表中，用户可以为PPT中的幻灯片设置切换动画，如图4-152所示。其中，比较常用的几种切换动画是平滑、推入、上拉帷幕、棋盘等。

图4-152 PowerPoint切换动画列表

下面通过几个实例介绍页间切换动画的设置方法。

【例4-23】使用"平滑"切换动画制作文字在幻灯片中逐次进出页面的效果。

01 打开PPT后，在幻灯片预览窗格中选中图4-153左图所示的第1张幻灯片。调整PowerPoint工作界面右下角的缩放滑块，缩小幻灯片，将第2张幻灯片中要显示的"目录"文本放置在幻灯片显示区域的下方，如图4-153右图所示。

图4-153 制作第1张幻灯片

02 在幻灯片列表中选中第1张幻灯片，按Ctrl+D快捷键复制出第2张幻灯片，将第2张幻灯片显示区域内的文本移出显示区域，将"目录"文本框移进显示区域，如图4-154所示。

03 在幻灯片预览窗格中选中第2张幻灯片，在【切换】选项卡中选中【平滑】选项。然后按F5键测试动画效果，幻灯片将由图4-153左图所示平滑过渡至图4-155所示（扫描右侧的二维码可观看动画效果）。

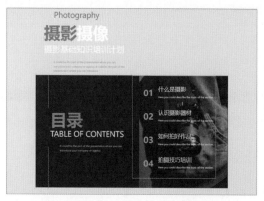

图4-154　制作第2张幻灯片　　　　　　　　　图4-155　平滑过渡到第2张幻灯片

【例4-24】使用"平滑"切换动画在PPT中制作三维对象旋转的效果。

01 打开PPT文件后，选择【插入】选项卡，在【插图】组中单击【3D模型】下拉按钮，从弹出的列表中选择【库存3D模型】选项，在打开的对话框中选择一个PowerPoint软件自带的3D模型（如"地球"模型），单击【插入】按钮，如图4-156所示。

02 此时，3D模型将被添加到当前幻灯片，拖动其四周的控制柄调整3D模型的大小和位置。在幻灯片预览窗口按Ctrl+D快捷键将幻灯片复制一份，然后选中复制的幻灯片，在其中输入新的文本，并调整3D模型的位置，将鼠标指针放置在模型中间的⊕区域，按住鼠标左键拖动调整模型的旋转角度，如图4-157所示。

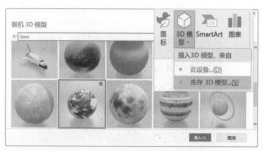

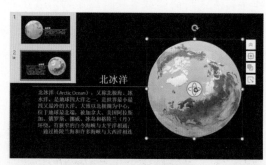

图4-156　在PPT中插入3D模型　　　　　　　　图4-157　旋转3D模型

03 为第2张幻灯片添加"平滑"切换动画，即可实现3D模型在PPT中旋转的运动效果（扫描右侧的二维码可观看动画效果）。

【例4-25】使用"页面卷曲"切换动画在PPT中实现翻页效果。

01 打开PPT后，在页面中心位置插入一个矩形形状，然后在【设置形状格式】窗格中为矩形设置渐变填充，将【类型】设置为【线性】，【方向】设置为【线性向左】；将【渐变光圈】左侧和右侧的填充点都设置为黑色，左侧填充点的透明度设置为82%，右侧填充点的透明度设置为100%，如图4-158所示。

图 4-158　使用形状模拟书脊部分

02 按Ctrl+C快捷键复制制作的矩形形状，然后选中PPT中的其他幻灯片，按Ctrl+V快捷键将形状粘贴到其他幻灯片中。

03 在PPT中选中除第一张幻灯片以外的其余幻灯片，在【切换】选项卡中选择【页面卷曲】选项，为选中的幻灯片设置"页面卷曲"切换动画，如图4-159所示。

04 在【计时】组中选中【单击鼠标时】复选框，取消【设置自动换片时间】复选框的选中状态。单击【声音】下拉按钮，从弹出的列表中选择【其他声音】选项，在打开的对话框中选择一个电脑硬盘中保存的"翻书.wav"音效文件。

05 按F5键从头放映PPT，即可得到如图4-160所示的翻页效果动画(扫描右侧二维码可观看动画效果)。

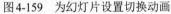

图 4-159　为幻灯片设置切换动画　　　　　图 4-160　设置翻页动画效果

4.4.2　制作 PPT 页内对象动画

所谓对象动画，是指为幻灯片内部某个对象设置的动画效果。对象动画设计在幻灯片中起着至关重要的作用，具体体现在三个方面：一是清晰地表达事物关系，如以滑轮的上下滑动做数据的对比，是由动画的配合体现的；二是更能配合演讲，当幻灯片进行闪烁和变色时，观众的目光就会随演讲内容而移动；三是增强效果表现力，如设置不断闪动的光影、漫天飞雪、落叶飘零、亮闪闪的效果等。

在PowerPoint中选中PPT中的一个对象(如图片、文本框、图表等)，在【动画】选项卡的【动画】组中单击【其他】按钮，从弹出的列表中可以为元素应用一个对象动画效果，如图4-161所示。

在实际工作中，一份逻辑清晰的PPT包括开场、内容、过渡、结尾等多个环节，其中每个环节动画的制作往往需要不同的对象动画，或者将多个对象动画搭配使用。下面将通过实例操作进行详细的介绍。

1. 制作数字滚动开场动画

使用路径动画结合PowerPoint的"动画刷"功能，可以快速制作出数字滚动动画。

图4-161　　PowerPoint中提供的对象动画

【例4-26】 在PPT的封面页中制作一个数字滚动显示动画(扫描右侧二维码可观看动画效果)。

01 为幻灯片页面设置背景，并添加文本框和表格，制作图4-162所示的页面效果。

02 在幻灯片中插入3个对齐的文本框，在每个文本框中依次输入数字1~9，然后在每个文本框的最后再输入一个文本框的最终显示的数字，如图4-163所示。

03 单独选中左侧的文本框，单击【动画】选项卡中的【其他】按钮，从弹出的列表中选择【直线】选项，为文本框添加"直线"动画。

04 调整"直线"动画的红色控制柄，使动画最终显示数字与数字1对齐，如图4-164所示。

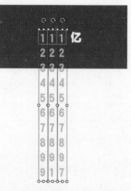

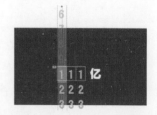

图4-162　制作幻灯片　　　　　图4-163　插入文本框　　　图4-164　设置"直线"动画运动结果

05 双击【高级动画】选项卡中的【动画刷】选项，然后分别单击幻灯片中的其他两个文本框，将设置好的"直线"动画应用于这两个文本框，完成后按Esc键退出应用。

06 在【动画窗格】窗格中同时选中并右击3个文本框动画，从弹出的快捷菜单中选择【从上一项开始】命令，如图4-165所示。

07 在页面中添加两个矩形形状(无边框)，遮罩住除数字滚动框以外的部分。按住Ctrl键的同时选中这两个矩形形状，在【设置形状格式】窗格中选中【幻灯片背景填充】单选按钮，如图4-166所示。

图4-165　设置动画开始方式

图4-166　使用矩形形状遮罩页面

08 在幻灯片中添加文本和形状完成页面的内容排版，如图4-167所示。在【动画窗格】中分别选中第2个和第3个文本框动画，在【计时】组中将第2个文本框动画的【延迟】设置为0.3秒，将第3个文本框动画的【延迟】设置为0.6秒。完成数字滚动动画的制作。

图4-167　设计页面内容

2. 制作动态笔刷动画

使用"擦除"动画可以在采用墨迹排版的页面中制作出动态笔刷动画效果。

【例4-27】在PPT中制作动态笔刷动画。

01 在幻灯片中插入一个矩形形状，调整其大小后将其旋转一定角度，如图4-168所示。

02 使用旋转后的矩形挡住页面中墨迹的一部分，然后按Ctrl+D快捷键将矩形形状复制多份，分别挡住墨迹的不同部分。

03 将所有矩形形状的背景颜色设置为白色，边框设置为【无】，然后按住Ctrl键选中所有矩形，在【动画】选项卡中选择【退出】|【擦除】选项，为矩形设置"擦除"动画，如图4-169所示。

图4-168　绘制矩形

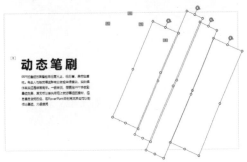

图4-169　为矩形设置"擦除"动画

04 选中页面中的第1个矩形形状，单击【动画】选项卡【高级动画】组中的【效果选项】下拉按钮，从弹出的下拉列表中选择【自左侧】选项，如图4-170左图所示。

05 选中页面中的第2个矩形形状，单击【动画】选项卡【高级动画】组中的【效果选项】下拉按钮，从弹出的下拉列表中选择【自右侧】选项，如图4-170右图所示。

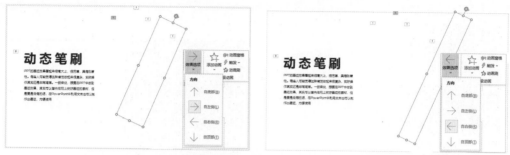

图4-170　设置"擦除"动画的方向

06 使用同样的方法设置第3个矩形自左侧生效，设置第4个矩形自右侧生效。

07 单击【高级动画】组中的【动画窗格】选项，在打开的【动画窗格】窗格中选中并右击所有矩形动画，在弹出的快捷菜单中选择【从上一项之后开始】命令。

08 最后，在【计时】组中将所有"擦除"动画的【持续时间】设置为0.3秒，将【延迟】设置为0.1秒。完成动态笔刷动画的制作(扫描右侧二维码可观看动画效果)。

3. 制作色彩填充过渡动画

将"放大/缩小"和"淡化"动画结合使用，可以在PPT过渡页中制作出色彩填充画面后显示文字的动画效果。

【例4-28】 在PPT中制作色彩填充动画(扫描右侧二维码可观看动画效果)。

01 在幻灯片页面以外的三个角落绘制图4-171所示的三个圆形形状。

02 选中左上角的蓝色圆形形状，在【动画】选项卡中为其设置【放大/缩小】动画，然后单击【高级动画】组中的【动画窗格】选项，在打开的【动画窗格】窗格中双击蓝色圆动画，打开【放大/缩小】对话框，将【尺寸】设置为400%，如图4-172所示。

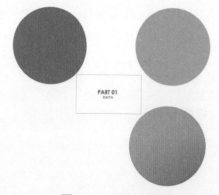

图4-171　制作过渡页

图4-172　设置动画放大尺寸

03 在【放大/缩小】对话框中选择【计时】选项卡，将【开始】设置为【与上一动画同时】，将【期间】设置为0.2秒，然后单击【确定】按钮，如图4-173所示。

04 使用同样的方法为右上角的绿色圆和右下角的橙色圆设置"放大/缩小"动画,在【放大/缩小】对话框的【计时】选项卡中将绿色圆和橙色圆的【开始】设置为【上一动画之后】,将绿色圆的【延迟】设置为0.25秒(如图4-174所示),橙色圆的【延迟】设置为0.5秒(如图4-175所示)。

图4-173　设置蓝色圆计时选项　　　图4-174　设置绿色圆计时选项　　　图4-175　设置橙色圆计时选项

05 选中页面中的两个标题文本框,在【动画】选项卡中为其设置"淡化"动画,在【计时】组中将【开始】设置为【上一动画之后】,将【持续时间】设置为00.50,将【延迟】设置为00.25,如图4-176所示。

06 最后,将两个标题文本框中的文本颜色设置为白色,完成色彩填充动画的制作。按F5键放映PPT,过渡页中将依次填充蓝色、绿色和橙色,然后缓缓出现标题文字。

图4-176　为标题文字设置动画

4.4.3　控制 PPT 动画播放时间

对很多人来说,在PPT中添加动画是一件非常麻烦的工作:要么动画效果冗长拖沓,喧宾夺主;要么演示时手忙脚乱,难以和演讲精确配合。之所以会这样,很大程度上是因为他们不了解如何控制PPT动画的时间。

文本框、图形、照片的动画时间多长,重复几次,各个动画如何触发,是单击鼠标后直接触发,还是在其他动画完成之后自动触发,触发后是立即执行,还是延迟几秒钟之后再执行,这些问题虽然简单,但却是PPT动画制作的核心。

1. 对象动画的时间控制

下面将从触发方式、动画时长、动画延迟和动画重复这4个方面介绍如何设置对象动画的控制时间。

1) 动画的触发方式

PPT的对象动画有3种触发方式:一是通过单击鼠标的方式触发,一般情况下添加的动画默认就是通过单击鼠标来触发的;二是与上一动画同时,指的是上一个动画触发的时候,也会同时触发这个动画;三是上一动画之后,是指上一个动画结束之后,这个动画就会自动被触发。

选择【动画】选项卡,单击【高级动画】组中的【动画窗格】按钮,打开【动画窗格】窗格，然后单击该窗格中动画右侧的下拉按钮，从弹出的下拉菜单中选择【计时】选项，可以打开动画设置对话框，如图4-177所示。

图4-177　打开动画设置对话框

 提示

不同的动画，打开的动画设置对话框的名称也不相同，以【下浮】对话框为例，在该对话框的【计时】选项卡中单击【开始】下拉按钮，在弹出的下拉列表中可以修改动画的触发方式，如图4-178所示。其中，通过单击鼠标的方式触发又可分为两种：一种是在任意位置单击鼠标即可触发；另一种是必须单击某一个对象才可以触发。前者是PPT动画默认的触发类型，后者就是我们常说的触发器。单击图4-177右图所示对话框中的【触发器】按钮，在显示的选项区域中，用户可以对触发器进行详细的设置，如图4-179所示。

图4-178　设置动画的触发方式　　　　图4-179　设置动画触发器

下面以A和B两个对象动画为例，介绍几种动画触发方式的区别。

▶ 设置为【单击时】触发：当A、B两个动画都是通过单击鼠标的方式触发时，相当于分别为这两个动画添加了一个开关。单击一次鼠标，第一个开关打开；再单击一次鼠标，第二个开关打开。

▶ 设置为【与上一动画同时】触发：当A、B两个动画中B动画的触发方式设置为"与上一动画同时"时，则意味着A和B动画共用了一个开关，当单击鼠标打开开关后，两个对象的动画就同时执行。

▶ 设置为【上一动画之后】触发：当A、B两个动画中B的动画设置为"上一动画之后"时，A和B动画同样共用了一个开关，所不同的是，B的动画只有在A的动画执行完毕之后才会执行。

▶ 设置触发器：当用户把一个对象设置为对象A的动画的触发器时，意味着该对象变成了动画A的开关，单击对象，意味着开关打开，A的动画开始执行。

2) 动画时长

动画时长就是动画的执行时间，PowerPoint在动画设置对话框中(以【下浮】对话框为例)预设了6种时长，分别为非常快(0.5秒)、快速(1秒)、中速(2秒)、慢速(3秒)、非常慢(5秒)、20秒(非常慢)，如图4-180所示。实际上，动画的时长可以设置为0.01秒和59.00秒之间的任意数字。

3) 动画延迟

延迟时间，是指动画从被触发到开始执行所需的时间。为动画添加延迟时间，就像是把普通炸弹变成了定时炸弹。与动画的时长一样，延迟时间也可以设置为0.01秒和59.00秒之间的任意数字。

以图4-181中所设置的动画选项为例，将图中的【延迟】参数设置为2.5秒，表示动画被触发后，再过2.5秒才执行(若将【延迟】参数设置为0，则表示动画被触发后立即执行)。

图4-180　设置动画时长

图4-181　设置动画延迟

4) 动画重复

动画的重复次数是指动画被触发后连续执行几次。需要注意的是，重复次数可以是整数，也可以是小数。当重复次数为小数时，动画执行过程中就会戛然而止。换言之，当一个退出动画的重复次数设置为小数时，这个退出动画实际上就相当于一个强调动画。在动画设置对话框中，单击【重复】下拉按钮，即可在弹出的下拉列表中为动画设置重复次数。

2. PPT切换时间的控制

与对象动画相比，页面切换的时间控制就简单得多。页面切换的时间控制是通过【计时】组中的两个参数完成的：一个是持续时间，也就是翻页动画执行的时间；另一个是换片方式，如图4-182所示。

图4-182　【计时】组

当幻灯片切换被设置为自动换片时，所有的对象动画将会自动播放。如果这一页PPT里所有对象动画执行的总时间小于换片时间，那么换片时间一到，PPT就会自动翻页；如果所有对象动画的总时间大于换片时间，那么幻灯片就会等到所有对象自动执行完毕后再翻页。

4.4.4 调整 PPT 动画播放顺序

在放映PPT时，默认放映顺序是按照用户制作幻灯片内容时设置动画的先后顺序进行的。在对PPT完成所有动画的添加后，如果在预览时发现效果不佳，可以通过【动画窗格】窗格调整动画的播放顺序。

【例4-29】通过在【动画窗格】窗格中调整动画播放顺序，改变幻灯片中动画播放的效果。

01 打开【例4-27】制作的动态笔刷动画页面，单击【动画】选项卡【高级动画】组中的【动画窗格】按钮，然后单击【预览】组中的【预览】选项，预览动画时会发现动画从"矩形5"至"矩形1"依次播放，动态笔刷从右向左依次出现，如图4-183所示。

02 调整【动画窗格】窗格中矩形动画的顺序，可以调整PPT中笔刷动画的播放顺序，如图4-184所示。

图4-183 动画默认播放顺序

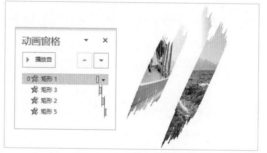

图4-184 改变动画顺序

4.5 设置 PPT 母版

母版就是在PPT中预先设置的一些版式信息，包括文字的字体、字号、颜色，图片和占位符的大小、位置、形状，背景设计的配色方案，页面的布局等。在PPT中使用母版中的版式，用户可以通过简单的操作快速实现PPT页面的设计与内容的填充。

PowerPoint中提供了幻灯片母版、讲义母版和备注母版3种类型，其中：

▶ 讲义母版和备注母版通常用于打印PPT时调整格式或对幻灯片内容进行备注；

▶ 幻灯片母版用于批量、快速建立风格统一的精美PPT。

通常，母版的设置指的是对幻灯片母版的设置。要打开幻灯片母版，可使用以下两种方法。

▶ 方法1：选择【视图】选项卡，在【母版视图】组中单击【幻灯片母版】按钮。

▶ 方法2：按住Shift键，单击PowerPoint窗口右下角视图栏中的【普通视图】按钮回。

打开幻灯片母版后，PowerPoint将显示如图4-185所示的【幻灯片母版】选项卡、版式预览窗格和版式编辑窗口。在幻灯片母版中，使用母版时需要对母版中的版式、主题、背景和尺寸进行设置。

在图4-185所示的版式预览窗口中显示了PPT母版的版式列表，母版版式主要由主题页和版式页组成。

▶ 主题页是幻灯片母版的母版，当用户为主题页设置格式后，该格式将被应用在PPT所有的幻灯片中。

▶ 版式页包括标题页和内容页，其中标题页一般用于PPT的封面或封底；内容页可根据PPT的内容自行设置(移动、复制、删除或自定义)。

图4-185 幻灯片母版视图

4.5.1 设置主题页为 PPT 统一添加元素

我们在制作PPT的时候，经常会碰到下面一些情况：

▶ 给整套模板设置一样的背景；

▶ 把相同的元素放在同一个位置；

▶ 在某些页面的相同位置插入图片。

如果我们在PPT的每张幻灯片中重复这些操作，就需要不断地执行复制和粘贴命令，耗时且麻烦。如果运用幻灯片母版，就可以执行批量操作，轻松且高效地得到自己想要的效果。下面将通过实例进行详细的介绍。

1. 设置统一背景

【例4-30】通过设置母版的主题页为PPT所有的幻灯片设置统一背景。

01 进入幻灯片母版视图后，在版式预览窗格中选中幻灯片主题页，然后在版式编辑窗口中右击鼠标，从弹出的快捷菜单中选择【设置背景格式】命令，如图4-186左图所示。

02 打开【设置背景格式】窗格，为主题页设置背景(如设置图片背景)，然后单击【应用到全部】按钮。幻灯片中所有的版式页都将应用相同的背景，如图4-186右图所示。

图4-186 为主题页设置背景

03 在【幻灯片母版】选项卡的【关闭】组中单击【关闭母版视图】按钮，退出幻灯片母版视图，PPT中的所有幻灯片(包括新建的幻灯片)将应用统一的背景。

2. 设置统一字体

【例4-31】在母版的主题页中为PPT所有幻灯片中的文字设置统一字体。

01 进入幻灯片母版视图后，在版式预览窗格中选中幻灯片主题页，选中主题页中的占位符后，在【开始】选项卡的【字体】组中设置占位符中文字的字体，如图4-187所示。

02 使用同样的方法，在主题页中设置正文占位符所应用的字体，然后退出幻灯片母版视图，PPT中所有标题和正文将被统一修改。

图4-187　设置统一字体

3. 添加相同的图标

【例4-32】在母版的主题页中为PPT所有页面添加相同的图标。

01 进入幻灯片母版视图后，在版式预览窗格中选中幻灯片主题页，选择【插入】选项卡，在【图像】组中单击【图片】按钮，在主题页中插入图4-188所示的图标。

02 在【幻灯片母版】选项卡的【关闭】组中单击【关闭母版视图】按钮，退出幻灯片母版视图，PPT所有的幻灯片(包括新建的页面)将添加相同的图标。

图4-188　为PPT添加相同的图标

4.5.2　使用占位符设计 PPT 版式页

占位符是设计PPT母版时最常用的一种对象。通过合理地设置占位符，我们可以制作出各种符合PPT设计规范和要求的版式页。

占位符，顾名思义就是占据一个位置，就好比设定好一个框架，可以在这个框架中输入文本，插入图片、视频、图表等元素，如图4-189所示。

图4-189　母版版式页中的占位符

下面将通过实例操作来介绍在PPT中使用占位符的方法，以及利用占位符在幻灯片母版的版式页中设计各种版式布局的技巧。

1. 插入统一尺寸的图片

【例4-33】利用占位符在PPT的不同页面中插入相同尺寸的图片。

01 打开PPT文档后，选择【视图】选项卡，在【母版视图】组中单击【幻灯片母版】按钮，进入幻灯片母版视图，在窗口左侧的幻灯片版式列表中选中【空白】版式。

02 选择【幻灯片母版】选项卡，在【母版版式】组中单击【插入占位符】下拉按钮，在弹出的下拉列表中选择【图片】选项，如图4-190左图所示。

03 按住鼠标左键，在幻灯片中绘制一个图片占位符，然后在图片占位符左侧绘制一个如图4-190右图所示的形状。

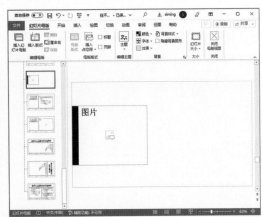

图4-190　在幻灯片中插入图片占位符和形状

04 在幻灯片版式列表中右击【空白】版式，从弹出的快捷菜单中选择【重命名版式】命令，在打开的【重命名版式】对话框中输入一个新的版式名称(如"统一尺寸图片")，然后单击【重命名】按钮，如图4-191所示。

05 退出幻灯片母版视图。在PowerPoint工作界面左侧的幻灯片列表窗口中按住Ctrl键选择多张幻灯片，选择【插入】选项卡，在【幻灯片】组中单击【版式】下拉按钮，在弹出的下拉列表中选择"统一尺寸图片"版式，如图4-192所示。

图4-191　重命名版式　　　　图4-192　为多张幻灯片应用版式

06 此时，选中的幻灯片将统一添加相同的版式(版式中包含一个图片占位符)，分别单击版式内图片占位符中的【图片】按钮，在打开的【插入图片】对话框中选择一个图片文件，然后单击【插入】按钮，如图4-193所示，即可在不同幻灯片中插入相同大小的图片。

图4-193 利用占位符在幻灯片中插入图片

2. 制作样机演示

【例4-34】在幻灯片的图片上使用占位符，制作用于播放视频的样机演示窗口。

01 打开PPT文档后，在【视图】选项卡的【母版视图】组中单击【幻灯片母版】按钮，进入幻灯片母版视图，在窗口左侧的版式列表中选择一个PPT版式，删除其中多余的占位符；选择【插入】选项卡，在【图像】组中单击【图片】选项，在版式中插入图4-194所示的样机图片。

02 选择【幻灯片母版】选项卡，在【母版版式】组中单击【插入占位符】下拉按钮，在弹出的下拉列表中选择【媒体】选项，在幻灯片中样机图片的屏幕位置绘制一个媒体占位符，并调整图片和占位符在版式中的位置，如图4-195所示。

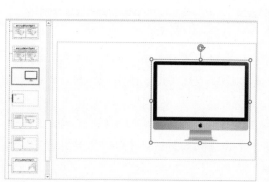

图4-194 插入样机演示图片

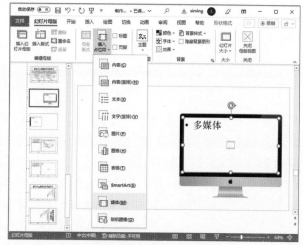

图4-195 插入媒体占位符

03 在版式列表中右击添加的媒体占位符的版式，从弹出的快捷菜单中选择【重命名版式】命令，将该版式的名称重命名为"样机演示版式"。

04 在【幻灯片母版】选项卡的【关闭】组中单击【关闭母版视图】按钮，退出幻灯片母版视图。在PPT中选中一张幻灯片，右击该幻灯片，从弹出的快捷菜单中选择【版式】|【样机演示版式】选项，将"样机演示版式"应用于幻灯片，如图4-196所示。

05 单击版式中媒体占位符中的 按钮，在打开的对话框中选择一个视频文件，单击【插入】按钮后即可在幻灯片中插入图4-197所示的视频。

06 按F5键播放PPT，单击幻灯片中的样机演示视频即可播放视频。

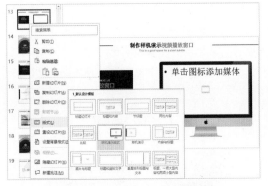

图4-196　在幻灯片中应用版式

图4-197　利用视频占位符插入视频

3. 设计预置版式

使用占位符，并设置占位符的字体、颜色、版面位置，或利用线条、简单的图形来修饰页面，可以在母版中为PPT的封面页、目录页、内容页、过渡页和结束页设置预置版式，从而大大提高PPT的制作效率。

【例4-35】通过设置占位符，为PPT预置一个可套用在任何幻灯片中的封面页版式。

PPT的封面页通常由背景、占位符和形状等修饰元素组成。通常在制作PPT时，我们会根据演示的场景需求选择不同类型的封面背景，如纯色背景常用于学术报告、毕业答辩等比较严谨、庄重的场合，深色的渐变背景和图片背景常用于产品发布会等，然后再根据PPT的风格和内容在封面中添加标题文本和内容文本，并利用形状或图片修饰页面效果。

01 进入幻灯片母版视图，在窗口左侧的版式列表中选择一个PPT版式，删除其中多余的占位符。右击版式页，在弹出的快捷菜单中选择【设置背景格式】命令，在打开的【设置背景格式】窗格中选中【图片或纹理填充】单选按钮，然后单击【插入】按钮，打开【插入图片】对话框，在该对话框中选择一张图片作为封面页背景后，再单击【插入】按钮，为封面页版式设置背景图，如图 4-198 所示。

图4-198　为封面页设置图片背景

02 选择【插入】选项卡，在【插图】组中单击【形状】下拉按钮，从弹出的下拉列表中选择【矩形】和【直线】选项，在封面页版式中绘制矩形和直线形状，并通过【形状格式】选项卡设置形状的颜色、粗细等格式。

03 选择【幻灯片母版】选项卡，在【母版版式】组中单击【插入占位符】下拉按钮，从弹出的下拉列表中选择【文本】选项，在封面页版式中拖动鼠标，绘制图4-199所示的文本占位符。

04 删除文本占位符中所有系统自动生成的文本和格式，输入新的文本"单击此处编辑母版标题样式"，在【开始】选项卡的【字体】组中设置文本占位符中文本的字体和字号。

05 调整文本占位符在版式中的大小，然后使用与步骤 **03** 和步骤 **04** 相同的方法，在封面页版式中插入更多文本占位符，分别用于输入封面页的标题、副标题、公司名称、汇报人和汇报时间，如图4-200所示。

图4-199　插入文本占位符　　　　　　　　　　图4-200　设置文本占位符格式

06 选择【插入】选项卡，在【文本】组中单击【文本框】下拉按钮，从弹出的下拉列表中选择【绘制横排文本框】选项，在封面页版式中绘制两个文本框，并在其中分别输入文本"汇报人："和"汇报时间："后调整文本框的位置，使其与对应的文本占位符对齐。

07 在版式列表窗口中右击制作的母版版式，从弹出的快捷菜单中选择【重命名版式】命令，在打开的【重命名版式】对话框的【版式名称】文本框中输入"封面页"后单击【重命名】按钮，如图4-201所示。

08 单击PowerPoint状态栏右侧的【普通】按钮回，切换至普通视图的同时退出幻灯片母版编辑视图。

09 在PowerPoint工作界面的幻灯片列表窗口中右击一个幻灯片预览，从弹出的快捷菜单中选择【版式】|【封面页】命令，即可将制作好的封面页版式应用于幻灯片，如图4-202所示。

图4-201　重命名版式页　　　　　　　　　　图4-202　应用封面页版式

　　制作的封面页版式被应用于幻灯片后，效果如图4-203左图所示。用户在制作PPT时，只需要将鼠标指针置于页面的文本占位符中，输入编写好的文案内容，即可完成封面页的制作，如

图4-203右图所示。在制作封面页的过程中，如果将占位符内的文本全部删除，或者在输入内容后按Delete键删除某个占位符，该占位符中将恢复为图4-203左图所示的预设文本状态，并不会被删除或显示为无内容状态(注意，占位符在显示默认文本的状态下可以通过按Delete键将其删除)。

图4-203　使用封面页版式快速制作PPT封面页

4.5.3　应用主题调整 PPT 视觉风格

利用好主题，可以使PPT的制作达到事半功倍的效果。

【例4-36】在幻灯片母版中创建自定义主题，并将其应用于其他PPT中。

`01` 创建一个新的PPT文档后，在【设计】选项卡的【主题】组中单击【其他】按钮，从弹出的列表中选择一种幻灯片主题，如图4-204所示。

`02` 进入幻灯片视图，选中主题页，重新设置背景图片，如图4-205所示。

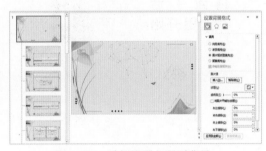

图4-204　为PPT应用主题　　　　　图4-205　重新设置主题页背景

`03` 删除主题页中多余的元素。在【幻灯片母版】选项卡的【背景】组中单击【颜色】下拉按钮，从弹出的下拉列表中选择【自定义颜色】选项，打开【新建主题颜色】对话框，在【名称】文本框中输入"主题颜色"，然后分别单击【文字/背景-深色1(1)】【着色1(1)】【超链接】下拉按钮，从弹出的下拉列表中设置这些元素的自定义颜色，最后单击【保存】按钮，如图4-206所示。

`04` 单击【背景】组中的【字体】下拉按钮，从弹出的下拉列表中选择一种字体作为主题中统一采用的字体，如图4-207所示。

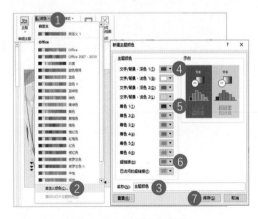

图4-206　设置主题颜色

05 退出幻灯片母版视图，再次单击【设计】选项卡【主题】组中的【其他】按钮▽，从弹出的列表中选择【保存当前主题】选项，打开【保存当前主题】对话框，将制作的主题文件以文件名"自定义主题"保存，如图4-208所示。

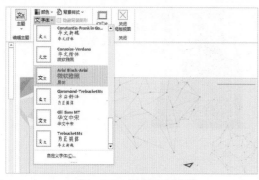

图4-207　设置主题字体

图4-208　保存主题文件

06 关闭当前PPT，打开图4-209左图所示的PPT文件，选择【设计】选项卡，单击【主题】组中的【其他】按钮▽，从弹出的列表中选择【浏览主题】选项。

07 打开【选择主题或主题文档】对话框，选中步骤**05**保存的主题文件（"自定义主题.thmx"）后单击【打开】按钮，PPT主题效果将如图4-209右图所示。

图4-209　为PPT应用自定义主题

4.5.4　通过母版设置 PPT 页面尺寸

　　使用幻灯片母版可以为PPT页面设置尺寸。在PowerPoint 中，默认可供选择的页面尺寸有16：9和4：3两种，如图4-210所示。在【幻灯片母版】选项卡的【大小】组中单击【幻灯片大小】下拉按钮，在弹出的下拉列表中即可更改母版中所有页面版式的尺寸，如图4-211所示。

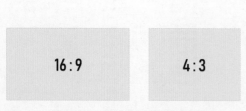

图4-210　两种常见的母版尺寸

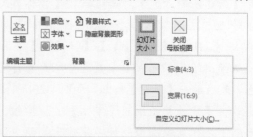

图4-211　切换母版尺寸

16：9和4：3，这两种尺寸各有特点。对于PPT封面图片，4：3的PPT尺寸更贴近于图片的原始比例，使图片看上去更自然，如图4-212左图所示。当同样的图片采用16：9的尺寸时，如果保持宽度不变，就不得不对图片进行上下裁剪，如图4-212右图所示。

在4：3的比例下，PPT的图形在排版上可能会显得自由一些，如图4-213左图所示。而同样的内容展示在16：9的页面中则会显得更加紧凑，如图4-213右图所示。

  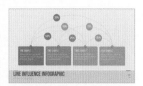

图4-212　不同尺寸的PPT中图片的显示对比　　　　图4-213　不同尺寸下的页面排版

在实际工作中，对PPT页面尺寸的选择，用户需要根据PPT最终的用途和呈现的终端来确定。
例如，由于目前16：9的尺寸已成为电脑显示器分辨率的主流比例，如果PPT只是作为一个报告文档，用于发给观众自行阅读，16：9的尺寸恰好能在显示器屏幕中全屏显示，可以使页面上的文字看起来更大、更清楚，如图4-214所示。

图4-214　不同尺寸PPT的演示效果

4.6　优化 PPT 功能

PPT的核心是内容和逻辑。在优化PPT的过程中，常见的误区是，只注重视觉效果的提升，未优化表达重点；只注重页面细节的雕琢，未优化整体结构。优化PPT，不仅仅是提高页面排版的设计感、添加动画、用可视化的方式呈现内容和数据，围绕PPT内容逻辑的功能提升也是不可忽视的要点。

4.6.1　使用链接实现 PPT 内容跳转

为PPT中的文字、色块、图片等元素添加超链接，当放映幻灯片时可以通过在元素上单击，实现从一个页面跳转到另一个页面(或者打开某个文件)的操作。超链接使PPT在放映时不再是从头到尾地顺序播放，而是在各个页面中具有一定的交互性，能够按照预先设定的方式，在适当的时候放映需要的内容。

1. 创建PPT内容切换的链接

【例4-37】使用PowerPoint为PPT目录页和过渡页之间设置内部链接。

01 打开PPT后选中其目录页中的文字"01-品牌简介"所在的文本框，然后右击鼠标，在弹出的快捷菜单中选择【链接】命令(或者在【插入】选项卡的【链接】组中单击【链接】按钮，快捷键：Ctrl+K)，如图 4-215 左图所示。

02 打开【插入超链接】对话框，选择【本文档中的位置】选项，在【请选择文档中的位置】列表框中选择【3. 幻灯片 3】选项(过渡页PART01页)，单击【屏幕提示】按钮。打开【设置超链接屏幕提示】对话框，在【屏幕提示文字】文本框中输入提示性文字，然后连续单击【确定】按钮，如图 4-215 右图所示。

图4-215　为幻灯片中的文本设置跳转至PPT其他幻灯片的内部链接

03 使用同样的方法为目录页中其他文本框设置指向其他过渡页的PPT内部链接。按F5键放映PPT，将鼠标指针移到设置超链接的文本框范围内，鼠标指针会变为手形，并弹出提示框，显示屏幕提示信息，如图 4-216 所示。此时单击鼠标，PPT将自动跳转到超链接指向的幻灯片(扫描右侧二维码可观看实例效果)。

2. 创建打开文件或网页的链接

【例4-38】使用PowerPoint在PPT中创建一个可以打开百度百科网页的超链接。

01 打开PPT后选中幻灯片中的某个元素(文字、色块、文本框或图片)，选择【插入】选项卡，单击【链接】组中的【链接】按钮。

02 打开【插入超链接】对话框，在【链接到】列表框中选择【现有文件或网页】选项，在【地址】文本框中输入一个百度百科的网址，然后单击【确定】按钮，如图 4-217 所示。

图4-216　鼠标移到超链接上显示为手形　　　图4-217　设置打开网页的超链接

03 按F5键放映PPT，单击幻灯片中设置超链接的元素，将打开百度百科页面。

> 💡 **提示**
>
> 在图 4-217 所示的【插入超链接】对话框中单击【查找范围】下拉按钮，在弹出的下拉列表中选择本地保存的文件路径。然后选中路径中的一个文件，单击【确定】按钮，即可为元素设置指向文件的超链接(在放映PPT时，单击元素将直接打开文件)。

3. 创建控制平滑切换效果的链接

将超链接与"平滑"切换动画结合使用，可以在PPT中实现内容在同一个幻灯片中由元素控制的平滑切换效果，如图4-218所示。

图4-218　页面内容受超链接控制平滑切换

【例4-39】在PowerPoint中将超链接与平滑切换动画相结合，制作图4-218所示的页面内容平滑切换效果(扫描右侧二维码可观看实例效果)。

01 打开PPT后制作3张幻灯片，第1张幻灯片如图4-219左图所示；第2张幻灯片如图4-219中图所示；第3张幻灯片如图4-219右图所示。

第1张幻灯片　　　　　　第2张幻灯片　　　　　　第3张幻灯片

图4-219　制作3张幻灯片(将一部分内容放在幻灯片范围之外)

02 选中第1张幻灯片中的文本"里格半岛"所在的矩形形状，按Ctrl+K快捷键打开【插入超链接】对话框，选择【本文档中的位置】选项，在【请选择文档中的位置】列表框中选择第1张幻灯片，然后单击【确定】按钮。

03 选中文本"里务比岛"所在的矩形形状，按Ctrl+K快捷键，使用同样的方法设置形状指向第2张幻灯片的超链接。

04 将设置超链接的两个矩形形状分别复制到第2张和第3张幻灯片中。

05 在幻灯片预览窗口选中 3 张幻灯片，选择【切换】选项卡，在【切换到此幻灯片】组中选择【平滑】选项，如图 4-220 所示。

06 将设置超链接的按钮复制到其他页面。按 F5 键预览 PPT，单击矩形形状即可实现图 4-218 所示的内容平滑切换效果。

4.制作缩放定位PPT播放效果

缩放定位是 PowerPoint(2019 版及以上版本) 中提供的一种特殊的超链接形式，通过缩

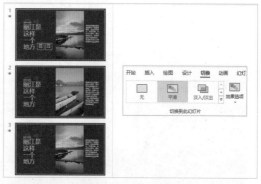

图 4-220　设置平滑切换动画

放定位，我们可以打破 PPT 线性的播放顺序，让幻灯片按照演讲的进程跳跃式播放，如图 4-221 所示。

图 4-221　使用缩放定位功能控制PPT演示进程

【例 4-40】使用 PowerPoint 在 PPT 中制作页面缩放定位链接效果(扫描右侧二维码可观看实例效果)。

01 打开 PPT 后，在第 1 张幻灯片中输入标题等文本，然后新建多张幻灯片并在每张幻灯片中插入图片和相应的文字说明，完成 PPT 内容版式的设计。

02 选中第 1 张幻灯片，选择【插入】选项卡，在【链接】组中单击【缩放定位】下拉按钮，从弹出的下拉列表中选择【幻灯片缩放定位】选项，如图 4-222 左图所示。

03 打开【插入幻灯片缩放定位】对话框，选择需要在第 1 张幻灯片中显示缩略图的几张幻灯片，然后单击【插入】按钮，如图 4-222 右图所示。

04 在第 1 张幻灯片中调整所有幻灯片缩略图的位置和版式效果，选中第 1 张缩略图，在【缩放】选项卡的【缩放定位选项】组中选中【返回到缩放定位】复选框，如图 4-223 所示。设置进入缩略图幻灯片后，单击鼠标返回第 1 张幻灯片。

05 分别选中其他缩略图，按 F4 键，重复执行步骤 **04** 的操作。

06 在PPT中选中第2张幻灯片，单击【链接】组中的【缩放定位】下拉按钮，从弹出的下拉列表中选择【幻灯片缩放定位】选项，如图4-224所示。

图4-222 在第1张幻灯片中插入幻灯片缩放定位

图4-223 设置返回缩放定位 图4-224 在第2张幻灯片中插入幻灯片缩放定位

07 打开【插入幻灯片缩放定位】对话框，选择最后两张幻灯片，然后单击【插入】按钮，在第2张幻灯片中再插入两个缩放定位缩略图。

08 调整幻灯片中两张缩放定位缩略图的大小和位置，如图4-225所示。参考步骤 **04** 的操作分别为两张缩略图在【缩放定位选项】组中设置【返回到缩放定位】。

图4-225 调整缩略图的位置

09 按住Ctrl键选中两个缩略图，右击鼠标，从弹出的快捷菜单中选择【设置形状格式】命令，在打开的【设置形状格式】窗格中将【柔化边缘】卷展栏中的【大小】设置为100磅。此时，缩略图将在幻灯片中被隐藏。

10 按F5键从第1张幻灯片开始放映PPT，效果将如图4-221所示。

 提 示

在PowerPoint中缩放定位有3种形式，除【例4-40】介绍的"幻灯片缩放定位"外，还有"摘要缩放定位"和"节缩放定位"。其中摘要缩放定位能够为整个PPT生成一个目录，目录中的各部分以页面缩略图的形式展现；节缩放定位和幻灯片缩放定位类似(参见本章【例4-2】)，区别是节缩放定位可以跳转到PPT中具体的节，需要用户在制作PPT时先将所有的幻灯片设置为不同的节，然后在目录页(或导航页)中插入节缩放定位。

4.6.2 使用动作按钮增加交互效果

动作按钮是PowerPoint软件中提供的一种按钮对象，它的作用是在单击或用鼠标指向按钮时产生动作交互效果，常用于制作PPT内容页中的播放控制条和各种交互式课件中的控制按钮。

在PowerPoint中选择【插入】选项卡，单击【插图】组中的【形状】下拉按钮，从弹出的下拉列表的【动作按钮】区域选择相应的选项在PPT中插入动作按钮(如图4-226所示)。其中各个动作按钮的功能说明如表4-3所示。

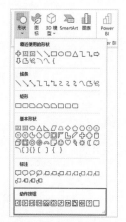

图4-226 【形状】下拉列表

表4-3 动作按钮功能说明

动作按钮	图标	动作按钮	图标
后退或前一项	◁	上一张	↱
前进或下一项	▷	视频	▭
转到开头	◁	文档	▯
转到结尾	▷	声音	◁»)
转到主页	⌂	帮助	?
获取信息	ⓘ	空白	□

下面将通过实例来介绍动作按钮在PPT中的具体使用方法。

1. 制作导航控制条

在PPT中设计一组动作按钮，可以很方便地对幻灯片的播放进度进行控制。

【例4-41】在PPT中制作一组用于控制PPT播放进度的动作按钮(导航控制条)。

01 打开PPT后选择【视图】选项卡，在【母版视图】组中单击【幻灯片母版】选项，进入幻灯片母版视图。

02 在幻灯片母版视图中选择一个版式，然后单击【插入】选项卡【插图】组中的【形状】下拉按钮，在弹出的下拉列表中选择【后退或前一项】选项，在版式页面中绘制动作按钮并在打开的【操作设置】对话框中单击【确定】按钮。

03 选择【形状格式】选项卡，在【形状样式】组中设置动作按钮的样式。

04 使用同样的方法，在版式页中绘制【前进或下一项】【转到开头】【转到结尾】3个动作按钮，如图4-227所示。

05 按住Ctrl键选中版式页中的所有动作按钮，选择【形状格式】选项卡，在【大小】组中设置【高度】和【宽度】均为1厘米，如图4-227所示。

06 将设置好的动作按钮对齐，并复制到其他版式页中。退出母版视图，为PPT中的幻灯片应用版式，幻灯片将自动添加图4-228所示的导航控制条。

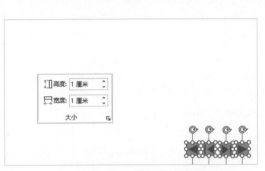

图4-227　调整动作按钮大小

图4-228　批量添加导航控制条

2. 制作动态交互式课件

利用动作按钮还可以在教学课件中制作出动态交互式效果。

【例4-42】使用动作按钮，在多媒体课件中制作3D模型的全方位平滑展示效果。

01 在PPT中设计图4-229左图所示的版式后，选择【插入】选项卡，单击【插图】组中的【3D模型】下拉按钮，从弹出的下拉列表中选择【库存3D模型】选项。

02 在打开的【联机3D模型】窗格中选择Space分类，在细分类中选择一个月球车模型，单击【插入(1)】按钮，如图4-229右图所示。

图4-229　在PPT中插入3D模型

03 选中幻灯片中插入的3D模型，拖动其四周的控制柄调整模型大小，按住其中心的控制球拖动调整模型的旋转方向，如图4-230所示。

04 在幻灯片中插入直线和文本框，标注模型中的机械臂部分。单击【插入】选项卡【插图】组中的【形状】下拉按钮，从弹出的下拉列表中选择【空白】选项□，在幻灯片中绘制空白动作按钮，在打开的【操作设置】对话框中保持默认设置，单击【确定】按钮，如图4-231所示。

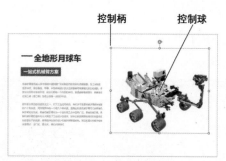

图 4-230　调整 3D 模型　　　　　　　图 4-231　插入空白动作按钮

05 在空白动作按钮上输入文本"机械臂"，并通过【形状格式】选项卡设置按钮的样式，然后将该按钮复制 3 份，并分别设置图 4-232 所示的按钮样式和文字(分别为"定向装置""移动装置""导航相机")。

06 将当前幻灯片复制 3 份，分别设置每份幻灯片中的文本和相应动作按钮的样式，并拖动控制球调整每张幻灯片中 3D 模型的角度，如图 4-233 所示。

图 4-232　通过复制创建更多的动作按钮　　　　图 4-233　调整复制的幻灯片内容

07 选中第 1 张幻灯片，右击"导航相机"动作按钮，从弹出的快捷菜单中选择【编辑链接】命令(或按 Ctrl+K 快捷键)，打开【操作设置】对话框，设置链接到第 2 张幻灯片，然后选中【播放声音】复选框，设置播放"电压"音效并单击【确定】按钮，如图 4-234 所示。

08 使用同样的方法在所有幻灯片中设置"移动装置"按钮链接到第 3 张幻灯片，"定向装置"按钮链接到第 4 张幻灯片，"机械臂"按钮链接到第 1 张幻灯片。

图 4-234　重新为按钮设置动作

09 在幻灯片预览窗口中按住 Ctrl 键选中所有幻灯片，在【切换】选项卡【切换到此幻灯片】组中选中【平滑】选项，为所有幻灯片设置平滑切换动画。按 F5 键播放 PPT(扫描右侧二维码可观看实例效果)。

4.6.3　在 PPT 中加入声音和视频

　　声音和视频是比较常用的媒体形式。在一些特殊环境下，为 PPT 插入声音和视频可以很好地烘托演示氛围。例如，在喜庆的婚礼PPT中加入背景音乐，在演讲PPT中插入一段独白。

1. 为PPT设置背景音乐

为使PPT在放映时能够辅助演讲并营造氛围，往往需要为PPT设置背景音乐。

1) 在PPT中插入音乐

为PPT设置背景音乐，首先需要在PPT中插入音乐。在PowerPoint中选择【插入】选项卡，单击【媒体】组中的【音频】下拉按钮，从弹出的下拉列表中选择【PC上的音频】选项，如图4-235所示，可以选择将计算机硬盘中保存的音乐文件插入PPT。

图4-235　在PPT中插入音乐

2) 设置音乐自动播放

选中PPT中插入的背景音乐图标，将其拖至页面显示范围外作为背景音乐。然后单击【动画】选项卡【高级动画】组中的【动画窗格】按钮，在打开的【动画窗格】窗格中选中音乐，在【计时】组中将【开始】设置为【与上一动画同时】，如图4-236所示。此时，PPT中的音乐将在PPT放映时自动开始播放。

3) 设置音乐在PPT中循环播放

如果PPT演示的时间较长，而背景音乐时长一般只有3~5分钟，我们就需要通过设置让背景音乐在PPT中循环播放。选中PPT中的背景音乐图标，选择【播放】选项卡，在【音频选项】组中选中【跨幻灯片播放】和【循环播放，直到停止】复选框，如图4-237所示。

图4-236　设置音乐自动播放

图4-237　设置音乐跨页面循环播放

4) 隐藏PPT中的音乐图标

如果要在PPT放映时隐藏音乐图标，可以在选中该图标后，选中【播放】选项卡【音频选项】组中的【放映时隐藏】复选框。

 提示

在选中音乐图标后，单击播放器右侧的按钮，可以设置音乐在PPT放映时的音量大小。

2. 为PPT录制语音旁白

在一些PPT应用场景中(如教学课件)，我们需要为PPT添加语音旁白，以便在放映PPT的过程中可以对内容进行说明。将录音设备与计算机连接后，在PowerPoint中选择【录制】选项卡，单击【录制】组中的【从当前幻灯片开始】按钮。此时，PPT进入图4-238左图所示的录制状态，单击屏幕顶部的【开始录制】按钮⚪，倒计时3秒后即可通过录音设备(话筒)开始录制旁白，当录完一页幻灯片语音后，按键盘上的方向键↓切换下一张幻灯片开始录制下一页(按方向键↑可以返回上一页幻灯片)，如图4-238右图所示。

图4-238　录制语音旁白

旁白录制结束后，按Esc键停止录制，再次按Esc键退出录制状态。此时在有录制旁白的幻灯片右下角将显示声音图标◄(PowerPoint在录音时为每次换页自动分割了音频)。同时PPT默认将录制的旁白声音设置为自动播放，放映PPT时将会同步播放旁白。

3. 为动画设置配音

PPT中的声音不仅可以作为背景音乐和语音旁白，还可以作为动画的配音。例如，声音文件可以作为多媒体课件中诗词朗诵动画的配音、英语课件中课文朗诵的配音，以及为PPT切换时产生的动画的配音。在PowerPoint中，我们可以为对象动画和切换动画设置配音。

- ▶ 为对象动画设置配音。单击【动画】选项卡【高级动画】组中的【动画窗格】按钮，打开【动画窗格】窗格，单击动画右侧的下拉按钮▼，在弹出的下拉列表中选择【效果选项】选项，在打开的对话框中选择【效果】选项卡，单击【声音】下拉按钮，从弹出的下拉列表中选择【其他声音】选项，即可为对象动画设置配音，如图4-239所示。
- ▶ 为幻灯片切换动画设置配音。选择【切换】选项卡，单击【计时】组中的【声音】下拉按钮，从弹出的下拉列表中选择【其他声音】选项，可以为幻灯片切换动画设置配音，如图4-240所示。

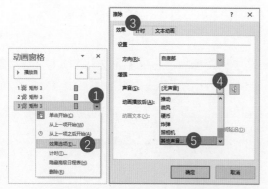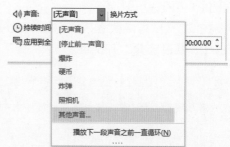

图4-239　为对象动画设置配音　　　　图4-240　为幻灯片切换动画设置配音

提示

需要注意的是，为动画设置配音的声音文件应为.wav格式。

【例4-43】通过制作一个诗词朗诵动画，进一步掌握为PPT中对象动画设置配音的方法(扫描右侧二维码可观看实例效果)。

01 打开PPT后按住Ctrl键选中页面中的所有文本框，选择【动画】选项卡，在【动画】组中单击【擦除】按钮，为选中的文本框设置"擦除"动画，如图4-241左图所示。

02 在【计时】组中将【开始】设置为【上一动画之后】，如图4-241右图所示。

03 单击【动画】组中的【效果选项】下拉按钮，从弹出的下拉列表中选择【自顶部】选项，设置"擦除"动画从文本框顶部向下执行效果。

04 单独选中"相见欢•林花谢了春红"文本框，在【计时】组中将该文本框的"擦除"动画的【开始】方式设置为【单击时】。此时，按F5键放映PPT，单击鼠标，诗词内容将以从上至下的"擦除"显示方式从右向左逐句显示。

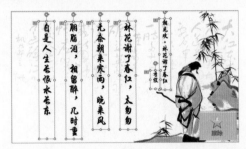 

图4-241　为幻灯片中的文本框设置"擦除"动画

05 单击【动画】选项卡【高级动画】组中的【动画窗格】选项，在打开的【动画窗格】窗格中选中顶部第一个动画(PPT中最先播放的动画)，在【计时】组中根据配音时长设置动画的【持续时间】(本例设置为"02.50")，如图4-242所示。

06 单击动画右侧的下拉按钮，在弹出的下拉列表中选择【效果选项】选项，在打开的对话框中选择【效果】选项卡，单击【声音】下拉按钮，从弹出的下拉列表中选择【其他声音】选项，如图4-243所示。

图4-242　设置动画的持续时间　　　　图4-243　为动画设置配音

07 打开【添加音频】对话框，选择"相见欢•林花谢了春红"的配音文件(.wav格式的文件)，单击【确定】按钮。此时，动画中文本框"相见欢•林花谢了春红"上的"擦除"动画就有了一段配音，单击【动画】选项卡【预览】组中的【预览】按钮，可以预览动画效果并检查声音文件与动画节奏是否匹配，根据声音文件的播放节奏调整动画的"持续时间"，可以使文字的显示与声音朗读一致。

08 从右到左依次选中页面中的其他文本框，并参考上面的方法为文本框上的"擦除"动画设置配音，并设置动画的持续时间。

09 最后，再次单击【动画】选项卡中的【预览】按钮，PPT中的文字将自上而下逐个显示，伴随文字的显示将播放相应的朗读声，效果如图4-244所示。

图4-244　诗词朗读课件效果

4. 为PPT设置背景视频

在PPT中使用视频，可以动态地呈现信息。将视频作为背景应用于PPT，则可以提高PPT的整体品质，使观众有耳目一新的感觉(扫描右侧二维码可观看效果)，如图4-245所示。

图4-245　PPT中的背景视频

1) 在PPT中插入视频

在PowerPoint中，用户可以通过多种方法在PPT中插入视频。

▶ 方法一：选择【插入】选项卡，单击【媒体】组中的【视频】下拉按钮，从弹出的下拉列表中选择【此设备】选项，在打开的对话框中选择一个计算机硬盘中保存的视频文件。

▶ 方法二：单击【插入】选项卡【媒体】组中的【视频】下拉按钮，在弹出的下拉列表中选择【库存视频】选项，将PowerPoint软件提供的视频资源插入PPT。

▶ 方法三：单击【插入】选项卡【媒体】组中的【视频】下拉按钮，在弹出的下拉列表中选择【联机视频】选项,通过引用网址的方式将其他网站中的视频插入PPT，如图4-246所示。

▶ 方法四：打开保存视频文件的文件夹，选中要插入PPT的视频后按Ctrl+C快捷键，然后在PowerPoint中选中需要插入视频的幻灯片，按Ctrl+V快捷键即可。

▶ 方法五：单击【插入】选项卡【媒体】组中的【屏幕录制】按钮，通过录制屏幕操作(或视频影像)的方式，在PPT中插入视频。

图4-246　【视频】下拉列表

2) 调整视频大小与内容

选中PPT中插入的视频，选择【视频格式】选项卡，单击【大小】组中的【裁剪】按钮，然后拖动视频四周的控制点，可以对PPT中的视频进行裁剪，使其与PPT页面大小一致(或者符合排版位置的要求)，如图4-247所示。

选择【播放】选项卡，单击【编辑】组中的【剪裁视频】按钮，在打开的【剪裁视频】对话框中拖动时间轴左右两侧绿色和红色的控制柄可以选择剪裁视频中的片段(系统将保留两个控制柄之间的视频)，完成后单击【确定】按钮可以剪裁视频的内容，使其满足PPT制作的需要，如图4-248所示。

图4-247　裁剪视频

图4-248　剪裁视频内容

3) 设置视频自动循环播放

选中PPT中的视频，选择【播放】选项卡，在【视频选项】组中将【开始】设置为【自动】，可以设置视频在PPT放映时自动播放；选中【循环播放，直到停止】复选框，可以设置视频在当前幻灯片中循环播放，如图4-249所示。

完成以上设置后，在幻灯片中添加一个渐变蒙版，并在蒙版上插入文本框和形状，即可实现图4-245右图所示的页面效果。

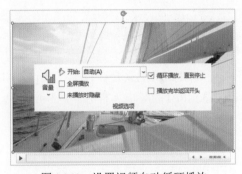
图4-249　设置视频自动循环播放

5. 为视频设置控制按钮

将视频与动画结合，就可以利用触发器在PPT中实现视频播放控制。

【例4-44】在PPT中制作视频播放和暂停控制按钮。

01 在PPT中插入视频后调整视频的大小和位置，然后在视频的下方插入两个圆角矩形形状，并分别在其上输入文本"播放"和"暂停"。

02 选中页面中的视频，选择【播放】选项卡，在【视频选项】组中将【开始】设置为【单击时】。

03 选择【动画】选项卡，单击【高级动画】组中的【添加动画】下拉按钮，从弹出的列表中依次选择【播放】和【暂停】选项，为视频添加"播放"和"暂停"动画，如图4-250所示。

04 单击【高级动画】组中的【动画窗格】选项，在打开的【动画窗格】窗格中单击播放动画右侧的下拉按钮 ，从弹出的下拉列表中选择【效果选项】选项，在打开的对话框中选择【计时】选项卡，单击【触发器】按钮，在激活的选项区域中将【单击下列对象时启动动画效果】

设置为【圆角矩形56：播放】，然后单击【确定】按钮，如图4-251所示。

图4-250　为视频添加动画

图4-251　为动画设置触发器

05 使用同样的方法，将暂停动画的触发按钮设置为【圆角矩形56：暂停】。

06 按F5键放映PPT，单击页面中的【播放】按钮将播放幻灯片中的视频；单击【暂停】按钮则会暂停视频的播放(扫描右侧二维码可观看实例效果)。

4.7　导出与放映 PPT

制作PPT的目的就是在投影仪或计算机上对其中的内容进行演示。若想要让演示效果更加精彩，掌握PPT的导出、合并和放映的技巧是必不可少的。

4.7.1　控制放映 PPT

PPT最主要的功能在于将内容以幻灯片的形式在投影仪或计算机上进行放映。因此，熟练掌握PPT的放映方法与技巧，对每个PPT使用者而言是必要的。

1. 使用快捷键放映PPT

在放映PPT时使用快捷键，是每个演讲者必须掌握的基本操作。虽然在PowerPoint中用户可以通过单击【幻灯片放映】选项卡【开始放映幻灯片】组中的【从头开始】与【从当前幻灯片开始】按钮，或单击软件窗口右下角的【幻灯片放映】图标🖵和【阅读视图】图标🗐来放映PPT，但是在正式的演讲场合中进行以上操作难免会手忙脚乱，不如使用快捷键快速且高效。放映PPT的常用快捷键如表4-4所示。

表4-4　放映PPT的常用快捷键

快捷键	说　　明	快捷键	说　　明
F5	将PPT从头开始播放	W	进入PPT空白页状态

(续表)

快捷键	说　明	快捷键	说　明
Ctrl+P	立即暂停当前正在播放的PPT并激活PowerPoint的"激光笔"功能	E	在PPT中使用激光笔涂抹线条后，按E键可以将线条快速删除
数字＋Enter	指定从PPT的某一张幻灯片开始放映(如5+Enter键，表示从第5张幻灯片开始放映PPT)	同时按下鼠标左键和右键	使放映页面快速返回第一张幻灯片
-	立即停止放映，并显示幻灯片列表	B	使PPT进入黑屏模式
Ctrl+H	隐藏鼠标指针	Ctrl+A	显示被隐藏的鼠标指针
S或＋	暂停或重新恢复幻灯片的自动放映	Esc	立即停止放映PPT
Shift+F5	从当前选中的幻灯片开始放映PPT		

2. 使用演示者视图放映PPT

所谓"演示者视图"就是在放映PPT时设置演讲者在PowerPoint中看到一个与观众不同画面的视图。当观众通过投影屏幕观看PPT时，演讲者可以利用演示者视图，在自己的计算机屏幕一端使用备注、幻灯片缩略图、荧光笔、计时等功能进行演讲。

启用并设置演示者视图的方法如下。

01 选择【幻灯片放映】选项卡，在【监视器】组中选中【使用演示者视图】复选框。

02 按F5键放映幻灯片，然后在页面中右击鼠标，从弹出的快捷菜单中选择【显示演示者视图】命令，即可进入演示者视图。

03 此时，如果计算机连接到了投影设备，"演示者视图"模式将生效。视图左侧将显示图4-252所示的当前幻灯片预览，界面左上角显示当前PPT的放映时间。

04 演示者视图左下角显示了一排控制按钮，分别用于显示荧光笔、查看所有幻灯片、放大幻灯片、变黑或还原幻灯片，单击◉按钮，在弹出的快捷菜单中，还可以对幻灯片执行【上次查看的位置】【自定义放映】【隐藏演示者视图】【屏幕】【帮助】【暂停】和【结束放映】等命令，如图4-253所示。

图4-252　PowerPoint演示者视图

图4-253　设置幻灯片放映

05 单击视图底部的【返回上一张幻灯片】按钮◉或【切换到下一张幻灯片】按钮◉，用户可以控制设备上PPT的播放(此外，在演示者视图中单击，PPT将自动进行换片)。

06 在演示者视图的右侧是幻灯片的预览视图和备注内容,将鼠标指针放置在演示者视图左右两个区域的中线上,按住鼠标左键拖动可以调整演示者视图左右两个区域的大小,如图4-254所示。

07 完成幻灯片的播放后,按Esc键即可退出演示者视图状态。

图4-254　调整演示者视图

3. 设置自定义方式放映PPT

在使用PPT进行演讲时,并不是只能对幻灯片执行前面介绍的各种播放控制。用户也可以在PowerPoint中通过自定义放映幻灯片、指定PPT放映范围、指定PPT中幻灯片的放映时长等操作来控制演讲的节奏和进度,使PPT的内容能够灵活展示。

1) 设定PPT放映方式

一般情况下,我们会把制作好的演示文稿从头到尾播放出来。但是,在一些特殊的演示场景或针对某些特定的演示对象时,则可能只需要演示PPT中的部分幻灯片,这时可以通过自定义幻灯片放映来实现。

在PPT中设置自定义幻灯片播放的操作方法如下。

01 打开PPT后,选择【幻灯片放映】选项卡,单击【开始放映幻灯片】组中的【自定义幻灯片放映】下拉按钮,从弹出的下拉列表中选择【自定义放映】选项。

02 打开【自定义放映】对话框,单击【新建】按钮,如图4-255所示。

03 打开【定义自定义放映】对话框,在【幻灯片放映名称】文本框中输入自定义放映的名称,在【在演示文稿中的幻灯片】列表中选中需要自定义放映幻灯片前的复选框,然后单击【添加】按钮,如图4-256所示。

04 在【在自定义放映中的幻灯片】列表中通过单击【向上】按钮↑和【向下】按钮↓,可以调整幻灯片在自定义放映中的顺序,单击【确定】按钮。

图4-255　【自定义放映】对话框

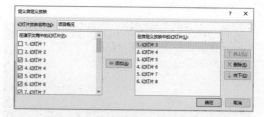

图4-256　添加自定义放映的幻灯片

05 返回【自定义放映】对话框,如图4-257所示,在该对话框中单击【放映】按钮,查看自定义放映幻灯片的顺序和效果。如果发现有问题,可以单击【编辑】按钮,打开【定义自定义放映】对话框进行调整。

06 单击【关闭】按钮,关闭【自定义放映】对话框,单击【开始放映幻灯片】组中的【自定义幻灯片放映】下拉按钮,从弹出的下拉列表中选择创建的自定义放映,如图4-258所示,即可按其设置的幻灯片顺序开始播放PPT。

图4-257　返回【自定义放映】对话框

图4-258　按自定义顺序播放PPT内容

 提示

　　在PPT放映的过程中，也可以通过右键菜单【自定义放映】子菜单中的命令，来选择PPT中的自定义放映片段。

2) 设定PPT放映范围

　　在默认设置下，按F5键后PPT将从第一张幻灯片开始播放，如果用户在演讲时，只需要放映PPT中的一小段连续的内容，可以参考以下方法进行设置。

01 选择【幻灯片放映】选项卡，在【设置】组中单击【设置幻灯片放映】按钮，打开【设置放映方式】对话框，选中【从】单选按钮，并在其后的两个微调框中输入PPT的放映范围。图4-259所示为指定PPT从第3张幻灯片放映到第12张幻灯片。

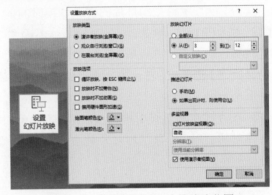

02 单击【确定】按钮，然后按F5键放映PPT，此时PPT将从指定的幻灯片开始播放，至指定的幻灯片结束放映。

图4-259　设置PPT幻灯片的放映范围

3) 设定PPT放映时长

　　在PowerPoint中放映PPT时，一般情况下用户通过单击鼠标才能进入下一张幻灯片的播放状态。但当PPT被用于商业演示，摆放在演示台上时，这项默认设置就显得非常麻烦。此时，用户可以通过为PPT设置排练计时，使PPT既能自动播放，又可以自动控制其自身每张幻灯片的播放时长。

　　在PowerPoint中为PPT设置排练计时，控制PPT的放映节奏的操作方法如下。

01 打开PPT后，选择【幻灯片放映】选项卡，单击【设置】组中的【排练计时】按钮，进入PPT排练计时放映状态。

02 此时，在界面左上方显示【录制】对话框，其中显示了时间进度，如图4-260所示。

03 重复以上操作，单击【下一项】按钮→，直到PPT放映结束，按Esc键可结束放映，软件将弹出图4-261所示的提示对话框，询问用户是否保留新的幻灯片计时。单击【是】按钮，然后按F5键放映PPT，幻灯片将按照排练计时设置的时间进行播放，无须用户通过单击鼠标控制播放。

图4-260　排练计时状态

图4-261　保存幻灯片的排练时间

 提示

> 若要取消PPT中设置的排练计时，可以选择【幻灯片放映】选项卡，单击【设置】组中的【录制】下拉按钮，从弹出的下拉列表中选择【清除】|【清除所有幻灯片中的计时】选项。

4) 设定PPT放映时自动换片

如果PPT的作用只是为了辅助显示演讲中的非关键性信息，可以在PowerPoint中设置自动循环放映PPT，并通过幻灯片浏览视图调整每张幻灯片的放映时间。

设置PPT中每张幻灯片的自动切换时间的具体操作方法如下。

01 打开PPT后，单击PowerPoint工作界面右下角的【幻灯片浏览】按钮，切换至幻灯片浏览视图，选中PPT中的第1张幻灯片。选择【切换】选项卡，在【计时】组中选中【设置自动换片时间】复选框，在该复选框后的微调框中输入当前PPT第1张幻灯片的换片时间，如图4-262左图所示。

02 在幻灯片浏览视图中选中PPT的其他幻灯片，然后重复步骤 **01** 的操作，设置该幻灯片的换片时间。PPT中每张幻灯片的自动切换时间将显示在该幻灯片缩略图的右下角，如图4-262右图所示。

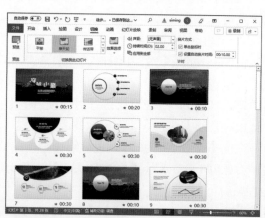

图4-262　设置PPT中每张幻灯片的自动切换时间

03 选择【幻灯片放映】选项卡，在【设置】组中单击【设置幻灯片放映】按钮，打开【设置放映方式】对话框，选中【循环放映，按Esc键终止】复选框后单击【确定】按钮，可以设置PPT循环放映。

> **提示**
>
> 　　若要取消一份PPT的自动播放状态，可以在使用PowerPoint打开该PPT后，选择【切换】选项卡，在【计时】组中取消【设置自动换片时间】复选框的选中状态，然后单击【应用到全部】按钮。

5) 快速"显示"PPT内容

在Windows系统中，右击PPT文件，从弹出的快捷菜单中选择【显示】命令，可以无须启动PowerPoint就能快速放映PPT。

6) 制作PPT放映文件

PPT制作完成后，按F12键，打开【另存为】对话框，将【保存类型】设置为【PowerPoint放映(*.ppsx)】，然后单击【保存】按钮，可以将PPT保存为"PowerPoint 放映"文件。此后，在演示活动中，用户双击制作的PowerPoint放映文件，就可以直接放映PPT，而不会启动PowerPoint进入PPT编辑界面。

7) 禁用PPT单击换片功能

在PowerPoint中选择【切换】选项卡，然后在【计时】组中取消【单击鼠标时】复选框的选中状态，即可设置PPT放映时单击鼠标左键无法切换幻灯片。此时，用户只能通过按Enter键切换幻灯片。

4.7.2　快速导出 PPT

在使用PPT的过程中，为了让PPT可以在不同的环境(场景)下正常放映，我们可以将制作好的PPT演示文稿输出为不同的格式，以便播放。例如，将PPT输出为MP4格式的视频，可以让PPT在没有安装PPT放映软件(PowerPoint或WPS)的计算机中也能够正常放映；将PPT保存为图片格式，可以方便用户快速预览PPT的所有幻灯片内容；将PPT导出为PDF格式的文件，可以避免PPT文件中的版权内容在转发给其他用户后，产生因内容被篡改而引发的侵权问题；将PPT文件打包可以将PPT中嵌入的对象(包括字体、视频、音频)与PPT文件压缩在同一个文件夹中，从而确保PPT在被复制后，其中的内容仍然可以正常放映。

1. 将PPT保存为其他格式

日常工作中，为了让没有安装PowerPoint软件的计算机也能够正常放映PPT，或是需要把制作好的PPT放到一些网络平台上播放(如微信群、QQ群、微博等)，就需要将PPT转换成视频、图片或PDF等文件格式。

在PowerPoint中，用户可以按F12键(或者选择【文件】|【另存为】|【浏览】选项)，打开【另存为】对话框，通过设置【保存类型】将PPT保存为其他格式文件，如图4-263所示。

2. 将PPT打包到文件夹

将PPT文件以及其中使用的链接、字体、音频、视频和配置文件等素材信息打包到文件夹，可以避免在演示场景中PPT出现内容丢失或者计算机中PowerPoint版本与PPT不兼容的问题发生。

【例4-45】将制作好的PPT文件打包。

01 打开PPT文件后，选择【文件】选项卡，在打开的窗口中选择【导出】选项，在显示的【导

出】选项区域选择【将演示文稿打包成CD】|【打包成CD】选项。

02 打开【打包成CD】对话框，单击【复制到文件夹】按钮，在打开的【复制到文件夹】对话框中单击【浏览】按钮，选择打包PPT文件存放的文件夹位置，如图4-264所示，单击【确定】按钮。

图4-263　设置PPT的保存格式　　　　　　　图4-264　设置打包PPT

03 返回【复制到文件夹】对话框，单击【确定】按钮，在打开的提示对话框中单击【是】按钮即可。

3. 将PPT文件压缩

如果PPT文件制作得过大，为了方便通过网络传输，我们可以通过将其中的图片文件压缩来减小PPT自身的文件大小。

01 打开PPT文件后按F12键打开【另存为】对话框，然后单击该对话框底部的【工具】下拉按钮，从弹出的下拉列表中选择【压缩图片】选项。

02 打开【压缩图片】对话框，选中【电子邮件(96 ppi)】单选按钮，然后单击【确定】按钮，如图4-265所示。

03 返回【另存为】对话框，选择一个PPT文件的保存文件夹，单击【确定】按钮即可。

图4-265　设置压缩PPT文件

4.7.3　合并多个PPT

在使用PPT辅助演讲时，如果遇到在当前PPT中需要使用其他PPT中的某一页或某几页幻灯片的情况，通常大多数用户会使用"复制"操作(Ctrl+C快捷键)，将需要的幻灯片页面"粘贴"(Ctrl+V快捷键)到当前PPT中。使用这种方法有两个弊端：一是在"复制"和"粘贴"幻灯片页面的过程中容易造成幻灯片格式和版式的错误；二是需要耗费大量的时间执行重复的操作，影响工作效率。

其实，在PowerPoint中用户可以使用"重用幻灯片"功能，将制作好的PPT文档作为素材快速导入另一个PPT中，也就是将多个PPT合并，并且合并后的PPT文件能够避免"复制"和"粘贴"带来的诸多问题。

　　使用PowerPoint将多个PPT合并为一个PPT的具体操作方法如下。

01 在PowerPoint中选择【开始】选项卡，单击【幻灯片】组中的【新建幻灯片】下拉按钮，从弹出的下拉列表中选择【重用幻灯片】命令。

02 打开【重用幻灯片】窗格，单击【浏览】按钮，打开【浏览】对话框，选择一个制作好的PPT文件后，单击【打开】按钮，如图4-266所示，将选择的PPT作为素材导入【重用幻灯片】窗格中。

03 此时，【重用幻灯片】窗格中将显示导入PPT文件中的幻灯片列表，选中窗格下方的【保留源格式】复选框(保留导入PPT的原有格式不变)，然后在PowerPoint工作界面左侧的幻灯片列表中选择PPT中插入新幻灯片的位置，通过单击【重用幻灯片】窗格中导入的幻灯片缩略图即可在当前PPT中快速导入其他PPT中的幻灯片，并且保留幻灯片格式，如图4-267所示。

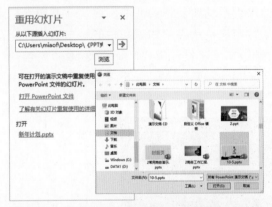

图 4-266　【重用幻灯片】窗格和【浏览】对话框

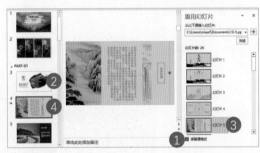

图 4-267　导入其他PPT页面

　　重复以上实例的操作，可以将其他PPT文件导入【重用幻灯片】窗格，并将其插入当前PPT，从而快速实现将多个PPT中的幻灯片合并在一个PPT中。

4.8　实战演练

　　本章详细介绍了使用PowerPoint设计与制作PPT幻灯片内容与效果的方法和技巧。下面的实战演练部分将综合运用学过的知识，通过制作产品介绍PPT和岗位培训证书PPT，帮助用户巩固所学的知识(扫描右侧二维码可查看具体操作提示)。

4.8.1　制作产品介绍 PPT

　　"产品介绍"PPT是企业锁定用户，向客户传递产品信息价值的重要工具，被广泛应用于各种宣传推广场合。本例将通过制作图4-268所示的产品介绍PPT，帮助用户巩固所学的知识，掌握在Word文档中梳理PPT内容、构思PPT框架，然后在PowerPoint中通过Word文档快速创建PPT的方法。

图4-268　产品介绍PPT

4.8.2　制作岗位培训证书

岗位培训证书指的是在特定职位领域进行的培训活动所获得的证书。这些证书通常是由相关机构或培训机构颁发，用于证明个人掌握了特定岗位所需的知识和技能。本例将介绍在PowerPoint中通过设置幻灯片大小、插入图像、排版文字、设计版式，制作图4-269所示的培训证书的方法。证书制作完成后，还将介绍将Word与PowerPoint结合，批量生成不同姓名和不同证书编号的培训证书的方法。

图4-269　培训证书

结语：至此，本书所有的内容就分享完毕。在当今这个信息化高速发展的时代，我们能够获得的知识不是太少，而是太多。太多的知识如果没有相互联系，就只是一些漂浮的个体，时间一长，就会逐渐被我们遗忘。因此，相比碎片化学习，我们更需要系统性学习，而系统性学习的关键，就在于建立知识框架，并以此打造一个高效的学习系统。所谓"学习系统"是指学习新知识的方法和认知，它的作用是实现学习的目标，成就价值。

希望本书分享的内容对你构建学习系统有所帮助，祝各位在工作中越来越好，变得更强。